과학자가 되는 방법

과학자가 되는 방법

직업 과학자를 꿈꾸는 당신이 해야 할 모든 준비, 선택, 그리고 도전

개정판 2쇄 펴냄　2024년 11월　1일
초판 1쇄 펴냄　　2018년　8월　1일

지은이　　　　남궁석
편집　　　　　이송찬
디자인　　　　스튜디오 코스모스

펴낸곳　　　　도서출판 이김
등록　　　　　2015년 12월 2일 (제2021-000353호)
주소　　　　　서울시 마포구 방울내로 70, 301호 (망원동)

ISBN　　　　979-11-89680-56-5 (03400)

값 18,800원

과학자가 되는 방법

직업 과학자를 꿈꾸는 당신이 해야 할 모든 준비, 선택, 그리고 도전

남궁석

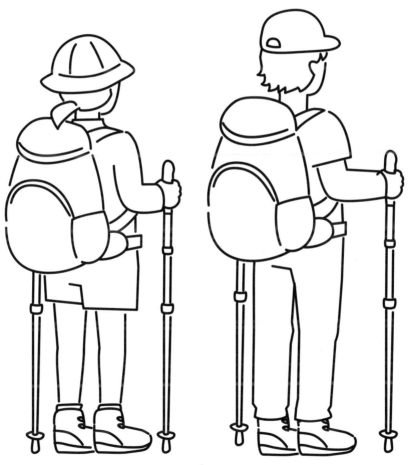

이음

차례

개정판 서문

첫 책『과학자가 되는 방법』이 세상에 나온 지도 벌써 6년이 지났다. 이 책의 초판을 쓸 때 나는 대학에서 연구를 하고 있었는데, 출간과 거의 동시에 학교에서의 연구를 마치고 새로운 길을 걷게 되었다. 그 새로운 길은 바로 '독립연구 컨설턴트'와 '과학 저술가'라는 두 길이다.

먼저 독립연구 컨설턴트가 어떤 일을 하는지를 간략히 설명하고자 한다. 나는 그동안 생화학 및 구조생물학 연구를 해 왔다. 이 분야의 연구 기술은 학교 이외의 기업체에서도 많은 수요가 있는데, 특히 신약 개발 분야에서 그렇다. 작은 회사라면 한 명의 구조생물학자를 전업으로 고용할 정도의 일거리는 없지만, 구조생물학 관련 연구를 수행하고 싶은 경우가 있을 것이다. 나는 바로 그런 기업 또는 연구자들과 협력하여 구조생물학 연구를 수행하고 있다. 현재 나는 몇 년째 한 신약 개발 바이오텍 기업과 기술 자문 계약하에 같이 일하고 있으며 (주 3일 회사에 출근한다) 이 과정을 통하여 신약 개발 연구에 실제로 나의 전문 분야인 구조생물학을 적용하고 있다. 실험 이외에도 계산 기반의 구조생물학 모델링도 하고 있다. 즉 내가 그동안 연구하면서 얻은 기술로 회사의 신약 개발을 돕고 있는 셈이다.

그밖에 내가 하는 일은 '과학 저술가'이다. 나는 『과학자가 되는 방법』 외에도 지난 5년간 약 5권의 과학 분야 책을 출간하였으며 생명과학, 제약 관련 매체에 정기적으로 기고하고 있다. 이러한 기고뿐 아니라 책에 관련된 내용에 대한 강연도 꾸준히 하고 있다.

이렇게 내가 하고 있는 일에 대해서 굳이 쓴 이유가 있다. 『과학자가 되는 방법』의 초판에 대한 서평을 살펴보니 "여러 가지 진로에 대해서 언급하는 것은 좋다. 그러나 실제로 저자는 과학자로서 어떤 길을 걷고 있는가?" 하고 궁금해하는 사람도 있었다. 이 책을 쓴 이유는 일반적인 과학자를 지망하는 사람들이 마주칠 수 있는 여러 가지 가능성을 보여 주기 위함이었고, 개인의 인생사를 과시 목적으로 나열할 생각은 전혀 없었다. 내가 지금 걷고 있는 길 역시 과학자로서 갈 수 있는 하나의 예라는 점에서 이야기한 것이다.

분명한 것은 이전까지 학계에서 논문을 '최종 산물'로 생각하며 일하던 과학자에서 다른 입장에 서게 되면서 여러 가지 새로운 경험을 할 수 있었다는 점이다. 이러한 경험이 개정판의 곳곳에서 반영되었고, 특히 8장 '기업 연구원의 길'의 많은 내용이 다시 쓰였음을 말하고 싶다.

하지만 이 책에서 전달하고 싶은 핵심 메시지에는 큰 변함이 없다. 그것은 과학자라는 길은 과학 자체를 좋아하는 '과학 덕후'들이 선택할 수 있는 최고의 길이라는 것이다. 연구라는 일은 원래 앞을 예측할 수 없는 어려운 일이며, 이에 따라서 진로 역시 불확실할 수 밖에 없다. 설사 성공한 과학자가 되더라도 경제적인 보상이 크지 않은 이 시대에, 과학자라는 진로를 선택하게 하는 유일한 동력은 과학 연구 자체에 대한 호기심이다.

물론 이 책에서 누누이 이야기하듯 과학자는 이슬만 먹고 사는 존재가 아니다. 엄연한 생활인이며 이를 유지하기 위한 경제적인 뒷받침은 필수이다. 이 때문에 과학자는 원래 생각했던 진로와는 다른 '플랜 B'를 준비할 필요가 있다. 개정판에서는 이러한 '플랜 B'에 대한 좀 더 다양한 예를 소개하고자 하였다.

개정판을 준비하면서 들려온 많은 소식들은 사실 과학자를 꿈꾸는 젊은이들에게 그리 희망적이지 않았을 것이다. 국가의 과학 연구개발 예산이 갑작스럽게 감소하여 포스트닥 등의 훈련 과정 중의 과학자가 일자리를 잃거나 인건비가 줄어서 어려움을 겪는다는 소리는 여기저기서 들려온다. 의대 증원 등으로 시끄러운 와중에 이공계 대학 진학을 생각하던 수험생이나 이공계 대학에 이미 재학 중인 학생이 의대 진학으로 진로를 돌리는 현상을 우려하는 목소리도 들린다. 이러한 현실은 과학자의 진로를 생각하는 사람이라면 결코 외면할 수 없었을 것이다. 그러나 이러한 부정적인 현실에 지나치게 신경쓰는 것도 바람직스러운 것은 아니다. 가치가 낮을 때 사서 높을 때 파는 것은 투자의 기본이다. 과학자라는 직업의 가치를 믿는다면, 그리고 다른 어떤 직업보다도 과학자가 한국이 아닌 전 세계에서 활동하는 장벽이 제일 낮다는 것을 생각한다면 (타 국가에서는 면허를 다시 취득해야 하는 여러 가지 전문직의 상황과 비교해 본다면 더욱 그렇다) 과학자라는 진로를 그렇게까지 부정적으로 보고 싶지는 않다. 물론 이 책은 기본적으로 과학자라는 길의 진로를 최대한 현실적으로 그리는 것을 목적으로 하였으므로 과학자가 가는 길을 '젖과 꿀이 흐르는 낙원'만으로 묘사하지는 않았다.

어쨌든 이 책을 손에 든 과학자 지망생, 그리고 과학자가 걸어가는 긴 길의 여정에 서 있는 수많은 과학자들에게 이 책이 어떤 작은 보탬이라도 된다면, 그것만큼 책을 쓴 사람에게 힘을 주는 것은 없을 것이다.

2024년 8월
남궁석

들어가며

예전보다 위상이 낮아지기는 했지만, 과학자는 여전히 **10**위 안에 들어가는 청소년 희망 직업이자 유망 직종으로 인식되고 있다. 과학과 상관없는 일을 하고 있는 성인들도 대부분 과학자는 국가와 사회 발전을 위해 뭔가 중요한 일(정확히 무슨 일을 하는지는 모를지라도)을 하는 사람이라고 생각하는 것 같다.

그런데 실제로 과학자가 정말 어떤 일을 하는지 알고 있는 사람은 얼마나 될까? 많은 사람들은 과학자라는 단어에 크게 두 가지 이미지를 떠올릴 것이다. 첫째는 위인전에서 볼 수 있는 아인슈타인이나 퀴리부인 같은 위대한 과학자들이다. 둘째로 대중매체에서 흔히 묘사하듯 알록달록한 액체가 끓고 있는 플라스크를 들고 있거나, 보통 사람은 이해할 수 없는 것을 연구하는 비상한 두뇌를 갖고 있으며, 일상생활과 담을 쌓은 채 어두컴컴한 실험실에 틀어박혀 연구에 몰두하는 사람일 것이다. 이 두 이미지가 혼재하여 과학자는 보통 사람들이 쉽게 다가설 수 없는 존재처럼 여겨진다. 정리하면 대중은 과학자를 이렇게 생각한다.

이것은 중세 사람들이 연금술사나 마법사에 대해 갖고 있던 이미지와 크게 다를 바 없어 보인다!

그렇다면 과연 현대 사회의 과학자는 중세 시대의 마법사와 어떻게 다른가? 나는 과학자라는 직업을 가지고 있는 한 사람으로서, 이러한 질문에 답하기 위해 이 책을 쓰고 있다. 이 책은 현대 사회에서 과학자는 근본적으로 어떻게 만들어지고 또 어떤 일을 하는 사람인지를 밝히기 위한 하나의 시도다.

나는 크게 세 부류의 독자를 위해 이 책을 썼다. 첫째, 직업으로서의 과학자가 되기를 원하는 사람들이다. 여기에는 아직 과학자로서 훈련을 시작하지 않은 사람과 훈련 중에 있는 사람이 모두 포함된다. 현대 사회에서 과학자가 되기 위해서는 초-중-고-대학 교육 이외에도 10년에 가까운 훈련 기간이 필요하다. 즉, 대학원 석·박사과정 교육과, (포스트닥이라고 하는) 박사후과정에서의 연구를 마치고, 독립연구자의 길을 걸으며 수많은 시행착오와 도저히 넘지 못할 것 같은 난관을 돌파해야 한 사람의 과학자가 되는 것이다.

한국 사회에서는 대학교 입학을 인생의 가장 큰 관문으로 여기기 때문에 이를 통과하기 위한 입시전략이 수없이 논의된다. 하지만 과학자로 성장하기 위해서는 대학 입학 과정이 그저 어린아이의 장난처럼 보일 만큼 큰 난관을 거쳐야 한다. 그럼에도 이러한 상황을 어떻게 효율적으로 극복해 나갈지를 알려 주는 '진로

지도서'는 많지 않다. 그래서 나는 이 책에 직업인으로서 과학자가 되는 데 필요한 여러 과정과 거쳐야 할 수많은 선택을 '대리 체험'해 볼 수 있는 내용을 담고자 했다. 그렇다고 이 책이 멀고도 험한 과학자의 길을 손쉽게 통과하는 요령이 수록된 비법서는 결코 아니다! 이 책의 목적은 그저 과학자로서의 장래를 선택한 이들이 앞으로 겪을 가능성이 있는 여러 가지 일을 가감 없이 보여 주는 것이다.

둘째, 과학자는 아니지만 과학에 관심이 있는 시민들이다. 여기에는 과학자를 꿈꾸는 자녀를 둔 학부모, 첨단 과학의 성과에 관심이 많은 시민, 과학 발전을 통해 사회와 국가를 발전시키려는 정치인 등 여러 부류의 사람이 포함될 것이다. 이렇게 직업 과학자가 아닌 시민들은 대부분 과학자가 어떤 사람이고 무엇을 하는지에 대해 큰 흥미는 없지만 과학자가 창출한 과학 지식이 사회에서 어떤 영향을 미치게 되는 시점에 이르러서야 과학 지식에서 비롯된 산물에만 관심을 가지는 경향이 있다. 특히 한국과 같이 근대 과학 발전을 이끌어 오기보다는 주변부에서 구경꾼으로 있었던 사회에서는 이러한 경향이 더욱 두드러진다. 나는 이렇게 과학자가 어떤 일을 하는지는 모르지만 '사회와 경제에 상당히 중요한 일을 하는 사람' 혹은 '미래 전망이 좋아 보이므로 우리 자식이 가졌으면 하는 직업'으로 여기는 사람들을 위해, 과학자가 정말로 어떤 일을 하고 과학자가 되기 위해서는 어떤 과정을 거쳐야 하는지를 구체적으로 소개하고자 한다.

마지막으로 이 책을 읽어 주기를 바라는 사람은 현재 과학자로 일하고 있는 사람들이다. 나는 이 책에서 개인의 경험과 주변 인들을 통한 경험을 토대로 현대 사회에서 과학자가 갈 수 있는 여러 가지 경로를 제시하려고 노력했다. 하지만 모든 길을 자세히 설명하기 위해서는 각 경로마다 별도의 책이 필요할지도 모른다. 아마도 이 책의 잠재적 독자 중에는 '학계의 연구책임자가 되는 법'이나 '산업계에서 성공하는 과학자가 되는 법' 같은 책을 더 잘 쓸 수 있겠다고 생각할 사람도 있을 것이다. 이 책을 시발점으로 과학자의 다양한 모습을 보여 주는 책이 등장하는 것은 과학자와 사회에 두루 유익한 일일 것이다. 또한 과학자로서 아직은 자신이 경험하지 못한 단계, 혹은 자신이 걷지 않은 경로에 대한 의문을 해소할 기회도 얻을 수 있을 것이다.

끝으로 이 책을 쓰면서 도움을 주신 분들을 언급하고자 한다. 이 책을 읽으면서 느끼게 되겠지만 과학자가 걸을 수 있는 길은 하나가 아니며, 나 역시 그 모든 길을 걸어 보지는 못했다. 이러한 '걸어 보지 않은 길'에 대한 이야기를 책의 원고를 읽고 의견을 주어 보완하는 데 도움을 준 박대인, 안준용, SJ, 이수민 님께 감사드린다. 그리고 기획과 편집 과정에서 많은 애를 쓴 도서출판 이김 편집부가 아니었으면 이 책은 세상에 나오지 못했을 것이다.

2018년 8월
남궁석

Chapter 00

매드사이언티스트의
길에 오신 것을
환영합니다

'위인' 또는 '괴짜' 같은 이미지가 아닌 실제로 과학자가 어떤 직업인지 아는 사람은 아마도 그리 많지 않을 것이다. 『과학자가 되는 방법』이라는 제목의 한 책을 펼쳐 든 독자는 아마도 과학자가 되기를 희망하는 중·고등학생이거나 이공계 대학에 재학 중인 학생이 있을 것이다. 혹시 과학자라는 직업에 관심 있는 사회인일 수도 있겠다. 나는 독자들이 과학자가 되고 싶은 이유가 궁금하다. 혹시 미국 드라마 〈빅뱅 이론(Big Bang Theory)〉의 주인공들처럼 대중매체에 묘사된 과학자에 대한 막연한 이미지를 동경해서 그런 것은 아닐까? '줄기세포, 인공지능 같은 첨단기술을 공부하면 좋은 직장에 취직해 풍요로운 앞날이 보장된다'는 등의 현실적 이유 때문일까? 모두 아주 틀린 말은 아니다. 하지만 이 책에서는 현실 세계에서 활동하는 '진짜 과학자'를 사실적으로 소개하고자 한다.

과학자라는 꿈과 현실

'과학자'라는 단어를 보면 어떤 그림이 떠오르는가? 고글과 흰 가운을 착용한 연구원이 총천연색의 시약이 든 비커를 진지하게 관찰하는 장면이나 플라스크 속 액체가 연기를 내며 보글보글 끓어오르면 "음, 성공이야" 하며 낄낄대는 '매드 사이언티스트'의 모습을 가장 먼저 연상할지도 모른다. 오해다. 그리고 이런 오해를 풀기 위해 지금부터 한국의 한 연구중심대학의 연구실에서 과학자들이 일하는(연구하는) 모습을 그려 보겠다.

상상한 대로 실험 테이블에 시약병과 실험 기기들이 놓여 있기는 하다.[1] 그러나 왜인지 평범한 회사 사무실과 다르지 않은 분위기가 느껴진다. 대부분의 연구원들은 실험 테이블 주변이 아닌 책상에 앉아 모니터를 들여다보며 작업을 하고 있고, 우리에게 익숙한 바로 그 오피스 프로그램으로 서류를 작성하는 사람도 보인다. 기대한 대로 가운을 입은 사람이나 위험천만해 보이는 비커를 든 사람은 찾아보기 어렵다.[2]

이렇게 연구실에서 일하는 과학자의 겉모습은 회사에서 일하는 직장인과 다르지 않다. 예상과 달라 실망스럽겠지만, 실제로 길거리에서 마주쳤을 때 대번에 "이 사람은 과학자야!"라고 누구

---

1 연구에 따라 흔히 상상하는 '실험실' 없이 책상에 앉아 컴퓨터를 이용해 연구를 수행하는 곳도 많다.
2 대중매체에 등장하는 연구실 장면은 대개 설정된 것이기 때문이다. 화학물질이나 시약을 다루는 경우 '후드'라는 환기가 되는 시설 앞에서 하는 경우가 많다.

나 알아볼 만큼 특별한 과학자의 아우라 같은 건 느끼기 힘들다.

이렇게 연구실을 한 번 둘러본다고 해서 과학자가 무엇을 하는 사람인지 알 수 있을까? 과학자들이 대중매체에 묘사되는 모습과는 좀 다르다고 느낄 정도일 것이다. 그렇다면 연구실에서 잠시 과학자들과 함께 생활해 보면 어떨까? 연구에 참여하고, 매주 열리는 미팅과 세미나에 참석해서 그들과 커뮤니케이션하고, 많은 과학자가 모이는 학술 대회에 참석해 보는 것이다. 그러나 안타깝게도 그 뒤로도 여전히 당신은 과학자가 뭘 하는지 모를 가능성이 높다. 그렇게 간단히 파악할 수 있는 일이었다면 이 책 『과학자가 되는 방법』은 태어나지도 못했을 것이다.

과학자가 진짜로 하는 일

앞으로 이 책에서는 "오늘날 과학자는 어떤 일을 하는 사람들인가"에 대해 설명할 것이다. 먼저 과학(science)의 사전적 정의를 알아보자.

> 검증 가능한 설명 및 우주에 대한 예측의 형태로 지식을 구축하고 조직하는 체계적 활동[3]

---

3 "Science is a systematic enterprise that builds and organizes knowledges in the form of testable explanations and predictions about the universe" (en.wikipedia.org/wiki/Science)

과학은 삼라만상에 대한 지식을 체계적으로 획득하는 일이다. 조금 더 좁은 의미로 국한하면 물질세계를 연구하는 자연과학(natural science)을 의미한다. 그렇다면 과학자(scientist)란, **현재까지 인류에게 알려지지 않은 지식을 발굴하는 사람**으로 정의할 수 있을 것이다. 즉, 과학자의 일인 과학 연구는 인류가 현재까지 모르는 '미지의 사실'을 알아내는 일이다.

　　우리는 초·중·고등학교와 대학교를 거치면서 여러 과학 교과목을 통해 다른 과학자들이 알아내고 정리해 온 과학 지식을 습득하고 있다. 하지만 과학 지식을 배우는 것은 과학자가 하는 일이 아니다. 과학자가 된다는 것은 단순히 인류가 현재까지 습득한 과학 지식을 배우는 차원을 넘어, 아직 밝혀지지 않은 지식을 획득하는 '지식의 창출자'가 된다는 의미가 담겨 있다. 나는 이 책에서 기여의 정도와 상관없이 **인류가 모르는 어떤 사실을 밝혀 인류의 지식 체계에 추가하는 활동**을 **과학 연구**로, 그리고 **과학 연구에 종사하는 사람**을 **과학자**로 정의할 것이다. 즉, 과학 연구의 본질은 '인류가 한 번도 경험해 보지 않았던 미지의 지식'을 획득하는 과정이다.

과학자와 공학자

과학자와 공학자(engineer)의 관계도 생각해 볼 필요가 있다. 과학자가 무엇을 하는 사람인지 알기 위해 과학의 정의를 확인했듯, 공학자의 본질을 알기 위해 공학(engineering)의 정의도 알아보자.[4]

구조나 기계, 도구, 시스템, 부품, 재료, 공정, 솔루션, 조직 등을 만들고 혁신하고 디자인하고 구축하고 유지하고 연구하기 위해, 수학, 과학, 경제학, 사회학 및 기타 실용적인 지식을 응용하는 일.[5]

과학의 핵심이 자연계에 현재 알려지지 않은 새로운 지식을 찾아내는 것이라면, 공학은 새롭게 찾아낸 지식을 응용하여 세상에 없는 무엇을 만들어 내는 일이라고 할 수 있다. 물론 현실에서는 새로운 지식의 창출과 이를 응용해 무엇을 만들어 내는 일이 명확히 구분되지 않는 경우가 많다. 기존 지식을 응용해 새로운 것을 만들어 내고 이것을 통해서 기존에 관찰되지 않았던 지식을 획득할 때도 있다. 특정한 목적을 가지고 무엇인가를 만들려는 공학적인 시도가 실패하여 그 원인을 탐구하다가 기존에 몰랐던 과학적

---

4   engineer라는 단어에는 '조작하다(manipulate)'로 번역할 수 있는 의미가 포함되어 있다. 그러나 여기서 engineering은 공학이라는 학문 분야를 의미한다.

5   "Engineering is the application of mathematics and scientific, economic, social, and practical knowledge in order to invent, innovate, design, build, maintain, research, and improve structures, machines, tools, systems, components, materials, processes, solutions, and organizations"(en.wikipedia.org/wiki/Engineering).

원리를 파악하는 경우도 있다. 과학과 공학은 엄연히 별도의 체계이지만, 과학자는 반드시 새로운 사실을 밝히는 데만 집착하고 공학자는 과학자가 밝혀낸 사실을 응용한다고 이분법적으로 규정하기는 어렵다. 오늘날에는 한 명의 연구자가 과학자인 동시에 공학자로서 존재하는 일이 충분히 가능하다. 과학과 공학은 문제를 해결하기 위해 '과학적 방법론(scientific methods)'을 사용한다는 공통점을 가지고 있기 때문이다.

과학자에 대한 흔한 오해

1. 과학자는 유명인이다

많은 사람에게 익숙한 과학자에는 두 부류가 있다. 아이작 뉴턴(Isaac Newton), 알베르트 아인슈타인(Albert Einstein), 찰스 다윈(Charles Darwin), 제임스 왓슨(James Watson)과 프랜시스 크릭(Francis Crick) 같은 위인의 범주에 드는 인물과, 대중매체를 통해 얼굴을 알린 과학자들이다.[6]

　혹시나 뛰어난 과학적 업적을 성취하여 위인의 반열에 오른 과학자를 롤 모델로 생각하고 진로를 정하는 일은 그만두기 바란다.

6　지금은 고인이 된 천문학자 칼 세이건(Carl Sagan), 한국의 과학 대중화를 상징하는 김정흠 박사, 『이기적 유전자』를 쓴 리처드 도킨스(Richard Dawkins) 등이 대중적으로 유명하다.

그림 0-1. 많은 사람의 머릿속에 있는 과학자들. 왼쪽부터 뉴턴, 아인슈타인, 왓슨과 크릭(by A. Barrington Brown. © Gonville & Caius College)

그것은 마치 이순신 장군이나 나폴레옹, 롬멜, 양 웬리[7]를 보고 직업 군인이 되려는 것이나 마찬가지다. 위인전에서 볼 수 있는 '영웅적 과학자의 모습'에 비해 앞에서 언급한 '오늘날의 흔한 과학자'는 그다지 특별하지 않아 보이는 것이 사실이다. 그러나 교과서 속 과학자들이 활동하던 시대에도 지금 우리 같은 보통 연구자들이 존재했다. 역사 교과서에 이순신 장군의 이름은 있지만 휘하에서 피흘려 이 땅을 지켜 낸 수군들의 이름이 일일이 기록되지 않은 것처럼, 교과서에 등장하는 과학자들도 다른 수많은 과학자들의 도움으로 위대한 발견을 이뤄낼 수 있었던 것이다. 과학의 역사는 역사에 이름이 기록된 몇몇 인물이 만들어 낸 것이 아니다. 오히려 당대의 수많은 과학자들이 함께 쌓아 올린 공동의 업적이며 그들 중에 극히 일부가 대표로 교과서에 올라갔다고 보는

7   다나카 요시키(田中芳樹)의 SF 소설 『은하영웅전설』 주인공.

것이 합당하다. 유명한 과학 영웅 뒤에 이름 모를 수많은 '보통 과학자'들이 존재하는 것은 지금도 마찬가지다.

TV 교양 프로그램이나 대중 강연에서 접할 수 있는 과학자의 모습을 '요즘 과학자'의 일반적 모습으로 생각하는 경향도 있다. 인공지능, 양자역학, 유전자가위, 진화와 인간의 본성 등 최신 과학의 성과를 머리에 쏙쏙 들어오게 설명해 주는 유명 대학 교수님의 멋있는 모습에 반해 과학자가 되기를 희망하는 사람도 꽤 있을 것이다.

그런데 과학을 대중에게 쉽게 풀어 설명하는 일은 과학자의 본업이 아닌 일종의 과외 활동이다. 과학자의 본업은 과학 연구이며, 과학자의 커뮤니케이션은 비슷한 주제를 연구하는 동료 학자와 논문 혹은 학회 발표를 통해 이루어진다.[8] 프로 스포츠 선수의 본업은 같은 종목 선수들과 함께 경기를 하는 것이고, 팬 미팅이나 잡지 인터뷰, 방송 출연 등은 부업이자 일종의 서비스인 것과 마찬가지다. 물론 은퇴한 프로 스포츠 선수가 예능인으로 전업하는 경우처럼 과학자가 직접적인 연구 활동에서 물러난 후 대중에게 과학을 설명하는 일로 전업하는 경우는 있지만, 이 경우 그의 현재 직업은 현직 연구자라기보다는 과학 저술가 혹은 과학 커뮤니케이터로 보는 쪽이 정확할 것이다. 지금은 직접적으로 연구 활동을 하지 않는 '전직 연구자'를 과학자라고 칭할 수 있는지에 대

---

8 과학자의 전문적 '소통'이 어떻게 이루어지는지에 대한 문제는 4장에서 다룬다.

해서는 이견이 있겠지만, 편의상 이 책에서는 현재 과학 연구 활동을 수행하면서 새로운 지식을 창출하는 일을 하고 있는 '현직 연구자'를 과학자로 정의하겠다.

2. 과학 지식을 많이 쌓으면 과학자가 될 수 있다

인류에게 알려지지 않은 새로운 과학적 발견을 위한 준비 과정으로 지금까지 밝혀진 지식의 습득이 반드시 선행되어야 한다. 그동안 우리는 대개 학교 교육을 통해 교과서에 '요약'된 과학 지식을 익히고 대중 교양서를 통해 교과서에서 다뤄지지 않는 최신 또는 세부적인 과학 지식을 얻어왔다.[9]

그렇다면 과학 지식을 많이 알고 있다고 하여 과학자가 될 수 있을까? 유감스럽게도, **그것으로는 충분하지 않다.** 새로운 지식을 알아내려면 기존에 쌓인 과학적 지식의 체계적 습득 그 이상이 요구된다. 과학 연구는 **'교과서에 없는 새로운 사실'을 알아내는 작업**이기 때문이다.

교과서에 나와 있는 지식을 익히는 것도 쉽지 않은데, 어떻게 교과서에 나와 있지 않은 지식을 발견할 수 있겠냐고 지레 겁먹을 필요는 없다. 과학자들이 새로운 지식을 얻어 내려고 도전하는 대상에는 수많은 사람들이 오랫동안 도전했으나 답을 얻어 내는 데

---

9 대중 교양서에는 교과서에 나오지 않는 좀 더 깊은 내용이 나오기도 하지만, 교과서에 실린 '정설'이 아닌 '이설'이 등장하기도 한다. 때로는 과학 지식이라는 표현을 쓰기 민망한 내용이 과학 지식의 탈을 쓰고 등장할 때도 있다.

실패한 문제도 있지만,[10] 남들이 미처 생각하지 못한 방법으로 해결할 수 있는 문제와, 누구도 관심갖지 않았지만 관심을 갖고 접근하면 해결할 수 있는 문제들이 존재하기 때문이다. 물론 따지자면 많은 연구자들이 도전했지만 풀지 못한 문제를 해결하거나, 존재조차 몰랐으나 발견되어 하나의 학문 분야를 개척할 만한 발견을 해 내는 것이 더 중요할 것이다. 그러나 대부분의 과학자는 '남들이 아직 관심을 갖지 않았지만 시간과 노력을 투자하면 현실적으로 답을 알 수 있는 문제'의 답을 찾기 위해 노력하고 있다.

즉, 한 사람의 과학자로 인정받기 위해서는 세상에서 아직 발견되지 않은 지식을 발견하는 과정을 거쳐야 한다. 따라서 석·박사과정은 직업 과학자가 되기 위해 '아직 세상의 그 누구도 알지 못하는 문제의 답을 찾는 일'을 배워 나가는 시간이다.

이 과정을 잘 이해하지 못하고 현재까지 나와 있는 (일반인을 대상으로 하는 교양서 수준의) 과학책을 많이 읽으면 과학자가 될 수 있다는 착각에 빠지는 사람도 있다. 착각이 심해진 나머지 자신이 오래전에 확립된 과학적 지식을 전복시킬 만한 새로운 발견을 했다고 말하는 사람도 있는데, 이들을 흔히 '크랙팟(crackpot)'이라고 부른다. 하지만 현실에서 과학자는 방구석에서 수백 권의 과학책을 읽는 것만으로는 될 수 없다. 계속 강조한 것처럼 과학자가 되기 원한다면 새로운 지식을 찾아내는 훈련을 거쳐야 한다.

---

10 여러 이유가 있겠지만, '답 자체가 없는 문제'이거나, 논리적으로는 성립하지만 현재의 기술로는 정확하게 답을 알 수 없기 때문인 경우도 많다.

3. 과학자는 천재여야 한다

많은 사람이 과학자는 비상한 천재라고 생각한다. 과학자란 일반인들이 도저히 이해하기 힘든 과업을 이루어 많은 사람을 먹여살리는 존재(혹은 인류의 미래를 위협하는 매드 사이언티스트!)이며, 이런 특출난 사람들이 과학을 이끌어 나간다는 통념도 있다. 그래서 '평범한 내가 감히 과학자가 될 수 있을까?'라고 생각하며 과학자의 꿈을 접은 사람도 많을 것이다.

사고력이 뛰어난 사람이 새로운 지식을 발견하는 데 유리한 것은 사실이다. 그러나 과학의 모든 분야에서 사고력이 뛰어난 천재가 필요한 것은 아니다. 고도로 복잡해지고 정교해진 오늘날의 연구 현장에서 새로운 지식의 발견은 엄청나게 느린 속도로 이루어진다. "유레카!"를 외치며 문제를 해결한 아르키메데스처럼 머릿속에 번뜩이는 아이디어가 떠올라 이를 즉시 검증하고 새로운 과학적 이론으로 하루아침에 만들어 내는 일은 현대 과학에서는 쉽게 일어나지 않는다.

새로운 과학적 발견은 보통 학술 논문의 형태로 학술지에 등장하는데, 이렇게 하나의 발견이 학술지에 등장하기까지는 대부분 최소한 몇 달에서 길게는 몇 년이라는 시간이 필요하다. 새로운 과학적 발견을 학계의 동료 과학자들에게 설명하고 이해시키는데도 많은 시간과 노력이 필요하다. '번뜩이는 아이디어'나 '천재적 사고력'은 분명 필요하지만, 현실에서 그것을 실제로 검증하고 확인하기 위해서는 매우 오랜 시간이 걸린다. 한마디로 현대 과학에서 번뜩이는 두뇌는 하나의 필요 요소에 불과하다. 오늘날 과학자에게 필요한 능력은 문제를 순식간에 해결하는 지적 능력보다는, **쉽게 풀리지 않는 문제에 좌절하지 않고 오랫동안 붙잡고 있을 수 있는 집요함**이다. 특히 실험과학에는 100미터 달리기처럼 지적 순발력보다 마라톤처럼 지구력이 필요한 분야가 더 많다.

현대 과학 연구에서는 독창적 아이디어를 생각해 내는 것보다 그 아이디어를 증명하는 것이 더 중요한 경우가 많다. 아이디어를 제시하는 사람과 이를 증명하는 사람이 동일인이 아닌 경우도 많다. 따라서 현대 과학에서는 독창적 아이디어를 떠올리는 사람도 필요하지만 남이 제시한 문제 해결을 좋아하는 사람도 필요하다. 오히려 타인이 제시한 멋진 아이디어를 실제로 증명하기 위해 노력하는 사람이 독창적 아이디어를 생각해 내는 사람보다 더 많이 필요하고 중요할지도 모른다. 축구 경기에서 골을 넣는 공격수에게 가장 많은 시선이 쏠리지만 열한 명이 모두 공격수인 팀은 결코 이길 수 없는 것과 마찬가지다. 이처럼 현대의 과학자는 천재들만의 직업이 아니다.

게다가 우리나라에서 흔히 높게 평가되는 '시험 성적이 탁월한 사람'이 반드시 과학 연구에 적합한 사람이 아닐 가능성도 높다. 몇 분 내에 정답이 있는 문제를 빠르고 정확하게 푸는 시험에 능한 능력과 정답이 있는지 없는지도 알 수 없는 문제를 최소 몇 달에서 몇 년에 걸쳐 해결하는 과학 연구를 잘하는 능력은 애초에 다른 종류의 능력이다. 과학 과목 성적이 좋다는 이유로 과학자의 길에 접어선 상당수가 이같은 현실을 실감하며 진로를 바꾸는 경우도 허다하다. 오히려 학생 시절 시험을 잘 보던 사람들이 과학의 문제 해결에서 어려움을 겪으며 고통스러워 하는 경우를 많이 보아 왔다. 물론 타자와 투수 양 부문에서 탁월한 능력을 보이는 프로야구 선수 오타니 쇼헤이처럼 다방면에 재주가 있는 사람은 간혹 있을 것이다. 하지만 역사상 몇 명이나 그러한 선수가 있었는지 생각해 보면 아주 드문 일임을 깨달을 수 있을 것이다.

4. 과학자가 되려면 영재교육을 받아야 한다

'과학자는 천재여야 한다'는 고정관념과 함께 흔히 따라오는 오해는 성공적인 과학자가 되려면 어린 시절부터 그 재능을 발견하여 '과학 영재교육'을 받아야 한다는 것이다. 앞으로 이 책에서 자세히 설명하겠지만 현대 사회에서 과학자가 되기 위해서는 오랜 수련 기간이 필요하다. 대학교를 졸업하여 석·박사과정을 거치고, 대개는 수 년간의 박사후연구원[11] 과정을 거쳐야 한다. 마침내 자신의 의도대로 연구를 수행할 수 있는 독립적인 과학자가 되어 연구를 시작하는 때의 나이는 보통 30대 중반이 넘고, 과학자로 본격적으로 재능을 발휘하기 시작하는 나이는 30대 후반에서 40대 초반이다. 이같은 상황에서 어린 시절의 과학 영재교육이 과학자로서의 성공에 큰 영향을 미친다는 의견에 나는 극히 회의적이다. 오히려 한국같이 '인위적인 영재교육'이 판치는 환경에서 너무 어린 시절부터 (때로는 부모의 무리한 기대 속에) '과학 영재'로 키

---

11 '포스트닥(Post-Doc)'이라고 한다. 포스트닥에 대해서는 5장에서 자세히 설명한다.

워진 사람 중 상당수는 결국 과학에 흥미를 잃는 경우가 많다. 나 자신과 주변의 사례를 살펴보면, 어린 시절부터 과학 과목에 재능을 보이는 것과 과학자로서 성공하는 것에는 큰 상관관계가 없어 보인다.

과학 분야 중에서 그나마 젊은 시절의 재능이 중요하다는 통념이 가장 강한 분야 중의 하나인 수학에서도 그렇다. 한국에서 가장 성공한 수학자라고 할 수 있는 필즈 상(Fields Medal) 수상자인 허준이 교수는 별다른 영재교육 과정을 거치지 않았다. 성공한 많은 과학자 중에는 오히려 과학 연구에 관심을 가지게 된 시기가 상당히 늦은 사람도 있다. 그러니 과학자가 되기 위해서는 영재교육을 받아야 한다는 것은 오해이다. 과학 연구, 그리고 과학자가 되는 길은 단거리 경주보다는 마라톤에 가깝다. 마라톤에서는 체력 배분이 매우 중요하다고 한다. 초보들은 초반에 다른 선수의 페이스에 휘말려 전력질주를 하게 되고, 그 여파로 페이스를 잃고 중간에 포기하는 일이 종종 일어난다. 과학자의 길 역시 마찬가지이다. 나는 한국에서 보이는 과학 영재교육에 대한 지나친 관심이 오히려 한국 과학의 발전을 저해하는 주 원인일 수도 있다고 생각한다.

5. 과학자는 이슬만 먹고 산다

과학자에 대한 또다른 흔한 고정관념은 과학자는 세상 물정에는 관심 없고 오로지 연구만 생각하는 사람이라는 것이다. 그러나 과학자는 이슬만 먹고 사는 사람이 아니다. 주거비, 식비, 교통비, 휴

대폰 요금에 이르기까지 살아가는 데 과학자가 아닌 사람과 마찬가지로 돈이 필요한 한 사람의 생활인이다! 과학을 연구하는 대부분의 대학원생은 특정 연구실에 소속되어 전일제로 연구를 진행하며 그 대가로 생활비와 학비를 지원받는다. 그렇다면 여기에 드는 비용과 실험연구를 할 때 드는 비용은 모두 어디서 나올까? 그 연구실의 연구책임자(대학 연구실이라면 보통 '교수'다)가 국가나 기업 등으로부터 연구비를 받거나, 대학원생이 학교, 국가, 자선단체 등에서 장학금(fellowship)을 받아 조달한다.

대학 연구실 책임자인 교수는 한 사람의 과학자이고 학교에서 월급을 받는 노동자이지만, 한편으로 연구실에서 일하는 대학원생과 박사후연구원의 임금을 지급할 개인사업자의 면모도 갖고 있다. 대부분의 연구중심대학에서 연구책임자인 교수는 일종의 스타트업과 비슷한 방식으로 연구실을 운영하는데, 국가 혹은 기업으로부터 연구과제를 수주하여 연구비를 지급받는다. 소속 기관에서 이 중 상당 비중(기관에 따라 다르지만 30~50 퍼센트에 달하기도 한다)을 간접비 명목으로 징수하고, 연구책임자는 나머지 금액으로 대학원생 및 박사후연구원의 임금과 연구에 드는 모든 비용을 지불한다. 연구비는 몇 년마다 갱신하거나 새로 수주해야 하는데, 만약 연구비 수주에 실패한다면 어떻게 될까? 근무하고 있는 대학원생은 당장 생활비를 마련하지 못하고 포스트닥이나 연구원은 일자리를 잃게 될 것이다.

과학자가 아니라 스타트업이나 개인사업자들의 이야기를 듣는 것 같은가? 하지만 이것이 오늘날 대학교에서 과학을 연구하는 사

람들의 현실이다. 실제로 대학교나 연구소에서 연구책임자로 일
하는 것에 대해서는 6장에서 자세히 알아볼 것이다.

6. 과학자가 되면 경제적 성공도 뒤따른다

한국이 경제성장 가도를 달리던 1970~80년대에는 대학 입시 최
상위권 학생들이 물리학과나 전자공학과를 선택했다. 고도성장
중인 사회 분위기상 과학이나 공학을 전공하면 경제적으로 꽤 괜
찮은 삶을 살 수 있다는 믿음이 이런 결과를 만들었을 것이다. 이
런 경향은 1990년대 말 IMF 사태를 지나며 많이 변해갔다.

직업 과학자가 되는 것은 여전히 경제적으로 현명한 선택일
까? 일반화하여 이야기하기는 어렵지만 현업에 종사하는 과학자
들에게 직업 과학자가 된 것이 경제적으로 최선의 선택인지 혹은
자신의 경제적 처우에 만족하는지 물어보면 그렇다고 답하는 사
람이 많지 않은 편이다.[12]

과학자로서 세계적 스타가 되어도 그것이 경제적 성공으로 이
어지는 경우는 흔치 않다. 최고의 과학상이라고 알려진 노벨상의
상금은 우리 돈으로 13억 원 정도이고, 그것도 대개 3명 이상의
수상자가 나누기 때문에 실제 수령액은 더 적어진다. 2009년 단
백질 합성을 수행하는 리보좀(ribosome) 구조를 규명하여 노벨
화학상을 수상한 구조생물학자 톰 스타이츠(Tom Steitz)는 이런

---

12 연구 몰입 환경 조성을 위한 과학기술인 종합지원계획(안), 2014 과학기술정보통신부

농담을 했다.[13]

> "…내 아들 존은 대학교 2학년을 마칠 무렵 메이저리그 밀워키 브루어
> 스에 3차 지명으로 드래프트되어 계약금을 받았는데, 2009년에 내 몫
> 으로 받은 노벨상 상금보다 약간 많은 금액이었다."

그런데 그의 아들은 메이저리그에 드래프트되긴 했지만 정작 메
이저리그 경기에서는 뛴 적 없고, 마이너리그에서 뛰다 부상으로
은퇴했다. 그 정도 수준의 프로 스포츠 선수가 받은 계약금보다
과학계 최고 명예의 전당에 오른 과학자가 받는 상금이 더 적다는
말이다.

물론 스타트업을 만들거나 관여해서 상상하기 힘든 막대한 재
산을 거머쥐는 과학자도 있다. 가령 재조합 DNA 기술의 개발자
로 세계 최초의 바이오텍 벤처 기업인 제넨테크(Genentech)를
공동 설립한 허버트 보이어(Herbert Boyer)는 수천억 원대의 재
산을 보유하면서 일약 갑부 반열에 올랐다. 잘나가는 수학자 미
국의 제임스 사이먼스(James H. Simons)는 '수학적 재능을 금융
에 응용해 볼 수 없을까?' 하는 생각으로 르네상스 테크놀로지
(Renaissance Technology)라는 헤지펀드를 설립해, 2017년 180
억 달러라는 천문학적인 재산을 형성하기도 했다. 그러나 이는 극

13 www.nobelprize.org/nobel_prizes/chemistry/laureates/2009/steitz-bio.html

그림 0-2. "아빠, 노벨상 타신 거 정말 축하드려요. 근데 상금이 제 계약금보다 적네요." "…"
(© Prolineserver 2010, Wikipedia/Wikimedia Commons (cc-by-sa-3.0))

그림 0-3. 억만장자가 된 과학자들: 허버트 보이어(by Douglas A. Lockard), 제임스 사이먼스(by Gert-Martin Greuel)

히 예외적인 사례이며, 과학계에서 성공한 사람이라도 경제적으로는 조금 여유 있는 직장인 정도의 생활을 누릴 수 있다고 봐야 한다.

사실 박사학위 과정을 밟는, 혹은 박사학위를 갓 취득한 직업 과학자가 직면하는 가장 절실한 문제는 비슷한 기간 교육을 받은 다른 직업군의 사람에 비해서 상대적으로 오랜 기간 저소득 상황에서 생활해야 한다는 것이다. 일반적으로 박사와 박사후과정을 필수적으로 거치는 생명과학 계열의 연구자는 학부를 졸업하고 버젓한 직장을 갖기까지 적어도 10년 이상의 세월이 소요되는 경우가 많다. 물론 박사와 박사후과정 동안에도 기본적 생활비 수준의 급료는 지원되지만, 이것을 감안하더라도 경제적 관점에서만 보면 과학자가 되는 것이 최선의 선택은 아닐 수 있다.

하지만 사회 전체적인 관점에서 대부분의 국가에서 박사학위를 취득한 과학자가 소득면에서 취약한 계층이라고 볼 수는 없다. 산업계 진출이 활발한 전공이라면 꽤 괜찮은 보수를 받는 회사에 들어가는 경우도 많다. 과학자들이 느끼는 경제적 박탈감은 과학자로 성장하기 위해서는 다른 전문직종에 버금가는 어려움을 겪지만 경제적 보상은 그에 미치지 못한다는 상대적 박탈감, 그리고 긴 훈련 기간 동안 겪는 경제적인 어려움이 복합적으로 작용한 결과이다.

정리하면 현대 사회에서 과학자-공학자는 경제적으로 궁핍한 직업이라고 보기는 힘들다. 다만 비슷한 수준의 노력과 지적 성취가 필요한 다른 전문직(의사, 변호사 등)에 비해 상대적 박탈감을 느낄 가능성이 있다.

그럼에도 불구하고: 과학자라는 직업의 거부할 수 없는 매력

과학자라는 진로를 선택한 사람들은 어째서 경제적 불리함을 감수하면서 과학자로 살아가는 걸까? 과학 말고는 할 줄 아는 것이 없다는 조금 씁쓸한 이유도 있겠지만, 정작 다른 일을 하라고 떠밀어도 아무 고민 없이 연구를 바로 그만둘 과학자는 많지 않을 것이다.

과학자라는 직업에는 다른 직업에는 없는 하나의 결정적인 장점이 있다. 그것은 바로 '이 세상의 비밀(극히 일부일지라도)을 세상에서 가장 먼저 발견할 수 있는 기회'라고 말할 수 있다. 그것이 중력파처럼 인류 역사에 남을 위대한 발견이 아니라도 상관없다. 그러니까 시골길에 보이는 쇠똥구리의 다리에 존재하는 이름 모를 단백질의 염기서열이거나, 지금까지 아무도 이름을 붙이지 않은 은하에 존재하는 어떤 별이거나, 심해 해초가 분비하는 복잡한 화학 구조물을 인공적으로 생산할 수 있는 화학 경로라도 말이다. 자신이 오랫동안 궁금해하면서 찾아 헤매던 것을 처음으로 발견하는 이런 쾌감은 경험해 보지 않은 사람은 절대 상상할 수 없을 것이다.

"이 사실을 알고 있는 사람은 지금 지구상에서 나 혼자뿐이다! 적어도 내 연구 분야에서는 수십억 인류가 참여하는 지식의 경주에서 맨 앞에 있다!"라는 자부심을 갖게 하는 직업은 생각만큼 많지 않다. 과학자로 살아가다 보면 몇 번은 이런 경험을 하게 되고, 여기에 익숙해지면 과학자로서의 현실이 그리 녹록치 않더라도 쉽게 과학계를 떠날 수 없게 된다. **과학적 발견의 순간은 매우 강력한 중독성을 가진 마약과 같다.**

그러나 이러한 발견의 가치를 알아주는 사람은 그리 많지 않다. 언론에 대서특필되는 발견도 없지는 않지만, 대부분의 과학적 발견은 그 분야를 연구하는 수십 명 내지 수백 명, 심한 경우 몇 명의 동료 연구자가 그 가치를 인정해 줄 뿐이다. 올림픽에서 금메달을 따면 전 세계 사람들로부터 환호를 받는데 몇 명의 동료 과학자들에게나 그 가치를 인정받는 것이 무슨 소용인가 생각할 사람들도 있기 마련이다. 그러나 과학자로서 적성을 가진 사람이라면 자신과 동일한 관심사를 가진 사람들로부터 인정받는 것이 가장 가치 있다고 여기게 된다. 이것은 과학자들의 집단이 일종의 '덕후 집단'의 성격을 띠기 때문인데, 이는 책의 마지막 장에서 자세히 설명하겠다.

과학자와 의사

과학자를 꿈꾸는 학생, 특히 학교 성적이 탁월한 학생들이 진로를 고민할 때 고려하는 또 다른 직업 중에는 의사가 있다. 과학자와 의사는 모두 자연과학에 기반을 둔 전문직이며, 오랜 기간 훈련을 받아야 하고, 학위 취득 후에도 수련 기간을 거쳐야 독립적인 연구자 또는 의사로 활동할 수 있다는 공통점이 있다.

그러나 이 두 직업 사이에는 분명한 차이가 있다. 의사 중에는 의과대학 등에서 연구에 전념하는 사람도 있고, 임상 의사를 수행하며 임상 관련 의과학 연구를 같이 수행하는 사람도 있지만, 대다수는 의과대학에서 습득한 의학 지식을 바탕으로 질병을 치료하는 임상 의사로서 병원에서 근무한다. 반면 과학자는 주로 대학, 연구소, 기업 등에 소속되어 연구와 교육에 종사한다.

이 두 직군의 가장 큰 차이는 의사가 되는 과정이 과학자에 비해 훨씬 정형화되어 있다는 것이다. 의대나 의학전문대학원을 졸업하고 국가고시에 통과하면 전공의 과정을 거쳐 전문의 자격을 취득한다. 의사가 되는 길은 미래를 어느 정도 예측할 수 있고 안정적이라는 말이다. 반면 과학자가 되는 과정은 전공에 따라 너무도 다양할 뿐 아니라 학위 과정 이후의 진로도 사람에 따라서 매우 다양하고 천차만별이다. 미래가 불확실하다는 점은 어떤 면에서는 매력으로 느껴질수도 있지만, 반대로 불안 요소로 작용할 수도 있다.

'의사 과학자'라는 형식으로 임상 의사와 의과학을 겸업하는 사람도 있다. 하지만 '의사 과학자'에서 방점은 과학자보다는 '의사'에 찍혀 있는 경우가 많다. 한마디로 환자의 질병을 치료하는 의사의 본분에 큰 매력을 느끼지 못한다면 의사라는 직업을 선택하는 것은 현명한 일은 아니다.

직업을 선택할 때 경제적인 보상은 매우 중요한 요소이다. 그러나 최근의 세태를 보면 경제적인 보상을 직업 선택의 최우선 가치로 두고 그 외의 요소는 전혀 생각하지 않는 것처럼 보인다. 그러나 이러한 태도에는 문제가 있다. 가령 현재 의사는 국내에서 다른 직업군에 비해 높은 보상을 받지만, 그만큼 노동 시간이 매우 길고, (자신의 순간의 선택에 의해 환자의 생명이 좌우되는 상황에 직면하는 등) 직업적 스트레스가 크다. 하지만 진로를 결정할 만한 나이의 학생들은 이런 사실을 잘 고려하지 않는다.

한편으로는 과학 과목을 포함한 모든 과목의 성적이 우수한 학생이 의대와 과학자의 진로에서 고민하는 경우도 없지 않다. 오늘날 의대의 인기 때문에 과학뿐만 아니라 어떤 한 과목이라도 성적이 떨어지면 의대 진학이 어렵기 때문에, 의대 진학을 고민할 정도의 학생이라면 과학 과목 역시 우수한 성적을 받는 것이 보통이다. 그러나 여기에서 간과하기 쉬운 것은, 학생 시절 과학 과목을 포함한 모든 교과목의 좋은 성적이 결코 과학자로서의 성공을 보장하지 못한다는 사실이다(여기에 대해서는 다음 장에서 보다 자세히 알아볼 것이다). 과학자는 오히려 자신이 좋아하는 특정한 과목 한두 개에 관심을 보이는 쪽이 더 적성에 맞을지도 모른다. 단순히 과학 학과 성적이 뛰어나다는 이유로 과학자가 될 필요는 전혀 없다. 과학 성적이 좋다는 이유로 연구자의 길을 선택했지만 자신이 연구라는 직업에 적성이 맞지 않음을 발견하는 사람들도 매우 많다.

결론적으로 의대에 진학할 성적을 가졌음에도 '나 같은 뛰어난 과학 천재가 과학 대신 의사가 되는 것은 국가에 큰 손해다'라는 맹랑한(?) 생각을 가진 분이라면 두 가지를 한번 생각해 보기 바란다. '학교 시절 과학 성적과 훌륭한 과학자가 되는 것은 별개인데 괜찮을까?' '나는 의대 대신 과학자를 선택해서 발생할 수 있는 기대 소득을 포기하고 과학을 선택할 만큼 과학이 좋은가?' 벌써부터 이런 고민을 할 정도로 세상 물정에 밝고 똑똑한 학생이라면 주변에서 권하는 대로 의대 진학을 선택하는 것이 안전할지도 모른다. 의대를 진학하지 않더라도 앞으로 계속 비슷한 고민에 자신의 소중한 시간을 낭비할 가능성이 농후하기 때문이다.

이제 과학자가 된다는 것이 무엇인지 약간 감을 잡았는가? 다음 장부터는 직업 과학자가 되기 위해 어떤 과정을 거치는지에 대해 살펴보자.

Chapter

01

과학자가 될 준비:
학부 생활

이 장은 독자 여러분이 과학자를 꿈꾸는 학부생이라고 가정하고
써 내려갔다. '훌륭한 과학자가 되기 위해서는 대학 진학보다 훨
씬 이전부터 준비해야 하는 것 아닌가?'라고 생각하는 학생이나
학부모가 있을지도 모르겠다. 일단 훌륭한 과학자가 되기 위해서
는 명성 있는 대학 혹은 과학 관련 특수목적 고등학교 등에 진학
하는 것이 우선이라고 생각할 수도 있다. 그러나 이 책에서는 다
음과 같은 이유로 대학교 이전 이전의 이야기, 혹은 대학교 진학
에 대한 이야기는 일체 하지 않을 예정이다.

1. 대학교에 진학하는 것과 과학자가 되는 것은 별개의 문제다.
2. 과학에 대한 흥미가 전혀 없는 상태에서 대학에 진학해도 얼마든지
   훌륭한 과학자가 될 수 있다.
3. 이 책은 어떻게 하면 좋은 대학교에 들어갈지를 다루는 대학 입시
   지도서가 아니다.

사실 자연과학 혹은 공학 전공으로 대학에 진학한 사람 중에서 직업 과학자나 공학자가 되는 사람의 비율은 생각만큼 높지 않다. 연구중심대학이라고 하는 과학·공학 특성화 대학에서도 마찬가지다. 대다수는 학부 과정을 마친 후 기업에 취업하고, 대학원에 진학하더라도 취업이 목적인 경우가 많다.

학부 시절에 주로 하는 일은 **배경지식의 습득**이다. 이는 과학자가 되기 위해 필요한 기초 지식을 갈고 닦는 중요한 과정이다. 학부 전공 자체는 과학자가 되는 데 생각만큼 결정적인 영향을 미치지 않을 수도 있다.[14] 심지어 학부 때 과학 혹은 공학을 전공하지 않았더라도 과학자가 될 수 있다. 지금부터는 장래에 과학자를 희망하는 대학생이 무엇을 준비해야 하는지를 알아보겠다.

1학년이 가장 중요하다: 일반과학 시리즈

과학자가 되기 위해서 학부에서 공부하는 과목 중 가장 중요한 것은 무엇일까? 1학년 때 배우는 과목은 고등학교 때 배운 것의 심화 과정처럼 보이니 2학년부터 배우는 전공 과목이라 생각할 수도 있을 것이다. 그런데 사실은 일반화학, 일반생물학, 미적분학 같은 '일반과학' 시리즈에서 다루는 개념을 정확하게 이해하는

---

14 실제로 유명한 외국 과학자 중에는 과학과 전혀 관계없는 학부를 전공한 사람이 종종 있다. 예를 들어 암의 유전적 기원을 규명하여 노벨상을 받은 해롤드 바무스(Harold E. Varmus)의 학부 전공은 영문학이다.

것이 가장 중요하다.

대학교에서 다루는 자연과학 전공 과목은 결국 일반과학 시리즈에서 다루는 내용을 기본으로 하는 증보판이다. 과학자로서 경력을 쌓아 갈 계획이라면 자신의 분야와 직접 관련이 없어 보이더라도 모든 일반과학 시리즈를 필수적으로 알아 두어야 한다. 일반과학 과목의 숙지는 오히려 본격적인 과학자로 성장해 갈수록, 수행하는 연구의 수준이 높아질수록 더욱 중요해진다. 요즘같이 타 분야 전공자와 협업하는 학제 간 연구(interdisciplinary research)가 중요시되는 최첨단 연구 환경에서, 생물학자로서 물리학자 혹은 수학자와 공동연구를 할 때 최소한의 일반물리학이나 미적분학 수준의 지식이 있는 것과 없는 것 중 어떤 쪽이 더 수월하겠는가?

물론 먼 미래의 일을 떠나, 2학년 이상에서 세부 전공 과목을 배울 때도 1학년 때 배운 과목들의 기본 개념과 복합적 지식의 이해는 필수적이다. 학부 졸업 후 과학자 대신 다른 진로를 선택할 때도 1학년 때 배우는 일반과학 정도의 개념만 제대로 갖추고 있어도 큰 도움이 될 것이다.

한마디로 이 '일반' 시리즈의 중요성은 아무리 강조해도 지나치지 않다. 특히 입시 중심인 한국의 교육 환경에서 암기와 문제 푸는 요령 위주로 과학을 배운 학생들은 의외로 기본 과학 과목의 개념 이해가 부족한 경우가 많아서 학년이 올라가고 과학자로서 경력이 쌓일수록 힘들어 하는 모습을 보인다.

덧붙여 생명과학 계통의 과학을 전공하고 싶은 학생이라면 가급적 일찍 통계학, 수학, 기본적 프로그래밍을 익혀 두기를 강력히 권한다. 학생들이 대학에서 생명과학 분야를 선택하는 이유 중 하나가 수학에 자신이 없기 때문이라는 불편한 진실(?)을 모르는 바는 아니다. 그런데 통계학, 수학, 프로그래밍 같은 정량적 연구 스킬은 현재 생명과학 분야에서 연구자가 갖추어야 할 기본 기술이 되어 버렸다. 안타깝게도 생명과학 분야의 학부 교육과정에서는 이러한 정량적 연구 스킬에 대한 대비가 아직 미흡하니, 개인적으로 준비하는 편이 미래에 도움이 될 것이다.

공부를 잘하면
좋은 과학자가 될 수 있을까?

2학년부터 본격적으로 전공 과목을 수강하면서 벌써 '과학자의 진로란 참으로 험난하구나' 하고 좌절하는 학생도 있고, 좋은 학점을 받고 '과학이란 그리 어렵지 않군. 나의 장래를 과학자로 정했다!' 하고 큰소리치는 학생도 있을 것이다. 그러나 이미 정립되어 있는 과학적 지식을 배우고 익히는 재능은 스스로 새로운 과학 지식을 창출하는 재능과 반드시 일치하지 않을 수 있음을 명심하자! e스포츠 경기에서 페이커의 플레이를 본다고 실제 게임 실력이 늘지는 않듯 말이다. 실제로 학부 시절의 우수한 성적에 고무되어 (자신이 과학자로서 큰 재능이 있을 것이라는 착각 속에서) 대학원에 진학해 연구자가 되려고 하다가 연구가 적성에 맞지 않는다는 진실을 뒤늦게 깨닫고 중도에 그만두는 학생들이 많다. 다시 한 번 강조하지만, **학부 시절의 전공 과목 성적이 대학원에서의 연구 성과를 절대 보장하지 않는다.**

만일 당신이 진심으로 과학자를 지망하는 학부생이라면 자기 전공 과목과 관련 있는 타 학과의 전공 기초 과목을 골라서 이수하는 것이 좋다. 가령 생명과학 관련 학과라면 물리나 화학 분야의 심화 전공 과목을 듣거나, 기초통계학보다 한 단계 위 수준의 통계학 과목도 괜찮다. 이 모든 경험은 시간적 여유가 있을 학부 시절에 연구자로서의 '기초체력'이 되어 줄 것이다.

학부 시절 연구실 체험은 필요한가?

학부 생활의 절반이 지나도록 여전히 과학자가 되고 싶다는 꿈을 간직하고 있는 학생이라면 반드시 고려해 보아야 할 일이 있다. 바로 연구실에서의 실제 연구 체험이다. 앞에서도 거듭 이야기했듯이 **학부 시절의 강의와 실험 과목에서 체험하는 과학은 e스포츠 중계를 통해서만 보는 게임만큼이나 피상적이다.** 기존에 밝혀진 것을 배우는 과학이 아닌, 실제로 미지의 우주를 탐구하는 과학의 진정한 모습을 조금이라도 맛보기 위해서는 과학 연구가 실제로 진행되고 있는 대학 연구실에 들어가 연구에 참여해 보는 것이 좋다.

학교에 따라 다를 수 있겠지만, 일반적으로 학부생에게 연구에 참여할 기회를 주는 연구실은 많다. 방학 기간 동안 일시적으로 모집하기도 하고, 석·박사과정 대학원생과 다름없이 학기 중에도 연구실에 매일 출근하는 경우도 있다. '자원봉사' 식의 체험도 있고 인턴십 형태로 소정의 보수를 받을 수도 있다. 아예 해당 연구실에서 진행되는 프로젝트에 학부생 신분의 연구 보조원으로 소속되어 연구하는 경우도 있다. 어느 정도의 시간과 노력을 투자할 각오만 있다면 학부생이 연구실에서 일하면서 직접 체험할 기회는 많이 있다.

물론 학부생 신분으로 경험할 수 있는 연구의 깊이는 개개인의 상황에 따라 다르다. 아직 전공 과목도 다 배우지 않은 학부생 연구원에게 대단한 기대를 하는 교수도 그리 많지 않을 것이고, 독자적인 주제로 자신의 연구를 하는 연구자라기보다는, 연구실에 필요한 허드렛일을 시키기 위한 조수 정도로 생각하는 곳도 있을 것이다. 강호의 고수 문하에 들어갔더니 무공의 비밀은 배우지 못하고, 청소나 빨래 등의 허드렛일부터 시작한다는 무협지의 클리셰는 현대의 대학 연구실에서 재현되고 있다. 원대한 꿈을 품고 학부 시절 연구실에 들어갔지만 온갖 허드렛일에 지쳐 과학에 대한 흥미를 잃는 학생이 꽤 있다는 것 역시 클리셰적이다.

연구실 경험을 통해 조금 더 가까이서 과학이 진행되는 과정을 볼 수 있는 것은 분명하다. 특히 연구실의 지도교수가 실제로 어떻게 연구 지도를 하는지, 어떻게 연구실을 운영하는지는 직접 연구실에 들어가야만 알 수 있다. 과학자의 길에 본격적으로 들어선 선배 대학원생들과 친분을 쌓으면서 좀 더 많은 정보를 얻을 수도 있다. 그래서 대학원 진학을 생각하는 사람이라면 되도록 학부 시절에 연구실 체험을 해 보는 것이 좋다. 이때 쌓은 연구 경력은 대학원에 진학할 때 유리하게 작용한다(반드시 학부 시절에 체험한 연구실로 진학할 의무는 없다). 특히 **학부 졸업 후 곧바로 해외 대학원 진학을 준비한다면, 실제로 연구실에서 연구 경험이 있는지 여부는 입학 허가에 결정적으로 작용**한다.

학부생으로서 연구실 생활을 하려면 상당한 시간과 노력을 들여야 하는데, 이때 학과 공부에도 소홀하지 않도록 유의해야 한다. 학부생의 우선 순위는 어디까지나 학과 공부이고, 학과 공부를 할 시간을 희생하면서까지 연구실 체험을 하는 것은 바람직하지 않다.

졸업의 기로에서

전공 과목을 거의 다 듣고 연구실 경험도 잠시나마 해 본 학부생이라면 아마 머릿속에 답을 정해 놓고 자신의 결정을 합리화해 주는 이야기가 듣고 싶을지도 모르겠다. 최종 선택을 위한 중요한 조언을 하자면, 과학자가 되겠다는 결심을 수정하려면 지금 하는 편이 낫다.

나는 앞 장에서 과학자만이 얻을 수 있는 특권인 세상에서 아무도 모르는 것을 혼자만 알게 되는 순간, 즉 '유레카의 순간'에 대해 언급했다. 하지만 과학자의 삶은 떠오른 아이디어가 실험으로 입증되지 않아 실망하는 '실패의 연속'에 더 가깝다. 조금 부드럽게 '시행착오(trial and error)의 연속'이라고 미화되기도 한다. 과학자로 일하는 동안 **발견의 기쁨 혹은 좋은 아이디어가 떠오르는 순간이 한 번 정도 있다면, 기대에 벗어난 결과를 얻어 좌절하는 순간이 운이 좋으면 열 번, 보통은 백 번 정도 겪을 것이다.**

더 큰 문제는, 온갖 어려움을 딛고 과학적으로 유의미한 새로운 발견을 하더라도 세상에는 분명 자신과 유사한 연구를 하고 있는 누군가가 있다는 것이다. 과학 연구, 특히 실험 기반의 연구는 최소 몇 달에서 몇 년의 기간이 소요된다. 오랜 기간 실험을 수행해 축적한 데이터를 논문으로 작성하여 발표하려고 할 때, 거의 동일한 연구 결과를 지구 반대편에 있는 과학자가 먼저 발표해 버리는 기막힌 일은 과학계에서 종종 일어난다.[15] 현대를 살아가는 사람들은 무한 경쟁에 내던져져 저마다의 싸움을 하고 있다. 과학자들 역시 마찬가지이다. 과학은 혼자 고고하게 진리를 찾아가는 과정이 아니다. 같은 분야의 다른 연구자보다 빠르고 정확하며 동시에 재현 가능한 결과를 내기 위한 경쟁을 각오해야 한다.

마지막으로, 진로를 결정하기 전에 과학자로서 생활을 유지하는 것에 대해 현실적으로 생각해 볼 필요가 있다. 과학을 시작하는 사람은 노벨상 수상자, 혹은 적어도 해당 학계에서 명성을 떨치는 연구자 정도를 목표로 삼을 것이다. 그러나 과학자로서의 커

15 　과학자들은 이러한 상황을 스쿱(scoop) 당했다고 하는데, 이는 특종을 뜻하는 뉴스 기사의 속어를 빗대어 표현한 것이다.

리어는 **높은 확률로 진학하려는 대학원이나 연구실 졸업생들의 진로의 평균에 수렴**한다. 물론 개인의 진로가 순전히 확률에 의해 결정되는 것은 아니므로 자기 자신이 그 분포에서 벗어난 '아웃라이어'가 되지 말라는 법은 없다![16] 혹시 이미 진학하고자 하는 전공과 연구실을 결정했다면 해당 연구실을 졸업한 선배들의 진로를 살펴보자. 이때 지도 교수의 이야기 외의 객관적으로 판단할 수 있는 자료를 구하자. 만약 어렵다면, 해당 분야의 전반적인 인력 수급 상황, 곧 해당 전공의 석·박사과정이 한국에서 많은 수요가 있는지 알아보자. 특히 전자, 화학, 기계(통칭 '전화기')처럼 '한국의 주력 산업'에 진출할 수 있는 연구실이 아니라면 해당 연구실에서 석·박사를 취득한 이후 취업은 쉽지 않을 가능성이 있다.

설령 취업에는 관심 없고 순수한 학문 연구에 전념하여 학계에서 교수가 되는 것이 목표인 사람에게도 취업은 중요한 문제다. 만약 산업계 진출이 거의 없는 분야의 대학원에 진학하는 사람이라면 같은 분야의 동료들도 대부분 학계에서 자리잡을 생각을 할 것이고, 결국 상당한 경쟁을 각오해야 할 것이다. 물론 실제로 과학자가 되어 취업 시장에 진출하기까지는 학부 졸업 이후 석·박사과정에 소요되는 시간, 그리고 기본적으로 포스트닥이 필요한 분야라면 석·박사과정과 거의 비슷한 시간이 추가되므로, 졸업하여 직장을 찾을 5~10년 뒤에는 취업 시장 상황이 달라질 수도 있

---

16 물론 전체 평균에 훨씬 못 미치는 반대쪽의 아웃라이어(흔히 '폭망'이라고 부르는)가 될 가능성도 상존한다는 점을 잊지 말자.

다. 그러나 현재는 존재하지 않는 취업 시장이 자신이 학위를 마치면 생길 것이라는 막연한 기대만을 가지고 인생을 투자하는 것은 지금은 헐값인 가상화폐가 언젠가 오르리라는 기대하에 투자하는 행위 이상으로 위험한 일이다. 어쩌면 자신의 전공을 선택하는 것은 당신이 일생에서 하는 투자 중에서 가장 위험성이 높은 투자라고 할 수 있다.

길고 긴 고민을 하다 보면 선택의 시간이 다가온다. 과연 당신은 과학자라는 미래를 위해 젊음을 기꺼이 투자할 자신이 있는가? '그렇다'를 선택한다면 계속 이 책을 읽어야 할 것이고, 만약 그렇지 않다면 여기서 이 책을 덮어도 좋다(재미로 읽는 것은 환영이다). 하지만 인간은 '이미 간 길'보다는 '가지 않은 길'에 대한 미련을 버리지 못하며, 시간이 갈수록 그에 대한 미련은 커질 것이다. 인생은 오직 한 번뿐이라는 점을 생각하면 더욱 그렇다. 그런데 잘 생각해 보자. 한때의 '헛발질'이 인생에 그다지 큰 영향을 미치지 않을 수도 있다. 어렸을 때는 몇 년 뒤처지는 것이 큰 손해같지만 장기적으로 보면 큰 문제가 아니라는 어른들의 흔한 말처럼 말이다. 오히려 나는 인생에서 빠르게 목표를 달성한 사람들이 밀려드는 공허감에 시달리는 사례를 많이 보아 왔다. 인생은 의외로 길기 때문에 한 번쯤 모험을 해 봐도 괜찮다고 생각한다. 물론 본인의 선택에 대한 책임은 자신이 져야 한다는 것은 명심하자.

어떤 전공을 선택할 것인가?

여기까지 책을 넘긴 독자 중에 과학자가 되기로 마음먹은 꿈나무가 있다면 당신의 통 큰 결단을 진심으로 응원한다. 이제는 세부 전공을 결정하는 문제가 남아 있다. 지금까지 경험에 비추어 볼 때 학생들이 대학원에 입학할 때 세부 전공을 선택하는 기준은 크게 두 가지였다.

첫째, **해당 전공에 흥미를 느낀다고 생각하기 때문이다.** 그렇게 느끼는 이유는 무척 다양하다. 예컨대 학부 시절에 읽었던 과학 교양서에서 본 내용의 영향을 받을 수도 있다. 연구실에서 연구를 체험해 보면서 재미를 느꼈거나, 친한 친구나 선배가 있던 연구실이라거나, 대중매체에서 소개된 연구 주제와 관련이 있는 연구실이라는 이유도 있을 것이다. 심지어 학부 시절 수강한 강의의 교수님에게 좋은 인상을 받았다는 이유로 그 분야에 흥미를 가지는 경우도 있다. 대중 매체에서 '이 분야의 전망이 좋다'는 이야기를 보고 없던 흥미가 생기는 신비한 경험(?)을 하고 해당 전공을 선택하는 경우도 있다.

그런데 많은 학생이 **해당 분야의 연구에 대해서는 정확히 알지 못한 채 흥미롭다고 생각(혹은 착각)하고 전공을 선택**한다. 일단 어떤 전공이 '흥미롭고' 자신의 '적성'에 맞는지를 파악하기 위해서는 해당 분야에 대한 경험이 필요하다. 대학원에 진학하기 전에는 그 분야의 연구에 대한 경험이 부족할 수밖에 없기 때문에 해당 연구가 진짜로 흥미롭고 적성에 맞는지는 정확하게 알 수 없다. 따라서 학생들이 생각하는 '흥미'와 '적성'은 피상적일 수밖에 없다. 한마디로 직접 연구를 해 보지 않은 사람이 가지는 '흥미'와 '적성'은 영화 본편을 보지 않고 티저 트레일러만 본 상태에서 가지는 '흥미'와 '취향'과 크게 다르지 않다.

어떤 일에 대한 흥미와 적성은 대개 **그 일을 얼마나 잘할 수 있느냐**와 밀접한 관련이 있다. 즉 특정한 일을 잘 수행해서 성취를 반복하게 되면, 이전에는 없던 흥미도 생기고 적성에 맞다고 생각하기 마련이다. 반대로 처음에는 흥미를 느끼고 적성도 있다고 판단했지만 그 일에서 제대로 된 성취를 이루지 못한다면 자신의 판단이 사실은 착각이 아니었는지 돌아볼 필요가 있다. 즉, **대학원 진학 전, 학부 시절에 생각하는 흥미와 적성은 전공 선택에 있어 생각만큼 결정적인 요소가 아닐 수도 있다.**

둘째, 전망이 좋을 것 같은 전공을 택하는 경우다. 오늘날 한국의 학생들은 그 어느때보다 미래가 불확실한 시대에 살고 있다. 때로는 대학원 과정이 앞으로의 인생의 기반이 되기를 희망하는 경우가 많다. 그래서인지 요즘 학생들은 단순한 흥미나 개인의 기호보다 '전망 좋아 보이는' 전공을 선택하는 경우가 많다. 그런데 문제는 학부생이 접근할 수 있는 수준의 정보에 근거해 판단한 전망이 실제로 학위를 받고 취업 시장에 나갈 때까지 유효할지는 아무도 모른다는 것이다. 학부생이 들을 수 있는 수준의 정보는 최신 정보가 아닐 수 밖에 없기 때문이다. 언론에서 많은 이야기가 나온다면 이미 정점을 지나 한물 가기 시작한 분야라는 말이 있을 정도로, 세간에서 떠드는 말이나 대중 매체에서 습득한 정보

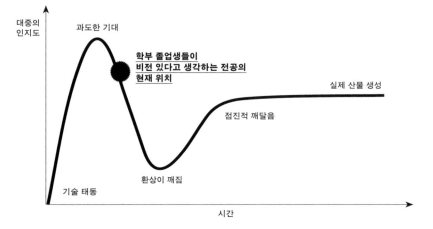

그림 1-1. 기대 곡선은 기술이 태동과 발전과 실용화를 거치는 과정을 도식화한 것이다. 대개의 학부 졸업생들이 생각하는 '전망 좋은 전공' 혹은 '기술'은 조만간 거품이 가라앉을 위기에 놓인 것일 수 있다.

에 기반하여 생각하는 '전망'은 정확할 수 없다.

학부 졸업생 수준에서 전망이 있어 보이는 세부 연구 분야는 그림 1-1의 기대 곡선(hype cycle)에서 정점을 막 지났거나 정점에서 급격히 떨어지는 분야일 가능성이 크다. 당신과 똑같은 생각을 하는 학부생은 수도 없이 많을 것이며, 이들과 함께 대학원에 진학한다면 연구자로 살아가는 동안 숱한 경쟁에 시달릴 가능성이 높다. 학계에서 급작스럽게 떠오른 분야라도 산업화에 성공하지 못해 기대한 만큼 일자리가 생기지 않는 경우도 많다. 따라서 지금 학부 졸업생으로서 특히 박사과정까지 공부하고자 마음먹고 있으면서 장래의 진로 전망에 민감한 사람이라면 '지금 사람들이 한창 뜬다고 강조하는 분야'는 피하는 것이 오히려 안전한 선택이 될 수 있다. 주식 투자를 해 본 사람이라면 한참 오른다고 대중적으로 화제가 되는 주식을 산다고 반드시 돈을 번다는 보장이 없다는 것을 잘 알 것이다. 하물며 주식보다도 훨씬 더 중요한 자신의 진로라면 더욱 신중하게 결정해야 한다.

요약하자면 학부생 수준에서 전망을 정확하게 예측하기란 불가능함을 인정해야 한다. 앞으로 10년 뒤에 어떤 분야가 전망이 좋을지를 정확히 예측할 수 있다면 당신은 대학원 따위에 관심을 가지기보다는, 주식투자를 하거나 하다못해 점집을 차리는 편이 나을 것이다. 결론적으로 어떤 전공에 흥미가 있다고 생각한다면 그냥 자신의 선택을 믿고 그대로 나아가는 편이 낫다. 자신의 판단을 믿고 추진하는 것 또한 과학자에게 필요한 자질이다.

어떤 학교를 선택할 것인가?

이 모든 위험 요인을 감수할 각오로 대학원 진학을 결심했다면, 그림 1-2와 같은 진로의 갈림길 앞에 서게 될 것이다. 이 경우의 수들을 하나씩 차근차근 따져 보자.

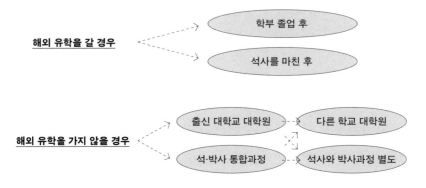

학부 졸업 후

석사를 마친 후

해외 유학을 갈 경우

출신 대학교 대학원

다른 학교 대학원

석·박사 통합과정

석사와 박사과정 별도

해외 유학을 가지 않을 경우

그림 1-2. 대학원 진학과 관련된 경우의 수

해외 유학을 갈 것인가?

과학자가 되기 위해서는 해외 유학이 필수라고 여겨지는 시절이
있었다. 1980년대부터 1990년대까지만 해도 국내의 자연과학
및 공학 관련 연구 여건이 과학자를 길러내기에는 선진국에 비해
많이 취약했기 때문이다. 그러나 2015년을 기준으로 신규 임용된
교수의 경우, 공학 분야는 약 60퍼센트, 자연과학 분야는 54퍼센
트가 국내 대학에서 박사학위를 받았다.[17] 통계만으로는 국내에서
학계의 연구자를 하기 위해 해외 유학이 필수이던 시절은 확실히
끝났다고 말할 수 있다. 그렇다고 해외 유학의 이득이 이제는 전
혀 없다고 말하기는 어렵다. 이전에 비해 한국의 자연과학 및 공
학의 수준이 많이 높아진 것은 사실이지만 여전히 세계 최고 수

17   www.kyosu.net/news/articleView.html?idxno=31703

준으로 간주하기 힘든 분야가 많이 남아 있기 때문에, 한국보다 과학 연구의 역사가 오랜 국가로 유학하여 학위과정을 하는 것은 충분히 고려해 볼 만한 선택이다. 특히 이민이나 해외 취업을 생각하는 사람이라면 유학은 꽤 괜찮은 선택지다.[18]

유학을 갈 경우: 언제 갈 것인가?

해외 유학을 갈 최선의 시기를 정확히 말하기는 어렵다. 국가나 학문 분야에 따라 지원 방식이나 제도가 다를 뿐더러 학생 개인의 사정도 고려해야 하기 때문이다. 사실 원론적으로는 국내 대학에서 학부를 졸업한 후 바로 해외 대학의 석·박사 통합과정에 진학하는 것도 가능하다. 그러나 국내 대학을 졸업하고 해외의 석·박사 통합과정, 그것도 높은 평가를 받는 학교에 장학금 혜택을 받으며 진학하기란 현실적으로 쉽지 않다. 어쩌면 국내에서 석사과정을 밟으면서 어느 정도 연구 경험을 쌓은 다음 해외 박사과정을 모색하는 편이 유리할 수도 있다. 석사와 박사과정이 분리되어 있고 석사과정 수료만으로도 해외 취업이 가능한 일부 분야에서는 학부만 마치고 유학에 도전하는 것도 나쁘지 않다.[19] 요즘은 학부부터 해외 유학을 하는 경우도 많은데, 이 경우는 확실히 국내에서 학부를 마친 것에 비해 석·박사 통합과정으로 해외 대학에 진학하기 수월한 편이다. 학부를 마친 후 바로 석·박사 통합

---

18 과학자와 엔지니어는 이민 장벽이 낮은 직종이다.
19 보통 석사과정에서는 재정 지원을 받지 못한다는 것을 염두에 두어야 한다.

과정으로의 유학을 생각한다면 학부 시절에 연구 경험을 갖추는 것이 절대적으로 유리하기 때문에 학부 시절에 연구 경험을 쌓아두어야 한다.[20]

유학을 가지 않을 경우: 어떤 대학원으로 진학할 것인가?

여기에도 몇 가지 선택의 기로가 있다. 첫 번째로 선택할 것은 출신 대학의 대학원에 진학할 것인지다. 이는 그 대학에서 활발한 연구 활동이 이루어지는지에 따라 다르게 보아야 한다. 졸업한 대학이 과학특성화 연구중심대학(KAIST, POSTECH, UNIST, GIST, DGIST 등 '과기원'이라 불리는 학교)이거나 대학 평가에서 상위권을 차지하는 학교에서라면 많은 연구 활동이 이루어진다고 볼 수 있다. 물론 이외의 학교라도 지원하고자 하는 전공에서 BK21(Brain Korea 21) 등의 지원을 받고 있다면 기본적인 연구 여건이 충족된 학교일 것이다. 간혹 대학원에 진학할 때 대학교의 평가에 대해 필요 이상으로 신경을 쓰는 경우가 있다. 그러나 대학원을 선택할 때 학교의 명성 자체는 생각보다 중요하지 않다. 그보다는 그 학교에서 활발한 연구 활동이 이루어지는지와 지도교수의 역량, 연구실의 연구 성과가 더 중요하다.

자신이 졸업한 학교에서 활발한 연구가 이루어지는 경우, 상당수의 학생이 자신이 졸업한 대학의 대학원에 진학하는 경향이

---

20   이 책에서는 유학 준비에 대한 자세한 내용은 다루지 않는다.

있다. 이때 장점은 학부 생활을 하면서 연구실에 대한 많은 정보를 이미 습득했으므로 새롭게 적응하지 않아도 된다는 점이다. 단점이라면 학부와 대학원을 같은 학교에서 하면 만나는 사람과 환경이 한정되고, 따라서 경험할 수 있는 범위 역시 좁아진다는 것이다. 연구실 구성 인원의 출신 대학이 한정적인 경우 한국 특유의 배타적인 문화가 형성될 가능성도 없지 않다.[21] 한정되는 것은 경험만이 아니다. 출신 학부의 연구실만을 고집한다면 선택할 수 있는 연구 분야도, 어떻게 보면 자신의 미래의 가능성까지도 한정 지을 수 있다. 개인적으로는 학부를 나온 학교의 대학원보다는 타 학교 대학원의 진학도 고려하여 종합적으로 생각한 후 진학하는 것이 경험의 폭을 넓힐 수 있는 방법이라고 생각한다. 나는 학부를 졸업한 학교에서 석사·박사과정을 모두 거쳤지만, 만약 그때로 다시 돌아간다면 다른 학교의 대학원을 선택했을 것 같다.

다른 학교로 진학할 때의 단점은 출신 대학에 그대로 진학하는 것과 정반대의 이유로 발생한다. 자신이 학부를 다니지 않은 학교를 선택한다면 연구실에 대한 정보가 부족할 것이고, 상대적으로 많은 정보를 가진 자교 출신은 잘 선택하지 않는(즉 인기가 없는) 연구실에 가게 될 위험성이 존재한다.

---

21 예전에 비해 타 대학교 대학원에 진학하는 비율이 높아졌으므로 이런 현상이 상대적으로 줄었지만, 여전히 발생할 수 있는 문제다.

석·박사 통합과정에 들어갈 것인가, 따로 진학할 것인가?

석·박사 통합과정이라는 제도가 없을 때 대학원에 진학한 사람들은 일단 석사과정을 졸업한 다음 박사학위 취득을 원하는 사람들이 별도로 박사과정에 입학하여 박사과정을 밟아야 했다. 여전히 많은 대학원에서 이 제도를 유지하고 있지만, 최근의 연구중심대학은 석·박사 통합과정을 운영하는 경우가 많다(통합과정밖에 모집하지 않는 대학원도 있다). 그런데 석·박사 통합과정에는 한번 입학하면 자신이 연구자로서 적성이 맞지 않다는 것을 깨달아도 중도에 그만두기 매우 힘들다는 단점이 있다.[22] 연구에 필요한 기본 테크닉을 익힌 다음 취업하기를 원하는 사람에게 박사과정은 그다지 적절한 선택이 아니다. 대학원생의 입장만 고려한다면 석·박사 통합과정으로 진학하는 것보다는 석사과정을 마친 후 박사 진학 여부를 결정하는 편이 학생에게 좀 더 유리하다. 현재의 한국 사회는 (분야별로 다르겠지만) 박사급보다는 석사급의 기술적 지식을 습득한 인력이 더 많이 요구되는 사회라는 점도 고려할 부분이다.

석·박사 통합과정은 왜 도입되었을까? 석사과정 2년은 완전한 한 사람의 연구자로 성장하기에 턱없이 부족한 시간이기 때문이다. 연구실을 운영하는 연구책임자(교수)의 입장에서는 석사과정 동안 대학원생을 훈련시켜서 이제 겨우 연구를 진행할 수 있는

---

22 석·박사 통합으로 입학했을지라도 학생의 의지에 의해 석사학위만 취득하고 졸업할 수 있도록 제도적으로 보장하는 곳도 있다.

수준이 되었는데, 졸업하여 다른 곳으로 진학 혹은 취업하는 것이 아쉽기 때문일 수도 있다. 어쨌든 석·박사 통합과정에는 교과 과정에 소요되는 기간이 단축돼서 '이론적'으로는 학위 기간을 줄일 수 있다.[23] 그러므로 대학원 진학 시 석·박사 통합과정을 선택하는 것은 분명히 개인의 자유이지만, 진학하기 전에 **중도에 석사로 졸업하는 것이 제도적으로 보장되는지**를 꼭 확인하기 바란다. 지금은 장래 노벨상을 꿈꾸는 패기 넘치는 대학원 입학 예정생이라도, 당신의 미래에 어떤 일이 일어날지는 아무도 모르니까 말이다![24]

어디서 학비를 조달할 것인가?

오늘날 과거보다 많은 사람들이 이학 및 공학계 대학원에 많이 진학하는 이유는 이공계 대학원에서는 재정 지원을 받는 경우가 많기 때문이기도 하다. 대개의 이공계 대학원생, 특히 연구실에서 전일제로 연구하는 학생들은 대학원에 들어오면서 연구실에 소속되어 재정 지원(등록금이나 월 생활비, 혹은 둘 다)을 받는 것이 보통이다. 입학 전에 대학원 당국, 혹은 연구실 책임교수 등과 상의하여 정확히 어느 정도의 재정 지원을 받게 되는지를 확인하는

---

23 석사-박사를 따로 할 경우에 비해 교과과정을 1년 단축하여 등록금 부담이 줄어든다는 장점은 있다. 그러나 이 덕분에 박사 취득에 필요한 시간이 단축되지는 않는다는 점을 많은 대학원생이 실감하고 있을 것이다.

24 반대로 석사과정 입학 후 석·박사 통합과정으로 전환이 가능한 곳도 있다.

것이 좋다. 그렇다면 이런 재정 지원은 어떤 형태로 받을 수 있을까? 크게 두 가지다.

1. 연구보조원(research assistant)

보통 이공계열 대학에서 교수는 국가나 기업으로부터 연구 프로젝트를 수주해 연구비를 받고, 실무는 대학원생이 수행한다. 즉 연구에 참여하는 연구보조원의 인건비 형식으로 대학원생에 대한 금전적 지원을 해 주는 것이다. 연구비를 받은 대가로 수행하는 프로젝트는 국가에서 지원하는 연구과제일 수도 있고, 사기업에서 수주한 프로젝트일 수도 있다. 국가의 연구 과제와 관련된 일을 수행하는 경우 연구 주제가 그대로 자신의 학위논문 주제가 되는 경우가 많지만, 기업으로부터 의뢰 받은 프로젝트의 경우는 그렇지 않을 수 있다는 점을 주의할 필요가 있다. 어떤 형식이든 연구보조원의 성격으로 지원을 받는 경우, 대학원생은 특정한 연구 프로젝트에 고용된 '임시직 연구원' 신분이 되는 셈이다.

2. 펠로우십(fellowship)

프로젝트를 수행하는 연구보조원에 대한 인건비 성격의 지원 외에, 국가나 학교 차원에서 인력 양성을 위해 생활비나 등록금에 상응하는 비용, 혹은 두 가지 모두를 장학금 형식으로 수여하는 경우가 있다. 이 비용은 대개 BK21이나 글로벌 박사 펠로우십

(Global Ph.D Fellowship)등[25] 국가 차원에서 지원되지만 민간 재단이 제공하는 경우도 있다.

국가 차원 사업으로는 여기서 국내외에서 실시되는 모든 재정 지원 제도에 대해 자세히 설명할 수는 없지만 한국 및 외국의 이공계 대학원에서는 기본적으로 어느 정도의 재정 지원을 제공한다. 그러나 이러한 재정 지원은 필연적으로 노동과 맞교환된다는 점을 학생으로서 반드시 알아두어야 한다. 즉, 이학 및 공학계 대학원에 진학하는 것은 신분으로는 학생이지만 실제로는 '연구 노동자'로서 사회에 발을 내딛는 것임을 명심해야 한다. 어떻게 보면 대학원 연구실은 상당수의 학생들에게 '처음 경험하는 사회생활'의 무대이다.

이제 대학원에 진학할 마음의 준비가 되었는가? 그렇다면 이제 대학원에서 본격적으로 과학자의 길로 첫발을 내딛을 때다! 그 전에, 한 웹툰의 명대사를 한 번 음미해 보자.

"들어올 때는 마음대로였겠지만 나갈 때는 아니란다."[26]

---

25 BK21은 한마디로 해당 사업을 실시하는 대학원을 통해서 인건비를 지원 받는 것이고, 글로벌 박사 펠로우십은 대학원 입학 후 개인 자격으로 신청하는 장학금이라고 생각하면 된다. 이외에도 학과의 수업 관련 조교(teaching assistant) 업무를 수행하며 지원 받는 경우가 있으나 이공계 대학원에서 이 비중은 앞의 두 가지 지원에 비해 그리 비중이 크지 않다.

26 엉덩국, <성 정체성을 깨달은 아이(blog.naver.com/undernation/ 130100558497)>.

Chapter 02

과학자가 되는 첫걸음: 석사과정

마침내 과학자가 되기 위한 긴 여정을 시작하기로 마음먹은 여러분을 진심으로 환영한다! 이번 장에서는 학부를 졸업하고 대학원에서 연구자로 첫걸음을 떼기 시작한 사람들이 알아야 할 수 년 동안의 기본적인 내용을 다루고자 한다.

세상에는 여러 스타일의 지도교수가 있다

대학원 교수, 특히 지도교수가 대학원생에게 끼치는 영향력은 학부생 때 만나는 교수들과는 비교되지 않을 만큼 크다. 이공계 대학원 지도교수는 해당 연구실에서 벌어지는 연구의 총괄 책임자, 즉 연구책임자(principal investigator, 줄여서 PI라고 한다)이다. 학부에서 보는 교수는 수강하는 교과목의 '강사'에 가깝지만, 이공계 대학원에서 지도교수는 매우 **복합적인 존재**다.

현대의 대학교 연구실은 좋게 말하면 도제식으로 운영된다. 지도교수와 학생의 관계는 무협지의 클리셰인 무술의 고수와 수련생의 관계, 혹은 중세 유럽 길드의 장인과 그 밑에서 기술을 연마하는 제자의 관계와 비교할 수 있다. 동시에 대학원생은 이공계 대학원 연구실에 고용된 노동자이기도 하다. 대학의 연구실을 운영하는 교수와 대학원생은 직장 상사와 부하 직원, 정확하게는 소기업의 사장과 직원의 관계와도 유사하다.

따라서 대학원 과정에서 지도교수의 선택은 대학원 과정의 성공과 직결된다고 할 수 있다. 그렇다면 어떤 지도교수를 선택해야 할까? 먼저 알아야 할 것은 학생들의 개성이 다양한 것처럼 학계에 있는 교수의 스타일도 다양하다는 점이다. 미국국립보건원(National Institute of Health, NIH)에서 포스트닥으로 일했던 알렉스 덴트(Alex Dent)는 주변에 보이던 연구책임자들을 크게 아홉 종류로 구분했다. 미국 연구소를 기준으로 한 분류이므로 국내와는 맞지 않는 부분도 있겠지만, 전반적으로 다양한 부류의 지도교수가 있다는 정도로 이해하면 된다.

연구책임자의 아홉 가지 유형[27]

그림 2-1. 연구책임자의 아홉 가지 유형(by Alex Dent)

27 dentcartoons.blogspot.kr/2008/02/nine-types-series.html

1. 언론플레이의 달인(Big Talker)

이 타입의 지도교수는 워낙 바쁜 나머지 일개 대학원생과 연구 결과를 깊이 있게 논의할 시간이 부족할 가능성이 높다. 어렵게 이야기할 기회를 얻게 되더라도 당신이 뭘 하는지 잘 알지 못할 수도 있다. TV에 많이 나오는 '유명한 교수' 중 상당수가 이 부류에 속할 수 있으니 주의하라.

2. 노예 감독관(Slave Driver)

일 중독 상사가 부하 직원에게도 일을 많이 시킨다면 노예 감독관을 떠올리는 것도 무리는 아니다. 특히 한국인은 어떤 분야에서나 성실하고 일을 많이 하는 것으로 유명하다. 대학도 예외는 아니다.

교수가 자신의 본분인 연구에 열심인 것은 당연하지만, 그러다 보면 지도하는 학생과 이들이 수행하는 연구에도 많은 관심을 갖게 되고, 때로는 이러한 관심이 버거워질 정도가 된다. 밤 10시에 지금 수행하는 실험 결과를 물어 오는 교수와 같이 일하는 학생이라면 연구 이외에는 아무것도 생각할 여력이 없어질지도 모른다.

3. 신적 존재(Demi-God)

원작자는 노벨상 수상자급의, 흔히 '대가'라고 불리는 과학자를 상정한 것 같다. 유감스럽게도 이 정도 과학자는 한국에는 그리 많지 않다. 굳이 이런 과학자의 연구실에 들어가고 싶다면 해외 유학을 가는 것이 나을 것이다. 일반인이나 경험이 부족한 학생은 '1. 언론플레이의 달인'을 '3. 신적 존재'로 착각하는 실수를 범하기 쉬우니 주의하기 바란다.

4. 컨트롤의 화신(Control Freaks)

이 부류의 지도교수와 같이 일하면 적어도 지도가 부족하다는 푸념을 할 일은 없다. 아마 지도교수가 나의 연구 진행 상황을 나보다 더 잘 알고 있을 것이다. 가끔은 자신이 독립적 사고를 하는 연구자인지 로봇인지 헷갈릴 수도 있다는 것이 문제지만 말이다.

5. 과학 덕후(Science Wonk)

자기 연구 이외의 세상 만사에는 관심이 없는 사람이다. 가끔 새벽 3시에 대학원생에게 메신저로 최신 논문을 보내기도 한다. 연구실의 다른 사람들이 왜 자기만큼 연구에 관심이 없는지 잘 이해하지 못한다. 외국의 대학에서는 매우 쉽게 볼 수 있는 유형이나 한국에서는 생각보다 눈에 띄지 않는다. 만약 학생 역시 연구 이외에는 세상 만사에 관심이 없는 비슷한 유형이라면 최고의 궁합이 되겠지만 그렇지 않다면 지옥을 보게 될 것이다.

6. 여유로운 방목자(Laid-Back)

'노예 감독관'이나 '컨트롤의 화신' 스타일의 지도교수와 함께 일하는 대학원생이라면 이런 유형의 지도교수를 이상적이라고 생각하겠지만, 정작 이런 연구실에서 일하는 학생은 지도가 충분하지 않다고 불만을 가지는 경우가 많다.

7. 사이코(Psycho)

과학 연구는 아무도 모르는 지식을, 찾는다는 보장도 없이 찾아 헤매는 과정이다. 상상만으로도 스트레스를 유발하는 이 작업에 오랫동안 몰두하다 보면 자연스럽게 SF 영화 속 미친 과학자들을 이해하게 된다.

8. 구멍가게 주인(Small Town Grocer)

이런 지도교수의 연구실을 졸업한 후 자신이 연구한 내용을 다른 사람들에게 말해도 반응이 없을 가능성이 높음을 미리 알아 둘 필요가 있다. 남이야 뭐라든 연구 주제가 자기 마음에 든다면 무슨 상관이 있겠는가.

9. 유망주(Rising Star)

장차 '신적 존재'로 성장할 가능성이 있는 젊은 교수다. 당연히 연구에 대한 관심도 지대하고, 학생들로부터 인기도 많다. 물론 교수의 개성이 강하면 강할수록 대학원생의 존재감은 희박해질 수 있음을 주의 바란다.

지금까지 소개한 분류는 박사학위를 취득한 박사후연구원의 입장에서 만들어졌다. 연구를 이제 막 시작하는 학생이라면 자신이 들어간 연구실의 지도교수가 어떤 스타일인지 실감나지 않을 것이다. 석사와 박사, 포스트닥의 단계마다 최적의 연구실이 다를 수도 있다. 가령 처음 연구를 시작하는 사람이라면 1번(언론플레이의 달인)이나 3번(신적 존재) 같은 저명한 교수의 연구실은 버거울 것이다. 이러한 성향들이 복합적으로 나타날 수 있다는 점도 고려해야 한다. 가령 '유망주'로 분류되는 연구책임자는 '컨트롤의 화신'이나 '노예 감독관'의 속성을 동시에 갖고 있을 가능성이 크다. 대학원에는 이 분류 이외에도 다양한 성향을 가진 교수들이 존재하며, 자신의 성향과 상황에 맞는 지도교수를 찾는 것이 중요하다는 것을 기억하길 바란다.

지도교수 선택

개인마다 성격과 성향이 다르기 때문에 '어떤 지도교수를 선택하라'고 정답을 제시하기는 쉽지 않은데, 신경과학자인 벤 바레스(Ben Barres)는 지도교수 선택을 위한 원칙을 제시했다.[28]

1. 훌륭한 과학자인 지도교수를 선택한다.
2. 동시에 훌륭한 멘토가 될 수 있는 지도교수를 선택한다.

이 책에서는 과학자가 되기 위해 대학원에 간다고 간주하고 있다. 그러므로 자신이 선택할 수 있는 범위 안에서 가장 훌륭한

28　Barres, B. A. (2013). How to pick a graduate advisor. Neuron, 80(2), 275-279.

과학자를 지도교수로 선택해야 한다. 그렇다면 누가 훌륭한 과학자인지 어떻게 알 수 있을까? 석사 혹은 석·박사 통합과정을 막 시작하는 학생은 지도교수가 얼마나 훌륭한 과학자인지 판단하기가 쉽지 않다. 그래서 대중매체에서 많이 봐 온 이름이 잘 알려진 교수, 혹은 대학원생과 포스트닥이 많은 큰 연구실을 운영하는 교수, 많은 논문을 내거나 공신력 있는 유명 저널('자연', '과학', '세포' 같은 단어가 들어가는)[29]에 실리는 논문을 발표하는 연구실의 교수를 훌륭한 과학자로 생각하게 된다.

위에서 말한 사항들이 지도교수가 훌륭한 과학자임을 유추할 강력한 근거이기도 하다. 하지만 겉모습과 실체가 전혀 다른 경우도 있다. 가령 사회적 명성 덕분에 이름이 널리 알려진 교수는 어쩌면 '언론플레이의 달인'이어서, 정작 자신이 지도하는 대학원생이 진행하는 연구를 자세히 알지 못할 수도 있다. 또한 '신적 존재'로 여겨지는 유명 교수가 운영하는 연구실에는 많은 대학원생과 박사후연구원이 소속되어 있어서 학생 개개인에 대한 교수의 관심은 떨어질 수밖에 없다. 사회적, 학술적으로 유명한 과학자는 분명 훌륭한 연구 업적을 보유한 사람이지만, 현재 대학원생에게 적절한 멘토링을 해 줄 시간이 없을 수도 있다. 그렇다면 이런 지도교수가 최적의 선택이라고 보기는 어렵다. 물론 이러한 과학자 중에 멘토로서 본받을 만한, 모든 면에서 완벽한 지도교수도 있

---

29 학술 저널 <셀(Cell)>, <네이처(Nature)>, <사이언스(Science)>. "CNS 저널"이라고 불린다.

다. 그러나 문제는 그런 지도교수의 숫자는 천연기념물만큼이나 희귀하며, 동시에 그런 교수님의 지도를 받기 원하는 사람도 많아서 연구실에 들어가는 경쟁이 치열하다는 점이다.

많은 연구 실적을 낸 연구실의 지도교수라고 무턱대고 믿을 수는 없다. 그런 연구실은 대개 교수와 대학원생들 모두 연구에 대한 열정이 강한 편이다. 하지만 다른 관점에서 보면 학생 개개인에 대한 **실적 압박이 매우 강한 연구실**, 곧 연구책임자 분류 중 '노예 감독관'에 해당하는 사람의 연구실일 가능성이 많다. 물론 이런 연구실 중 상당수는 기대처럼 많은 성과를 내기 때문에 성취욕이 뛰어난 학생에게는 적합할 것이다.

'여유로운 방목자' 스타일의 지도교수는 적어도 연구를 시작하는 학생에게는 적절한 환경이 아니라고 생각한다. 아직 독자적 연구를 진행할 능력이 부족한 학생에게 너무 많은 자유를 준다면 연구자로 성장하는 과정이 순탄치 않을 것이다. 자유와 방임은 종이 한 장 차이다. 게다가 방임형 연구실 중에는 지도교수가 연구에 흥미를 잃어버린 경우도 더러 있다. 반면 자율적으로 연구를 설계하고 수행할 능력이 있는 학생이나 박사후과정으로 연구실을 찾을 때는 이런 연구실이 최적의 환경일 수도 있다.

이처럼 과학적 능력이 뛰어나고 열의도 있으면서 학생들을 잘 지도하는 지도교수의 연구실을 찾기란 생각만큼 쉽지 않다. 연구실의 성격을 짐작하려면 어떻게 해야 할까? 요즘 대부분의 대학 연구실은 홈페이지 등을 통해 연구 실적을 홍보한다. 그렇지 않더라도 연구 실적을 검색하는 것은 그리 어렵지 않다. 석사 지망생이 논문의 수준을 완벽히 파악하기는 어렵겠지만, 최근까지 꾸준히 연구 논문을 내는 연구실이라면 적어도 지도교수가 연구에서 손을 놓지는 않았을 것이다. 반대로 가장 최근에 나온 논문이 몇 년 전의 것이라면 경계해야 한다.

때로는 간단한 연구에는 관심이 없고 〈셀〉, 〈네이처〉, 〈사이언스〉처럼 학계에서 가장 명성 있는 저널에 실릴 만한 연구만 지향하는 연구실도 있다. 아마 그런 연구실은 '신적 존재'에 해당하는 유명한 교수나, 그런 존재가 되고자 애쓰는 '유망주' 교수가 이끄는 곳일 것이다. 많은 학생이 이런 연구실을 선망하지만 모든 학생에게 적합한 곳은 아니다. 이런 연구실에서 진행하는 연구는 적어도 수년에 걸쳐 이루어지는 큰 규모의 프로젝트라서, 갓 연구를 시작한 석사 혹은 석·박사 통합과정 1년차의 초보자가 주도적으로 참여할 기회가 없을 가능성이 크다. 다른 연구실에 들어간 친구들은 시간이 지나면서 하나둘씩 논문을 내는데(비록 이 연구실에서 노리는 거창한 논문은 아닐지라도) 자신은 수년간 아무런 실적이 없는 상황에 놓일 가능성을 염두에 두어야 한다. 국내 리그에서 뛰어난 활약을 보여 해외 유명 프로 스포츠팀에 입단했으나, 주전 경쟁에 밀려 벤치만 달구다가 경기력이 급격히 떨어진 선수의 뉴스에 공감하게 될지도 모른다.

그렇다면 훌륭한 과학자이면서 동시에 학생을 잘 지도하고 훌륭한 과학자로 성장시킬 수 있는 지도교수는 어떻게 찾을 수 있을까? 지도교수가 학생을 얼마나 잘 지도하는지를 가장 잘 보여 주는 지표는 **그가 배출한 제자**다. 연구실 홈페이지에서 해당 연구실 출신 동문들이 지금 무엇을 하고 있는지를 살펴보자. 연구실이 설립된 지 꽤 시간이 지났고 졸업생이 충분히 배출했는데도, 동문들이 지금 무엇을 하고 있는지 알 수 없거나 과학과 전혀 관계없는 일을 하는 동문이 많다면 그리 좋은 징조는 아니다. 연구실 출신 상당수가 학계에서 연구책임자로 성장했거나 과학과 관련된 선망되는 직장에서 일하고 있다면 꽤 바람직한 징조일 것이다. 지도교수와 면담 중에 해당 연구실의 졸업생 명단을 알려달라고 하는 것도 좋은 방법이다. (만약 이런 요구를 받고 망설이거나 화를 내는 교수라면 그 연구실은 고려 대상에서 제외하는 것이 좋다.)

또 하나 고려해야 할 사항은 해당 교수의 연구 경력, 곧 신진 연구자인지 아니면 임용된 지 오래된 중견 혹은 원로급 연구자인지다. 국내외를 막론하고 임용된 지 얼마 안 된(편의상 5년 이내라고 해 두자) 교수의 연구실에 대학원생으로 들어가는 데는 분명 장단점이 존재한다. 경력이 짧은 젊은 교수들은 대부분 연구 의욕이 넘치고, 박사후연구원 등의 신분으로 일선에서 연구를 수행하다가 최근 교수가 된 상황이기 때문에 전공 분야의 최신 연구 정보와 방법을 잘 알고 있다. 그러나 이런 교수의 연구실은 자리를 잡기까지 시간이 걸릴 가능성이 크므로 연구실의 기반을 형성하는 데 상당히 어려움을 겪을 수 있다. 6장에서 설명하겠지만, 신진 연구자로서 연구비를 확보하고 자기만의 독자적 연구 주제를 확립하는 것은 가히 스타트업을 창업하여 생존하는 것과 비견할 만큼 힘든 일이다. 이 과정에서 교수뿐 아니라 연구실에 소속된 대학원생도 함께 고통받을 수 있다. 심지어 교수가 재임용이나 종신

고용보장(tenure)에 탈락하여 학교를 떠나게 되고, 연구실이 없어지는 경우도 있다. 물론 신진 연구자인 지도교수와 함께 성장하여 해당 연구자가 '유망주'에서 '신적 존재'로 발돋움하는 데 큰 기여를 한 초기의 제자라면 성장하는 스타트업에 초기에 들어간 사람만큼 지도교수와 함께 성공할 수도 있다.

경력이 오래된 교수는 젊은 교수와 정반대의 장단점을 갖고 있다. 연구비나 연구 방법이 일정 부분 확립되어 있으므로 신임교수의 연구실처럼 처음 세팅하면서 겪는 어려움을 겪지 않아도 된다. 그러나 이런 연구실의 경우 젊은 교수에 비해 학생에 대한 관심과 최신 연구 동향에 대한 파악이 미흡할 가능성이 있다는 점을 고려해야 한다.

연구실과 지도교수의 진정한 성향을 알기 위해서는, 충분한 대화를 통해 교수의 성향을 파악하고 부족하다면 그 연구실의 연구원들을 통해서라도 정보를 수집해야 한다. 이미 연구실을 졸업한 선배들과 주변의 평판을 들을 수 있다면 더 좋다.[30] 하지만 이런 이야기들은 결국 일반론이며 세상에는 언제나 예외가 있을 수 있다. 더 좋은 방법은 스스로 연구실 생활을 직접 겪어 보며 깨닫는 것이다. 앞에서 학부 시절에 미리 연구실 경험을 해 보기를 권한 이유이기도 하다.

---

30 국내의 일부 연구중심대학의 연구실에 대한 정보를 제공하는 김박사넷 (phdkim.net)이라는 사이트가 있다. 연구실에 대한 익명 평가와 연구업적 등을 볼 수 있다. 아직 일부 학교와 전공만 등록되어 있지만, 이러한 정보가 축적되면 대학원을 진학하려는 학생들에게 좋은 자료가 될 것이다.

공부의 시작: 논문, 교과서, 리뷰 논문

이제 당신은 우여곡절 끝에 연구실을 정했고 전일제 대학원생으로 연구실에 나오기 시작했다. 연구실에 처음 나온 당신에게 아마도 교수(혹은 연구실 선배나 포스트닥, 연구교수 등 당신의 선배 위치에 있을 사람)는 해당 연구실의 연구와 관련된 논문을 몇 개 읽어 보라고 건네줄 것이다. 그런데 아무리 읽어도 검은 것은 글자요, 하얀 것은 종이처럼 보일 것이다. 과연 연구 논문은 어떻게 읽어야 하며 학부 시절에 보던 교과서와의 차이는 무엇일까?

앞서 언급했지만, 학부 시절 학과 공부의 목표는 '이미 발견되어 여러 사람에 의해 입증되어 확고해진 과학적 사실'의 습득이다. 이런 내용을 '교과서'를 통해 공부하게 된다. 반면 대학원에서 주로 보는 '논문'은 교과서와 다르다. 교과서에 나오는 내용이 '과학적 사실'이라면, 논문(특히 연구 결과를 보고하는 연구 논문)은 지금 막 관찰된 것들에 대한 보고로 당연히 잘못된 내용이 섞여 있을 수 있다. 교과서가 수십 년 전 내지는 몇 년 전에 일어난 사건을 정리해 둔 역사책이라면, **연구 논문은 지금 일어나는 사건을 다루는 신문기사나 TV 뉴스**인 셈이다. 교과서에 나오는 과학 지식들은 반증되는 경우가 거의 없다고 봐도 되지만, 논문에서 연구자가 새로 발견했다고 주장하는 새로운 '사실'은 과학적 진실과는 거리가 먼 주장일 가능성도 있으며, 나중에 다른 결과가 나와 반증될 수 있다는 사실도 기억해야 한다. 따라서 연구 논문을 교과서 내용처럼 절대적 진리로 맹신하고 읽으면 안 된다.

처음 논문을 읽는다면 제목과 초록을 읽어 봐도 무슨 의미인지 이해하지 못하는 것이 당연하다. 논문의 결과가 기존에 알려지지 않은 새로운 것이고 이러저러한 이유로 중요하다는데, 대체 왜 이 결과가 중요한 것인지 나만 빼고 다른 사람은 다 아는 것처럼 느껴질 것이다. 비유하자면 **연구 논문은 오랜 세월 방영된 연속 드라마의 최신 에피소드**라고 할 수 있다. 당신은 지금 시즌 10까지 이어져 온 드라마의 줄거리도, 등장인물도, 현재까지 던져진 수많은 떡밥도 알지 못한 채 최신 에피소드를 보기 시작한 뉴비이고, 연구실의 다른 사람들은 그 드라마를 본 지 몇 년이 된 '고인물'들인 상황이다.

그럼 어떻게 해야 할까? 여러 시즌으로 이루어진 외국 드라마를 많이 본 사람이라면 그 방법을 알 것이다. 시즌 1의 에피소드 1부터 정주행하는 것! 물론 여기에는 많은 시간과 노력이 필요하다. 시즌 10까지 모든 에피소드를 다 보기 위해서는 상당한 시간이 소모되는 것처럼, 이 논문 이전에 나온 모든 관련 논문을 다 찾아서 이해하려면 엄청난 시간이 필요할 것이다. 하지만 지름길이 있다! 오랫동안 방영한 드라마의 팬들은 드라마를 영업하기 위해 이전 줄거리를 요약해 블로그에 올려놓는다. 최근에는 유튜브 크리에이터들이 영화나 드라마를 보기 전에 알아야 할 사전 지식을 수도 없이 만들어 올려놓는다. 연구 논문에도 비슷한 장치가 있다. 바로 **리뷰 논문**(review article, 총설)이다.

학부 시절에 다룬 교과서가 지식에 대한 하나의 큰 그림을 그려 주었다면, 당신은 이제 교과서에서 한 줄 정도 나오는 주제를 파고들어 아직 알려지지 않은 빈틈을 찾는 연구를 해야 한다. 그러자면 일단 당신이 읽을 논문 주제에 해당하는 교과서 내용은 잘 알고 있다는 전제가 필요하다. 만약 해당 내용을 정확히 이해하지 못하고 있다면, 논문을 바로 읽기보다는 먼저 교과서에서 관련된 내용을 챕터를 다 읽어볼 필요가 있다. 학부 시절에 교과 공부를 제대로 하라고 말한 이유가 바로 이를 위해서였다. 학부 때 충실히 교과 공부를 하지 않는다면 그 업보가 돌아오게 마련이다.

배경이 되는 교과서적 지식이 확립되었다면 해당 '에피소드'(이제부터 읽어야 하는 연구 논문) 전의 줄거리를 알아야 하는데, 이때 해당 '시즌'의 진행 상황을 소개하는 역할을 하는 것이 바로 리뷰 논문이다. 연구 논문에서 여기에 관련된 리뷰 논문은 대개 서론(introduction) 부분에서 언급된다. 예를 들어 "Mechanism of actin filament nucleation by Vibrio VopL and implications for tandem-W domain nucleation(비브리오 VopL에 의한 액틴 필라멘트 뉴클레이션의 기전 및 반복된 W 도메인 뉴클레이션의 역할)"[31]이라는 제목의 논문을 살펴보자. 초록(abstract)을 지나 서론의 도입부를 보면 다음과 같은 문장이 나온다.

Nucleation is rate-limiting during actin polymerization, and is catalyzed in cells by proteins called actin filament nucleators.[1]

---

31 www.ncbi.nlm.nih.gov/pmc/articles/PMC3173040

여기서 위 첨자로 표시된 1번 주의 내용은 다음과 같이 관련 리뷰 논문에 대한 정보다. 대개의 연구 논문에서 해당 연구 주제와 관련된 리뷰 논문을 첫 번째로 인용한다.

Dominguez R. Structural insights into de novo actin polymerization. Curr Opin Struct Biol. 2010; 20:217-25. [PubMed: 20096561][32]

이제 해당 논문의 배경지식이 되는 리뷰의 내용을 읽게 된다. 그런데 내용을 읽다 보면 특정 연구 내용이 나온 연구 논문이 또 인용되는 것을 발견하게 되고, 그 논문을 읽지 않으면 무슨 내용을 이야기하는지 이해할 수가 없다. 이렇게 꼬리에 꼬리를 물다 보면 하나의 논문을 읽기 위해 수십 편의 논문을 읽어야 하는 경우가 생긴다. 논문 하나 읽는 것이 이렇게 어려운 일이었던가? 원래 논문 읽기란 그런 일이다.

리뷰 논문을 다 읽었는데 여전히 이해가 어려울 수도 있다. 그 이유가 교과서적 지식의 부족일수도 있으므로 다시 교과서로 돌아가 해당 챕터를 찾아 읽어야 한다. 그래도 잘 이해가 안 된다면? 언급된 주요 선행 연구에서 정확히 어떤 결과가 도출되었는지를 기록한 논문을 읽지 않았기 때문일 수 있으니 그 논문을 찾

---

32 "액틴 중합의 구조적 인사이트." www.ncbi.nlm.nih.gov/pmc/articles/PMC2854303

아 읽는다. 그래도 이해가 안 된다면? 해당 연구실에서 먼저 연구한 선배에게 물어보는 것도 좋다(논문을 제대로 읽지 않고 물어보는 버릇은 좋지 않다!). 교수에게 부담 없이 질문할 수 있는 분위기라면 교수에게 물어보는 것이 가장 좋을 것이다. 그래도 이해가 잘 안 된다면? 그때는 곰곰이 앉아서 자신의 진로 선택이 옳았는지 고민해 보아야 한다.

정리하면 최신 연구 논문은 오랫동안 방영된 드라마 시리즈의 최신 에피소드와 같고, 이를 이해하기 위해서는 충분한 배경지식이 필요하다. 처음 읽는 논문의 모든 내용을 다 이해하려고 노력할 필요는 없다. 처음 읽을 때 몰랐던 것도 관련 논문을 계속 읽어나가며 유사 연구를 접하다 보면 자연스럽게 이해되기도 하기 때문이다. 그래도 처음 연구를 시작할 때는 논문을 열심히 읽는 습관을 들여야 한다는 점을 명심하자. 이 습관은 연구자로 살아가는 동안 계속 유지해야 하는데, 당신이 연구자라면 최신 논문을 습관적으로 매일 들여다보아야 한다는 말이다. 과학자에게 있어서 최신 연구 논문을 읽는 것은 아이돌 팬이 앨범 발표나 TV 출연, 콘서트 등 아이돌의 일거수일투족을 꿰고 있는 것과 마찬가지인 기본적인 활동이다. 만약 이것이 힘들다면 과학자라는 직업이 적성에 맞는지 고민해 보아야 한다.

연구 논문 읽기

연구 논문의 구성

연구 논문 읽는 요령을 알아보기 전에 먼저 연구 논문의 본질을 생각해 보자. 모든 연구 논문은 그동안 **해당 분야에서 연구되어 온 지식에 한 가지를 더 얹는 작업**이다. 물론 이전에 아무도 시도하지 않은 연구를 처음으로 다루는 논문도 있지만, 그보다는 이전에 수행된 연구의 '후속편'의 성격을 가지는 연구 논문 쪽이 훨씬 많다. 논문을 조금이라도 쉽게 읽으려면 우선 연구 논문의 구조를 이해해야 한다.

과학 연구의 종류는 매우 다양하며, 앞의 예처럼 특정한 가설을 제시하고 이것을 검증하는 방식의 구성과 달리 어떤 하나의 관찰을 기술하고 관찰의 이유를 제시하는 식으로 작성된 논문도 있을 것이다. 단순한 가설 제시에서 끝나는 논문,[33] 혹은 특정 가설을 설정하여 수행한 연구가 아닌 현상 관찰 위주로 기술한 논문[34]도 있을 것이다. 그러나 논문의 세부적 구성이 어떠하든 대개의 연구 논문은 1) 현재까지 해당 연구 분야에서 알려진 것(서론), 2)

33 DNA 이중나선 구조를 '규명'한 것으로 알려진 왓슨과 크릭의 유명한 1953년 논문은 DNA 이중나선의 모델을 제시한 것에 지나지 않으므로 '가설 제시'만 있는 논문이라고 할 수 있다(이를 입증하는 실험적 증거는 같이 출판된 두 편의 다른 논문에서 제시된다).

34 2001년 인간 게놈 프로젝트(Human Genome Project)를 통해 인간 게놈 초안을 발표한 논문이 좋은 예다.

논문에서 새롭게 말하고 있는 것(결과), 3) 그 내용이 해당 분야에서 가지는 의미(고찰)라는 세 가지 구성요소를 지닌다(표 2-1).

표 2-1. 과학 연구 논문의 일반적 구성

구분	들어가는 내용	비고
서론: 현재 알고 있는 내용	해당 연구분야 개괄	
	잘 알려지지 않은 부분에 대한 힌트 제시	'왜 이 연구를 하는가?'
결과: 본 연구에서 새롭게 알게 된 내용	알려지지 않은 것에 대한 '가설' 제시	
	가설을 입증하는 실험적 증거(1)	제시한 증거에서 직접적으로 유추 가능한 내용에 대해 기술
	가설을 입증하는 실험적 증거(2, 3, 4...)	
	반대 가설이 틀렸음을 입증하는 실험적 증거(1, 2...)	
고찰	결과의 결론 종합	
	결과에서 제시한 '사실'(fact)에서 유추 가능한 정보를 이용한 데이터의 해석	얻은 결과의 직접적 기술은 '결과'(result)이고, 이의 해석은 '고찰'(discussion)이다.
	해당 연구에서 아직 풀리지 않은 내용에 대한 소개	향후 후속 연구에 대한 힌트 제시

  그렇다면 초보 연구자들이 연구 논문을 잘 읽으려면 어떻게 해야 할까? 많은 초보자가 직면하는 위기는 '현재 알려진 것'에 대한 배경지식이 없다는 것이다! 논문은 기본적으로 학계에서 계속 연구를 하거나 연구 동향을 잘 이해하는 사람을 독자로 상정한다. 그러니 초보 연구자가 이러한 내용을 모르는 것은 어떻게 보면 당연하다. 따라서 논문의 핵심이라 할 수 있는 '결과'를 보기 이전에 **다른 연구자들이 알고 있지만 초보자인 자신은 모르는 서론 부분이 있다면, 서론의 이해에 초점을 맞추어야 한다.** 다행히도 대학원에서 보는 연구 논문은 세부 분야의 논문으로 한정되어

있는 경우가 많으므로 이러한 배경지식 공부는 논문을 처음 읽을 때 한 번만 확실히 하면 된다. 앞에서 다룬 것처럼 가장 처음 인용된 리뷰 논문을 중심으로, 해당 연구 결과가 나오기 전에 도출된 몇 가지 핵심적인 선행 연구 결과를 다루는 논문을 읽는 것은 필수이다.

논문을 이해하는 데 필요한 기초 지식이 어느 정도 확립되었다면 이 논문에서 주장하려는 '새로운 이야기'가 무엇인지를 찾아야 한다. 가장 먼저 살펴볼 곳은 논문의 제목인데, 제목은 **해당 연구에서 새롭게 발견한 것을 한 문장으로 나타낸 것이다.** 거꾸로 생각하면, 논문 제목을 읽고 그 연구가 어떤 내용을 다루는지 감을 잡을 수 없다면 논문의 제목이 잘못 정해졌거나 논문을 읽는 사람이 해당 분야에 대한 지식이 전혀 없다는 뜻이다. 반대로 이야기하여 제목만 보고도 논문 저자가 어떤 의문을 가지고 문제를 풀어 어떤 결론에 도달했는지 어느 정도 이해할 경지가 되면 이제 '논문 좀 읽겠군'이라고 할 만한 단계에 도달한 셈이다.

결과는 비판적으로 읽자

이제 연구 논문의 몸통이라 할 수 있는 '결과'를 어떻게 읽는지 알아보자. 연구 논문을 많이 읽어 보지 않은 연구 초년생들은 흔히 저자가 기술한 '결과' 부분의 문장(그것도 제목 위주로)을 읽고 '아, 그렇겠군' 하고 넘어가는 실수를 범한다. 그것은 **좋은 논문 읽기 방식이 아니다.** 논문을 읽을 때 가장 면밀히 보아야 할 부분은 저자들이 자신의 주장을 펼치기 위해 제시하는 데이터다. 일단 저자가 이야기하는 내용보다 데이터를 먼저 살펴보고, 그 결과가 가지는 의미를 저자의 설명을 읽기 전에 미리 생각하고 결론을 내려보자. 그 다음 저자가 결과에 대해 어떻게 이야기했는지를 살펴보자. 당신은 저자의 설명에 만족하는가?

즉, 연구 논문을 읽을 때는 제시된 데이터가 논문의 주장을 뒷받침하는지에 대해 비판적으로 생각하고, 자기가 내린 결론을 저자의 결론과 비교하는 작업이 중요하다. 앞서 말했지만 연구 논문은 (비록 엄격한 동료 평가 과정을 거쳤더라도) 결코 완전무결한 교과서가 아니다! 방금 나온 연구 논문은 저자의 잠정적 주장을 담은 것이며, 이를 읽을 때는 매의 눈과 비판적 시선을 가지고 읽어야 한다.[35] 연구 논문은 좋아하는 아이돌의 최신 음반이 아니다. 아이돌 음반은 계속 듣다 보면 좋아지기 마련이지만, 연구 논문을 읽을 때는 어떤 음반이라도 꼬투리를 잡으려고 노력하는 비평가에 빙의하는 편이 낫다.

아직 초보 연구자이거나 연구 경험이 없는 분야의 논문을 읽을 때는 제시된 데이터를 제대로 해석하는 데 어려움을 겪을 수도 있다. 제시된 결과의 의미나 연구를 시도한 이유 등을 파악하기가 어렵고, 따라서 비판적으로 논문을 읽기도 쉽지 않다. 하지만 그렇다고 해도 논문 결과를 가능한 한 객관적으로 보고, 저자가 이 결과를 가지고 어떤 결론을 도출했는지 선입견 없이(논문이

---

35 '비판적으로(critically)' 읽는 것을 해당 논문에 대한 무조건적 불신으로 착각하지는 말자.

세계적으로 유명한 대가의 연구실에서 나왔다거나 유명 저널에 출판되었으니 확실할 것이라는 선입견도 상당하다) 보는 훈련이 필요하다. 혹시 저자가 무리한 주장을 하는 것은 아닐까? 주장을 뒷받침하기 위해 추가적 증거를 보여야 하는 것은 아닐까? 실제로 제시된 결과만으로 저자가 내린 결론을 도출하기에는 부족할 수도 있고, 제시된 결과가 실험 방법의 한계나 실수 등으로 재현되지 않는 경우도 허다하다. 이러한 '비판적 읽기'는 처음에는 어려울 수 있지만, 더 많은 연구 경험을 할 수록 수월해진다.

많은 연구실에서는 타인의 연구 논문을 읽고 토론하는 '저널 클럽(journal club)'이라는 문헌 세미나를 열고 있다. 초보 연구자라면 반드시 참석하여 자신보다 연구 경험이 많은 사람들이 어떤 식으로 논문의 데이터를 이해하는지 잘 살펴보자. 이 때 논문을 충분히 비판적으로 보지 않는다면 시간 낭비일 뿐이다. 보통 초보 연구자들이 다른 연구자의 논문을 가지고 세미나를 할 때 논문의 결과를 저자가 이야기하는 대로 합리화하려는 경향이 있는데 전혀 그럴 필요가 없다. 자신이 설명을 준비한 논문이라도 충분히 비판적으로 검토해야 한다. "저도 이 사람의 주장에 동의하지 않지만…"으로 시작하면서 미심쩍은 부분을 설명하는 것도 좋은 전략이다. 자신이 직접 한 연구라면 아무래도 자신의 연구 결과를 합리화하는 것은 인지상정이지만 저널 클럽에서 발표하는 남의 논문에까지 감정이입을 할 필요는 없다. 비평가가 나의 '최애' 아이돌의 최신곡을 물어뜯을 때 방어하듯 남의 논문을 변호할 필요는 없는 것이다.

연구 방법론을 주목하자

초보 연구자가 결과를 비판적으로 해석하려고 해도 잘 안 되는 이유는, 결과를 보고도 그 결과가 어떻게 나왔는지를 모르기 때문일 것이다. 비판적 해석을 하려면 적어도 해당 연구에 대한 경험이 있거나 연구 결과가 나온 방법을 알아야 한다. 이를 알기 위해서는 '연구 방법(material & method)' 부분을 살펴보아야 한다.

많은 연구자들이 '연구 방법' 부분을 그대로 따라하면 연구를 재현할 수 있는 연구 매뉴얼이라고 오해하지만 사실은 그렇지 않다. '연구 방법'은 논문이 다루는 학문 분야에 지식이 있는 사람이, 논문의 연구가 얼마나 성실하게 수행되었는지 판단할 때 근거가 되는 **참고 자료**일 뿐이다. 그리고 실제 연구에는 연구 방법론에서는 기술되지 않은 세부 사항이 분명히 존재함을 명심하자.

현재 읽고 있는 논문이 자신의 연구실에서 수행하는 것과 동일한 연구 방법론을 사용했다면, 해당 논문의 결과가 어떤 방식으로 나왔는지를 좀 더 쉽게 이해하고 불확실하거나 문제가 될 수 있는 데이터도 좀 더 쉽게 감별할 수 있을 것이다. 반대로 자기 연구실에서 사용하지 않는 방법론으로 도출된 결과라면 해당 데이터가 얼마나 신빙성이 있는지를 판별하기 힘들 수 있다. 이런 경우에 가장 좋은 방법은, 주변에 비슷한 방법론으로 연구하는 사람을 찾아 물어보는 것이다. 비슷한 주제로 서로 다른 방법론을 사용하는 여러 연구실에 소속된 사람들이 함께 모여 논문 읽기 세미나를 하면 효율적으로 이런 의문을 해소할 수 있다.

한 가지 염두에 둘 것은, 많은 사람이 읽는 유명 저널에 수록되는 상당수의 연구 논문이 지면의 제약 때문에 연구 방법론 부분이 축약된 상태로 실린다는 점이다. 보다 자세한 연구 방법론은 보통 '보조 자료(supplementary information)' 형태로 별도로 인터넷상에 공개해 놓으니, 이러한 저널을 읽을 때는 반드시 보조 자료까지 읽자! 연구 방법론이 프로그래밍 코드 형태로 데이터와 함께 공개되어 있는 경우라면, 해당하는 데이터를 산출하는 데 필요한 코드를 직접 받아 돌려 보는 성의도 필요하다.

마무리: 세 줄 요약

결과와 저자의 고찰까지 다 읽었다면 직접 '세 줄 요약'을 해 보자. 저자가 말하고 싶은 것은 무엇인가? 새로운 발견은 무엇이었나? 더 중요하게는 이 논문을 통해 내가 하는 일에 어떤 아이디어를 얻을 수 있나? 논문을 읽든 세미나에 참석하든 항상 '여기서 얻은 교훈'[36]을 기록하는 습관을 들여야 한다.

저널 클럽에서 어떤 논문을 가지고 함께 세미나를 할 때는 저자의 입장에만 이입하지 말고 제3자 입장에서 자신이 해당 논문을 저널에 게재할지 여부를 심사하는 리뷰어라고 생각해 보자.[37] 이 논문의 결론은 타당한가? 결론이 타당하다면, 이 연구가 남긴

---

36 영어로는 '테이크 홈 메세지(take-home message)'라고도 한다.
37 이를 '동료 평가(peer review)'라고 하며, 학술지에 논문을 제출하기 위해 필연적으로 거쳐야 할 과정이다. 이에 대해서는 5장에서 자세히 다룬다.

과제는 무엇인가? 어떤 추가적인 연구가 필요한가?[38] 자신이 읽고 세미나에서 발표한 논문이라면 글로 정리해 보자. 적은 내용을 블로그나 SNS 등에 공개하는 것도 괜찮다. 이런 활동을 한 달에 한두 번씩만 해도 1년에 10~20여 편의 논문 정리 자료가 생긴다.

이렇게 연구자로서의 첫걸음이라 할 수 있는 석사과정 또는 석·박사 통합과정에 처음 진입한 사람에게는, 그 분야의 최신 논문을 읽고 어떤 논문이 나왔는지를 매일 검색하는 일이 해외 드라마 마니아가 자신이 시청하는 드라마의 최신 에피소드를 나오자마자 챙겨 보는 것처럼 자연스럽고 습관적인 행위가 되어야 한다. 이 과정이 귀찮거나 별다른 흥미를 느끼지 못하면 자신이 연구자로서 적성이 맞는지 또 다시 한 번 심각하게 고민해 보아야 한다!

인공지능을 활용하여 논문 읽기

최근 빠르게 발전하고 있는 ChatGPT나 클로드(Claude) 같은 생성형 AI를 논문 읽기에 활용하면 큰 도움을 받을 수 있다. 생성형 AI에 논문을 업로드하면 요점을 평이한 문체로 요약하거나 전반적 내용을 정리해 준다. 논문 발표 때 사용할 프레젠테이션의 개요를 만드는 데 활용할 수도 있다. 그러나 이러한 인공지능 기반 챗봇을 사용할 때 검색 엔진이나 학술 정보 데이터베이스와는 달

---

38 최신 논문의 '고찰' 부분에 제시된 '앞으로 해야 할 일'을 섣불리 자기 연구과제로 잡는 것은 위험하다. 저자가 그렇게 쓴 것은 이미 논문이 출판되기 이전부터 그 과제를 진행하고 있기 때문일 수도 있다.

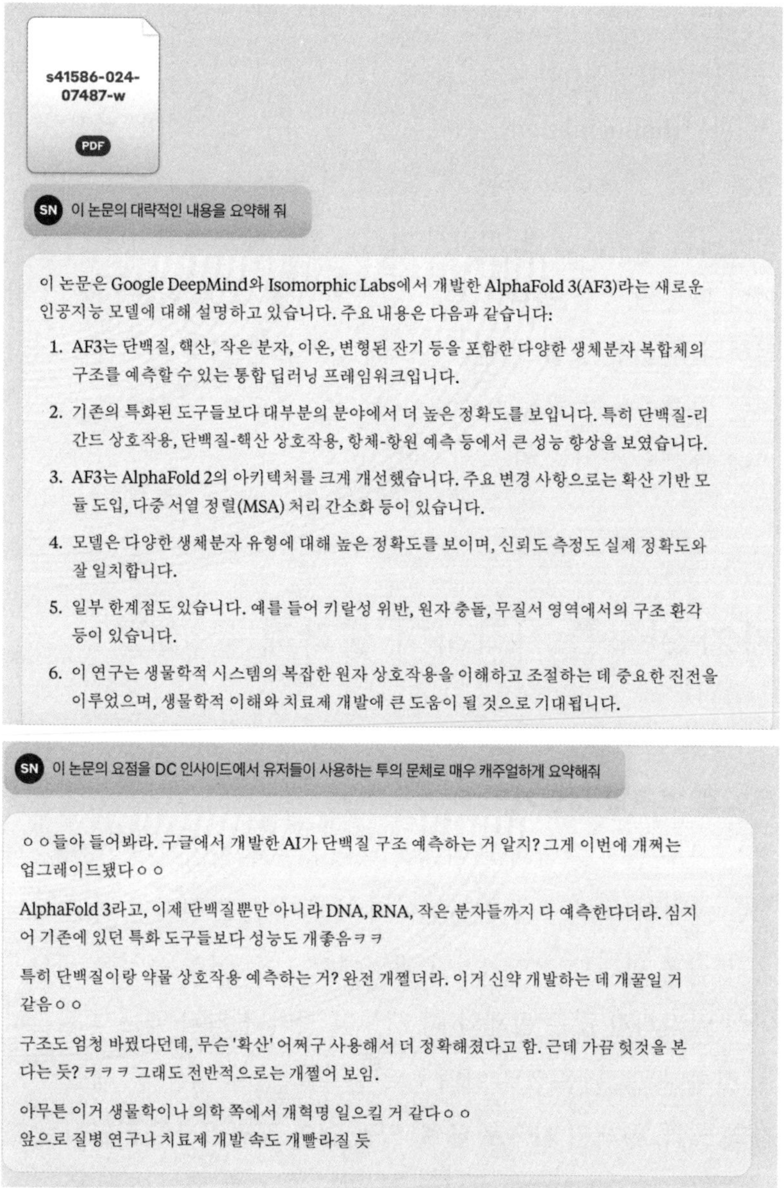

SN 이 논문의 대략적인 내용을 요약해 줘

이 논문은 Google DeepMind와 Isomorphic Labs에서 개발한 AlphaFold 3(AF3)라는 새로운 인공지능 모델에 대해 설명하고 있습니다. 주요 내용은 다음과 같습니다:

1. AF3는 단백질, 핵산, 작은 분자, 이온, 변형된 잔기 등을 포함한 다양한 생체분자 복합체의 구조를 예측할 수 있는 통합 딥러닝 프레임워크입니다.

2. 기존의 특화된 도구들보다 대부분의 분야에서 더 높은 정확도를 보입니다. 특히 단백질-리간드 상호작용, 단백질-핵산 상호작용, 항체-항원 예측 등에서 큰 성능 향상을 보였습니다.

3. AF3는 AlphaFold 2의 아키텍처를 크게 개선했습니다. 주요 변경 사항으로는 확산 기반 모듈 도입, 다중 서열 정렬(MSA) 처리 간소화 등이 있습니다.

4. 모델은 다양한 생체분자 유형에 대해 높은 정확도를 보이며, 신뢰도 측정도 실제 정확도와 잘 일치합니다.

5. 일부 한계점도 있습니다. 예를 들어 키랄성 위반, 원자 충돌, 무질서 영역에서의 구조 환각 등이 있습니다.

6. 이 연구는 생물학적 시스템의 복잡한 원자 상호작용을 이해하고 조절하는 데 중요한 진전을 이루었으며, 생물학적 이해와 치료제 개발에 큰 도움이 될 것으로 기대됩니다.

SN 이 논문의 요점을 DC 인사이드에서 유저들이 사용하는 투의 문체로 매우 캐주얼하게 요약해줘

ㅇㅇ들아 들어봐라. 구글에서 개발한 AI가 단백질 구조 예측하는 거 알지? 그게 이번에 개쩌는 업그레이드됐다ㅇㅇ

AlphaFold 3라고, 이제 단백질뿐만 아니라 DNA, RNA, 작은 분자들까지 다 예측한다더라. 심지어 기존에 있던 특화 도구들보다 성능도 개좋음ㅋㅋ

특히 단백질이랑 약물 상호작용 예측하는 거? 완전 개쩔더라. 이거 신약 개발하는 데 개꿀일 거 같음ㅇㅇ

구조도 엄청 바꿨다던데, 무슨 '확산' 어쩌구 사용해서 더 정확해졌다고 함. 근데 가끔 헛것을 본다는 듯? ㅋㅋㅋ 그래도 전반적으로는 개쩔어 보임.

아무튼 이거 생물학이나 의학 쪽에서 개혁명 일으킬 거 같다ㅇㅇ
앞으로 질병 연구나 치료제 개발 속도 개빨라질 듯

그림 2-2. 클로드(claude.ai)를 이용하여 학술 논문을 업로드하고 이의 내용을 요약하는 모습

리 이러한 인공지능 기반 챗봇을 키워드 몇 개로 논문을 검색하는데는 적합하지 않다는 것을 유의해야 한다. 인공지능 기반 챗봇은 '환각(hallucination)'이라는 현상을 자주 일으키며, 적절한 자료를 따로 제공하지 않는 한 실존하지 않은 문헌 목록을 임의로 지어내는 경우도 있다. 따라서 이러한 인공지능 기반의 챗봇 등은 이미 다른 도구를 통하여 얻은 검증된 자료를 요약하는 데 더 적절하다. 어쨌든 오늘날 인공지능 기술은 많은 학술 자료를 읽어야 하는 연구자들의 효율을 증대시켜 주는 중요한 도구인 관계로 여기에 관심을 가지는 것은 필수적이다.

자기 연구를 시작하며 생각해 볼 것들

무엇을 연구할 것인가?

최신 연구 결과를 살피고 이해하는 이유는 과학자로서 새로운 사실을 발견하기 위한 준비 과정이기 때문이다. 그렇다면 어떤 새로운 사실을 발견할 것인가? 이 과정에서 가장 어려운 일은 **세상에 아직 알려지지 않은 문제와 이 지식이 얼마나 가치 있는지 판단하는 것**이다. 그 다음으로 어려운 일은 이러한 문제들 중 **제한된 시간과 노력, 현재의 기술로 풀 수 있는 것이 무엇인지를 판단하는 것**이다. 실제로 연구자가 지녀야 할 가장 중요한 자질은 자신이 풀 수 있는 가치 있는 문제를 찾는 능력이다. 그러나 연구를 처음 시작한 초보자가 이런 자질을 갖추기는 사실상 매우 어렵다. 이 장의 초반부에서 지도교수의 중요성을 강조한 이유이기도 하다.

석사과정에 처음 들어가자마자 스스로 연구 주제를 찾고 성공적으로 연구를 수행하는 사람도 없지는 않을 것이다. 세상은 넓고 괴물 같은 재능을 가진 사람들은 의외로 많다! 그러나 석사과정 연구를 시작하는 사람에게 **지도교수가 적절한 난이도의 문제를 제시하는 것이 일반적이다.**[39] '초보 연구자'에게 적절한 연구 주제는 **너무 어렵지 않아서 연구 의지를 꺾지 않으면서도 너무 쉬워서 흥미를 잃지 않을 수준의 문제다.** 석사과정은 보통 2년 안에 연구에 사용되는 방법론을 습득하고 결과를 내야 한다는 제약이 있음을 생각하면, 처음부터 너무 어려운 문제를 주는 곳은 바람직하지 않다. 이런 면에서 석사과정에게 적절한 연구 문제를 주는 지도교수를 선택하는 것도 중요한 일이다.

과학적 방법론의 한계

자신의 연구를 처음 시작하게 된 초보 연구자는 교과서 앞부분에 나오는 '과학적 방법론'을 떠올릴 것이다. 그는 과학적 방법론에서 이야기하는 대로, 1) 기존의 문헌을 조사해서 아직 밝혀지지 않은 것이 무엇인지 확인하고, 2) 이것을 설명할 수 있는 가설을 세운 다음, 3) 가설을 입증하기 위한 실험을 수행하여, 4) 결과가

---

39 물론 그렇지 않은 경우도 있는데, 학생이 엄청난 자질을 가진 사람이라서 스스로 문제를 발견하는 아주 드문 경우거나, 교수가 학생에게 그다지 신경 쓰지 않는 경우다.

가설과 일치한다면, 5) 새로운 발견 확정! 과학은 참으로 쉽군! 하며 새로운 발견을 척척 해낼 것이라고 생각한다.

기대와 달리 일단 실험 결과부터 예상대로 나오지 않을 것이다. 실험이 예상대로 되지 않는 이유가 연구 방법론에 익숙하지 않아서라는 생각에, 노력을 통해 실험과 데이터 분석에 능숙해졌지만 여전히 원하는 결과가 나오지 않는다. 이상한 점은 양성 대조군(positive control)[40] 결과는 정상으로 나온다는 것이다. 고민에 빠진 초보 연구원은 먼저 연구실 선배에게 도움을 청한다. 자초지종을 들은 선배는 쿨하게 그냥 그럴 수도 있다고 대답한다. 몇 주, 몇 달 동안 시도해도 원하는 결과는 나오지 않는다. 지도교수에게 결과를 보여 주면 몇 가지 사항을 확인한 다음 선배와 마찬가지로 "그럴 수도 있으니 지금 하고 있는 방법은 그만 두고 다른 일을 해 보세요"라고 말한다.

이 과정을 몇 번 반복하면 큰 꿈을 품고 과학 연구를 시작한 초보 연구자는 좌절하거나 때로는 말도 안되는 연구 주제를 안겨 줬다며 지도교수를 원망할지도 모른다. 계속되는 실패에 지쳐 '나는 과학에 적성이 맞지 않는 것 같아' 하고 대학원을 포기하는 사람도 있을 것이다. 특히 학부 시절까지 학업성적이 뛰어나서 '수재' 소리를 듣던 학생이라면 그 좌절은 더 깊을 것이다.

놀랍게도 지금까지 **대부분의 과학 연구는 이렇게 가설 설정과**

---

40 실험이 제대로 되었는지 확인하기 위해 수행하는 대조군.

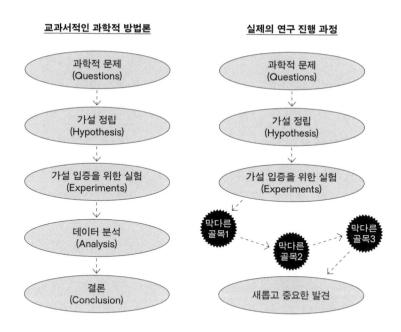

그림 2-3. 교과서적인 과학적 방법론(왼쪽)과 실제의 연구 진행 과정(오른쪽). 오른쪽 과정도 상당히 단순화된 것이다.

실패를 거듭하며 수행되어 왔다. 우리 과학자는 제한된 지식을 가지고 최선을 다해 가설을 세우고 이를 입증하기 위해 실험을 한다. 하지만 지식의 최전선에서는 가설조차 잘못 세워지는 경우가 허다하다. 또한 가설을 세우는 대전제가 된 '지식' 역시 우리가 새롭게 연구하려는 범위에서는 더 이상 적용되지 않는 경우가 있다. 과학 연구에서는 외삽(extrapolation)이라는 방법을 사용해 다음과 같이 가설을 세울 때가 많다. 'A 조건에서 B 요소가 특정한 기능을 하는데, A와 유사한 A′ 조건에서도 B 요소가 기능할 것이다.' 그러나 맨 처음 세운 가설이 사실로 밝혀지는 경우는 거의 없다고 봐야 한다. 역설적으로 들리겠지만, 이 복잡한 자연에 예측 불가능한 미지의 세계가 남아 있다는 것은 우리 과학자들에게는 다행스런 일이다. 과학 연구가 빠르고 쉽게 이루어진다면 과학자가 발견할 새로운 사실은 그리 많이 남아 있지 않을 것이다. 실제로 급격히 발전한 분야 중에 더 이상의 새로운 발견이 없어서 쇠퇴하는 분야도 많다. 그림 2-3 왼쪽의 교과서적인 '과학적 방법론' 도식은 이상적인 것이고, 실제로 과학 연구가 진행되는 방식은 오른쪽 그림과 비슷하다는 것을 알아두자.

초보 연구자는 과학 연구의 지난함을 일찍부터 받아들이는 편이 좋다. 최초의 가설이 맞지 않아 '막다른 골목'을 만나 연구 방향을 바꾸거나, 지금 하고 있는 연구에 출구가 있는지 없는지도 모른 채 묵묵히 연구를 진행해 나가야 할 때도 있다. 더러는 목표에 도달하기까지 얼마 남지 않았지만 포기하는 사람도 있을 것이다. 말하자면 어두운 방에서 검은 고양이를 붙잡아야 하는데 고양이가 반드시 이 방 안에 있다는 보장은 없는 상황이다.

이렇듯 미지의 세계에서 아무도 모르는 세상의 비밀(비록 많은 사람이 신경 쓰지 않는 사소한 문제일지라도)을 알아내는 과정은 결코 쉽지 않다. 여기서 학부 시절까지 배운 교과와 과학 연구의 근본적인 차이가 시작된다. 과학 교과에서 배우는 문제는, 심지어 과학 올림피아드 수준의 어려운 문제라도 제한된 시간 안에 해결할 수 있는, 정답이 있는 문제일 뿐이다. 반면 과학 연구에서 '연구할 가치가 있는 문제'는 정답이 무엇인지 아무도 모르며 심지어 정답이 존재하는지, 문제가 성립하는지도 확실하지 않다.

매우 우수한 지적 능력을 가졌지만 과학 연구의 이러한 본연적 성질과 맞지 않는 사람도 많이 있다. **답이 정해진 과학 과목에서는 좋은 성적을 거두었지만 이러한 '연구 문제'를 푸는 막막함을 즐기지 않는다면 당신의 지적 능력과 관계 없이 직업적인 과학자가 되기엔 적성이 맞지 않을 가능성이 높다.** 자신이 '답이 없는 문제'를 풀면서 드는 막막함을 견디기 힘들어 한다는 것을 연구의 시작 단계부터 뼈저리게 느낀다면, 석사과정만 마치고 연구자가 아닌 다른 진로를 선택하는 편이 낫다. 석사과정 경험만으로도 할 수 있는 다른 일은 세상에 아주 많이 있다.

기본적인 연구 방법론의 습득

나는 석사과정은 과학 연구가 실제로 이루어지는 방법에 익숙해지는 기간이라고 생각한다. **석사과정 기간 2년은 연구자로 완성되기에는 짧지만 연구자가 반드시 갖춰야 할 연구 방법론에 익숙해지기엔 충분한 시간이다.** 연구 방법론에는 여러 가지가 있겠지만, 주로 실험연구를 하는 사람이라면 해당 분야의 기본적인 실험 테크닉을 들 수 있고, 이외에 컴퓨터 코딩, 데이터분석, 통계분석 등의 지식도 포함된다. 다음 두 가지 사실을 고려하면 연구에 사용되는 테크닉을 익히는 일은 여전히 중요하다.

연구는 남이 현재까지 발견하지 못한 것을 찾는 일이다

연구 방법은 기술이 발전함에 따라 함께 발전한다. 이는 현재 활발하게 사용되는 연구 방법도 조사할 수 있는 범위와 정확성에 한계가 있으며 한계에 다다랐을 때는 새로운 발견이 거의 불가능함을 의미한다. 더욱이 상용화된 키트나 분석 도구를 사용하면 누구나 얻을 수 있는 결과는 다른 사람이 이미 시도했을 가능성이 크므로 그 결과만으로는 과학적인 연구의 가치가 높지 않다. 논문으로 나올 만한 가치가 있는 결과는 기존의 방법론을 그대로 적용해서는 제대로 얻지 못하는 결과인 경우가 많다. 실제로 학술적으로 가치 있는 결과를 얻기 위해 현재의 방법론을 개선한 새로운 연구 방법을 만들어 내야 할 때도 있다. 그런데 기존 연구 방법론의 의의와 한계를 정확하게 이해하지 못한 채로 실험을 변주한다면, 잘못된 분석을 내리고 잘못된 결론으로 이어질 가능성도 높아진다. 따라서 연구 방법론의 기초를 닦는 것은 매우 중요하다.

매뉴얼에 기술된 것만으로 표현되지 않는 무엇인가가 있다

논문과 실험 노트에 자세히 기록된 프로토콜을 그대로 따라한다고 해도 항상 같은 결과가 재현되지는 않는다. 이 때 이상하게도 실험 경험이 많은 연구자의 성공률이 더 높은데, 때문에 초보 연구자는 큰 좌절을 느끼기 마련이다. 실험 연구자들은 실험 숙련도를 '손맛'이라는 말로 표현한다. 객관성과 합리성의 최전선에 서 있는 것처럼 보이는 실험연구자들이 '손맛'이라는 용어를 사용하는 것은 역설적이지만, 심지어 고도의 테크닉이 요구되는 실험일

수록 '손맛'에 의해 좌우되는 경우가 많다.

헝가리의 학자 마이클 폴라니(Micheal Polanyi)는 이렇게 직접 기술하기 어려운 지식을 암묵지(tacit knowledge)라는 용어로 표현했는데, 암묵지란 지식의 한 종류로서 문서나 언어의 형식으로 표현될 수 없는, 경험과 학습으로 몸에 쌓인 지식을 말한다. 반면 문서 등의 형태로 구체적으로 표현된 지식을 형식지(explicit knowledge)라고 한다. 가령, 기본적인 자동차 운전 방법은 운전 교범에 잘 나와 있지만, 운전 교범을 읽고 숙지하는 것만으로 자동차를 자유롭게 몰 수는 없다. 실제 길거리에 나와 자동차를 안전하고 자유롭게 운전하기 위해서는 운전 교범의 내용, 소위 글로 표현할 수 있는 '요령'뿐 아니라 연습을 통해 '몸으로' 익히는 지식이 필요하다. 이때 후자가 암묵지다.

암묵지는 실험과학을 하는 사람에게 매우 중요하다. 예를 들어 동일한 프로토콜에 따라 조직에서 RNA를 추출하는 실험을 한다고 가정하자. RNA를 처음 추출하는 사람은 매우 긴장한 탓에 아무리 조심스럽게 수행했다고 해도 결과가 제대로 나오지 않는 경우가 많다. 그러나 같은 실험을 오랫동안 반복해 온 사람은 꼼꼼히 신경 쓰지 않고 대충 실험하는 듯 보여도 제대로 결과가 나오는 경우가 있다. 즉 누구나 따라 할 수 있는 수준을 넘어, 오랜 노력과 경험을 통해서 획득한 암묵지를 축적해야 고수가 될 수 있다.

석사과정 때처럼 연구를 시작할 때 연구의 기본적인 테크닉을 배우는 것은 매우 중요하다. 가장 좋은 것은 연구 테크닉을 고수에게 직접 전수받은 다음 부단히 노력하는 것이다. 더 중요한 것은 '암묵지' 형태로 된 지식을 가급적 '형식지' 형태의 지식으로 변환할 수 있도록 노력하는 것이다. 자신이 체득한 여러 가지 노하우를 기록하고, 가급적 재현할 수 있는 체계적 지식의 형태로 변화시켜야 한다. 이렇게 특정한 실험 테크닉을 '확실한 프로토콜대로 따라 하면 누구나 할 수 있는' 수준으로 확립하는 것도 연구에서 중요한 일이다.

연구 방법에 익숙해져 자신 있게 테크닉을 구사하는 것이 중요한 이유가 한 가지 있다. 만약 자신의 연구 방법론에 대해 확신이 없다면 예상하지 못한 결과를 얻었을 때 그것이 실수에서 나온 결과인지 중요한 발견인지 확신을 갖지 못하게 된다. 중요한 발견은 대개 예상치 못한 결과에서 비롯된다. 소 뒷걸음치다 쥐 잡는 격으로 의도치 않게 매우 중요한 발견을 해도 미숙한 연구자는 자신의 실수라고 생각하고 이를 그냥 지나칠 수 있기 때문이다. 따라서 중요한 발견을 가져오는 '예상치 못한 결과'를 인식하고 여기에서 새로운 발견을 끌어내기 위해서는 역설적으로 연구 테크닉의 확립이 중요하게 작용한다.

석사과정에서 연구 방법론이 중요한 또다른 이유는 연구 테크닉은 석사를 졸업하고 취업하는 사람들에게 가장 중요한 스펙이 되기 때문이다. 취업을 할 때 익숙한 연구 테크닉이 무엇인지에 따라 취업을 할 범위가 결정된다. 그러니 석사생이여, 실험이 그대를 속이더라도 연구 기술 연마에 결코 소홀하지 말지어다!

교수와의 관계: 사회생활의 첫걸음

석사과정 대학원생에게 가장 현실적으로 느껴지는 어려움은 지도교수와의 관계일 것이다. 대개의 이공계열 대학원생은 자신의 지도교수가 연구책임자로 있는 프로젝트에 참여하게 되는데, 이 때 지도교수는 생애 최초로 경험하는 '직장'의 '상사'인 경우가 많다. 학생이었다가 사회인이 된 상황에 적응하기 쉽지 않은 것은 매우 당연하다. 어떻게 하면 지도교수와 원만한 관계를 유지하면서 생산적이고 보람찬 대학원 생활을 할 수 있을까?

거듭 말하지만 세상에는 매우 다양한 지도교수가 있다

그리고 대학원생도 모두 다른 상황에 처해 있다. 따라서 모두에게 잘 맞는 이상적인 지도교수는 존재하지 않는다. 결국 대학원생은 가능한 범위 내에서 자기 상황에 가장 적절한 지도교수를 찾아야 한다. 자신의 성향과 맞지 않는 지도교수가 이끄는 연구실에서 연구 생활을 하는 것은 자신의 인생에 큰 보탬이 되지 않는다. 어느 정도 생활해 본 다음 아무리 생각해도 **연구실 생활이 불행하다고 느껴진다면, 그 연구실에 오래 있지 않는 것이 좋다**. 흔히 많은 학생들이 대학원에서 연구실을 옮기는 것을 두려워하는데, 학생의 생각과는 달리 상당수 지도교수는 자신과의 관계가 틀어져 도중에 연구실을 그만둔 학생의 진로에 큰 악영향을 미치기 힘들다. 때로는 너무 참아서 상황이 악화되기도 한다.

한국적 사제관계에 너무 얽매이지 말자

때로 한국 과학 발전을 저해하는 근본적 문제 중 하나가 권위에 너무 얽매이는 분위기가 아닐까 생각한다. 과학은 미지의 영역을 탐색하는 과정이고, 그 과정에서 한 사람의 주장만이 옳다는 확신은 성립할 수 없다. 아무래도 경험이 많은 지도교수나 선배의 이야기가 맞을 가능성이 조금은 더 높겠지만 이 역시 확률의 문제이며 초보 연구자의 의견이 타당할 때도 있다. 과학적으로 자신의 이야기가 옳다고 생각하면 의견을 교수 앞에서 주장할 수 있는 용기가 필요하다. 물론 이를 위해서는 최대한 논리적이고 과학적으로 접근해야 한다.[41] 학생의 의견이 합리적이고 타당한 의견을 제시할 때 교수가 참다운 과학자라면, 그리고 그가 이성적인 사람이라면 오히려 제자의 성장에 기뻐할 것이다. 그렇지 않은 사람도 분명 있을 것이다. 그러나 이는 반대로 그 교수가 그리 합리적으로 생각하지 않는다는 점을 깨닫는 계기가 되므로, 궁극적으로는 학생의 진로에 긍정적으로 작용할 것이다. 미지를 탐구하는 과학의 여정 앞에서는 교수든 학생이든 박사후연구원이든 모두 평등하다는 사실을 항상 기억하자.

---

41 물론 아무것도 모르는 초짜 연구자가 뻔한 것을 가지고 고집 부린 것으로 결론이 날 수도 있다. 그러나 이런 것은 초보 연구자 시절에나 가능한 객기 아니겠는가? 과학자의 성장에는 이런 객기도 조금은 필요하며, 지도교수라면 제자의 객기 정도는 참아 주는 아량이 필요하다. 그러한 아량은 앞에서 이야기한 '훌륭한 멘토'의 역량이다.

해결하기 힘든 심각한 문제가 있다면

사회의 다른 곳과 마찬가지로 대학원에서도 부조리와 불합리한 현상은 있기 마련이다. 법에 호소해야 할 상황의 피해자가 되지 말라는 법도 없다. 특히 도제식 교육 방식과 한국 특유의 수직적인 권력관계가 작용하는 곳에서 이러한 문제는 심심치 않게 일어나며, 때로는 언론 보도로 볼 법한 불미스러운 사건이 일어나기도 한다.

어떤 경우에는 자신이 연구실을 그만두는 것만으로 해결되지 않을 만큼 심각한 일도 일어난다. 그러나 국내의 학교 당국에 이런 문제가 발생했을 때 학생의 권익을 우선으로 피해자를 보호하는 제도적 장치가 제대로 되어 있는지는 솔직히 의문이다.

이러한 상황에서 대학원생은 어디서 도움을 찾아야 할까? 상황에 따라서 다르지만 각 대학교에 존재하는 대학원 총학생회, 최근에 국내에도 등장한 대학원생 노조 등의 도움을 얻을 수 있을 것이다. 만약 범죄 또는 그에 준하는 일에 연루되었다는 생각이 든다면, 사법적인 절차를 거치는 방법 밖에는 없다. 물론 이때 반드시 변호사 등 전문가의 도움을 받아야 한다.

이런 경우에 문제를 크게 만들면 필연적으로 개인에게 피해가 가니 가급적이면 문제를 '좋게' 해결하자는 이야기가 들려올 것이다. 그러나 문제를 '좋게' 해결하고 유야무야 넘어간다면 문제를 일으킨 사람만 좋고, 분명 나중에 비슷한 일이 재현될 것이다. 자신이 불합리한 일, 혹은 불법적인 일에 의해 피해를 당했다고 확신한다면 자신뿐만 아니라 자신과 같은 피해를 당할 미래의 피해자를 줄이기 위해서도 법의 준엄함을 알려 줄 필요가 있다. 이를 위해서는 이성적인 대처와 함께 전문가의 의견이 반드시 필요하며, 이를 입증하기 위한 증거와 증인 등도 확보해야 한다. 만약 이 같은 준비가 없는 상황에서 섣불리 행동에 나설 경우 문제를 해결하기보다 오히려 악화시킬 수 있으니 주의하기 바란다.

연구실 생활에 불만이 있다면 직접 건의하자

여러 사람이 모여 생활하는 대학원 생활에서는 불만족스러운 상황이 필연적으로 발생한다. 대학원 연구실에서 대학원생들에게 어떤 불만족스러운 상황이 생길 수 있는지에 대해 구체적으로 쓰자면 별도의 책 한 권이 필요할지도 모르겠다. 그런데 한국의 연구실 문화에서 상당수의 불만 사항이 책임자인 지도교수에게 전해지지 않고 불만으로만 증폭되는 경우가 많다.[42] 어쨌든 연구실 생활이나 자신의 연구 상황에 불만이 있다면 교수와 적극적으로 소통하려고 노력하자. 거듭 이야기하지만 지도교수와의 원활한 소통은 대학원에서의 성공의 지름길이다. 의사소통이 되지 않는 지도교수와 대학원생의 관계는 양자에게 불행만을 안겨 줄 뿐이다.

---

42 물론 그렇게 되는 이유 중 하나는 건의해도 해결이 안 되는 근원적인 문제이기 때문일 가능성이 많다.

동료들과의 관계

연구실 동료는 연구실 생활에서 얻을 수 있는 가장 큰 자산이다. 연구실의 동료들은 단순히 '같은 연구실 출신' 선후배 개념을 넘어, 자신의 연구에 얽힌 문제를 서로 누구보다 부담 없이 상의할 수 있는 관계가 되어야 한다. 인류가 과학 문명을 발전시킨 역사 속에서 두 사람 이상의 연구자가 만나 '1+1=2' 그 이상의 시너지를 일으킨 일은 수도 없이 많다. 설령 공동연구를 하지 않더라도, 과학 연구가 논문이나 학회 발표 등의 형식으로 세상에 공개되는 과정에서 많은 연구자들의 생각과 아이디어가 공유되고 이것이 합쳐져 난관을 돌파할 열쇠를 만들어 낸다. 이러한 상황에서 **같은 연구실의 동료와는 가장 먼저 자신의 연구를 상의할 수 있는 사이가 되어야 한다.**

그러나 이것은 이상적인 이야기이고, 현실의 연구실, 특히 한국의 대학원 연구실에서 이러한 분위기가 잘 마련되어 있는지는 확신하기 힘들다. 성공적인 연구실과 그렇지 않은 연구실의 결정적 차이는 **구성원들이 자신의 연구에 관해 허심탄회하게 이야기하는지, 그리고 한 구성원이 문제에 봉착했을 때 서슴없이 도와주는 분위기가 조성되어 있는지**에 달려 있다고 해도 과언이 아니다. 유감스럽게도 국내외를 막론하고 그렇지 못한 연구실이 적잖이 존재하는 것이 사실이며 연구실 구성원 사이에 알력이 있는 경우도 상당히 많다. 특히 한국에서의 연구 생활을 피곤하게 하는 것은 연구실 선후배 혹은 포스트닥과의 관계다.

과학 연구는 사실 마음대로 잘 풀리지 않는, 상당히 스트레스가 많은 일이다. 구성원들끼리 서로 양보하고 협력하는 가운데서도 성공하기 힘든 것이 과학 연구다. 그런데 연구실 내 인간관계에서 오는 갈등까지 겹친다면 결코 제대로 된 연구가 나오기 어렵다고 볼 수 있다. 국내외 연구실 중에서 오히려 연구실원끼리의 경쟁을 부추겨 결과를 이끌어 내는 연구실도 없지 않은데(학계의 유명 연구자로 통하는 사람이 이끄는 연구실 중에도 그런 곳이 있다), 그런 곳은 대학원생에게 최악의 환경이므로 절대 피해야 한다. 구성원의 지나친 경쟁과 생존만이 강조되는 연구실에서는 연구 부정 같은 불미스러운 사건에 연루될 가능성이 더 높다.[43] 핵심은, 학생 입장에서 연구실 구성원끼리의 협동과 자유로운 토론이 없는 연구실에서 시간을 낭비할 이유가 전혀 없다는 것이다. 인생은 짧고 때로는 돌아가는 길이 더 빠를 때도 있다.

석사과정에서 얻을 수 있는 것

석사과정 2년이라는 시간은 실험 테크닉을 비롯한 연구 방법론을 익히기에도 상당히 빠듯하다. 석사과정은 '연구란 어떤 것인가'를 맛보는 시간인데, 그럼에도 불구하고 많은 대학원생들이 석사

---

43 사실 이런 내용은 학생보다는 지도교수가 더 명심해야 할 것이다.

과정 중 논문 출판이 반드시 필요하다는 강박관념(지도교수로부터 유래된 것일 가능성이 많은)을 가지고 있는 것 같다. 분야에 따라 다르겠지만, 대개의 분야에서 석사과정 중에 논문을 끝낼 수준의 연구 방법론을 익히고 데이터를 얻어 논문 작성까지 스스로 하기란 쉽지 않다. 어쩌면 좋은 결과를 내서 괜찮은 저널에 논문이 실린다 하더라도 해당 논문이 학생의 능력을 그대로 반영한다고 믿지 않을 수도 있기 때문이다. 오히려 석사과정에서 얻을 수 있는 가장 중요한 수확은 **과학 연구가 자신의 적성에 맞는지 여부를 직접 체험해 보는 것**이다. 자기 인생의 목표가 적절한 직장에 취업하는 것이라면 석사과정 후 취업을 적극적으로 고려하자. 또한 취업이 잘 안 된다고 해서 무작정 박사과정으로 진학하려 해서는 안 된다.

어쨌든 석사과정을 무사히 마친 여러분은 크게 두 가지 갈림길에 놓여 있을 것이다. '지금 발을 뺄 것인가, 박사과정에 진학할 것인가?' 어쩌면 석사과정에 진학하기로 마음먹은 결정보다 박사과정 진학에 대한 결정이 개인의 인생에 더 큰 영향을 미칠지도 모른다. 다음 장으로 넘어가기 전에 일단 심호흡부터 하고 잘 생각해 보기 바란다.

Chapter
03

**본격적으로
과학자가 되는 길:
박사과정 1**

석사과정을 마무리할 때쯤이면 여러 고민이 생기기 마련이다. 그 중에서도 가장 큰 고민을 꼽자면 역시 '박사과정에 진학할 것인가 말 것인가?'일 것이다. 이 장에서는 박사과정에 진학해야 할 혹은 하지 말아야 할 이유에 대해 집중적으로 다룰 것이다. 지금은 많은 국내외 연구중심대학교에서 석·박사 통합과정을 운영하기 때문에 이 고민을 대학원을 입학하는 시점에서 해야 하는 사람도 있겠지만, 여기서는 석사과정을 마치고 박사과정에 진학하는 경우를 상정하고 이야기를 진행할 것이다.

당신은 왜 박사과정에 진학하려 하는가?

많은 사람들이 자기만의 이유를 가지고 대학원 석사과정에 진학한다. 어린 시절부터 꿈꾸던 과학자가 되기 위해 대학원에 간다는 사람도 많을 것이다. 학부 시절의 학과 공부가 미흡해서 좀 더 고급 공부를 해 보겠다는 막연한 생각이나, 대학원을 졸업하면 좀 더 나은 직장과 기회가 주어질 것이라는 불확실한 믿음으로 대학원에 진학한 사람도 없지 않을 것이다. 원하는 직장을 쉽게 얻지 못하는 상황에서 '대학원이나 갈까' 하는 생각으로 진학한 사람도 의외로 많다.[44] 그러나 석사과정을 마칠 때쯤이면 대부분은 본격적인 연구를 했다기보다는 애피타이저(appetizer, 전채 요리)를 먹은 듯 '연구 맛보기'를 했다고 느끼는 것이 보통이다. 석사과정에서 완전히 충족하지 못한 연구에 대한 허기 때문에 자연스럽게 박사과정에 진학하는 것이 당연한 것처럼 생각하는 사람들이 있는데 여기서 잠시 멈추고 먼저 생각해 볼 것이 있다.

1. 내 인생의 목표는 무엇인가?
2. 이 목표를 달성하는 데 박사학위를 취득하는 것이 큰 보탬이 되는가?

인생의 목표도 확실하지 않은 상황에서 석사과정 연구가 성에 차지 않는다는 이유로 박사과정에 진학하는 것은 그리 현명한 선택은 아니다. 그러나 많은 사람들이 이러한 단순한 이유로 박사과정에 진학하며, 이 책을 쓰는 나 역시 그중 한 명이었다. "박사는 석사보다는 직업 전망이 유리하다"라는 검증하기 힘든 가설을

---

[44] 불경기에 대학원 진학률이 올라가는 것은 데이터로 입증되었다. 실제로 1990년대 말 IMF 직후 한국의 대학원 진학률이 매우 높았다.

스스로 증명하기 위해 박사과정을 시작하는 사람도 있다. 타임머신을 타고 미래로 가 보지 않는 이상 완벽하게 알 수는 없겠지만, 자신의 전공 분야 박사학위를 취득한 사람들이 대체로 어떤 길을 가고 있는지 알아보면 대략적인 답을 얻을 수 있다. 그리고 과연 그 사람들의 모습이 당신이 원하는 미래인가?

수요

먼저 알아봐야 할 것은 산업계에서 자신의 전공 분야의 박사학위 소지자에 대한 수요가 얼마나 되는지이다. 현재 자신의 목표가 학위를 취득한 후 최소한의 시간 내에 안정적이고 수입도 괜찮은 직장을 갖는 것이라면 이것은 가장 중요하게 고려해야 할 사항이다. 그런데 해당 전공이 산업계에서 얼마나 요구되는 전공인지는 자신은 산업계에 진출할 생각은 없고 학계에 남아 족적을 남길 만한 연구를 하려고 하는 사람에게도 중요한 지표가 된다. 그 이유는 자신의 전공 분야에서 산업계로 진출하는 빈도가 낮다면 학위를 취득한 사람들이 학계의 한정된 일자리를 두고 훨씬 치열하게 경쟁할 것이고, 원하는 일자리를 학계에서 얻는 것은 훨씬 어려워질 것이기 때문이다.

그렇다면 어떤 산업 분야의 박사학위 수요가 많을까? 산업계의 분야별 인력 수요를 정확하게 가늠하기는 어렵지만 일반적으로는 국가에서 가장 활발하게 진행되는 소위 '주력 산업'일수록 상대적으로 연구 개발(Research and Development, R&D)이 많이 진행되니 박사급 연구원 수요가 많을 수밖에 없을 것이다. 근대 이후 한국의 주력 산업인 전자, 화학, 기계 분야로 진출할 수 있는 전공이라면 상대적으로 진로를 선택하는 데 여유를 가질 수 있을 것이다. 조금 더 자세히 알고 싶다면 각 업종의 대표 기업 매출액과 순이익을 대략적으로 비교해 보면 감을 잡을 수 있다.

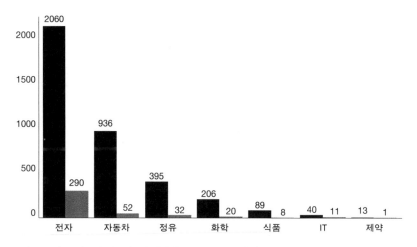

그림 3-1. 한국 업종별 매출액 1위 기업의 2022년 매출액(■) 및 영업이익(■) (단위: 천억 원)

그림 3-1에서 볼 수 있듯 전자나 자동차, 정유, 화학 부문 대표 기업과 제약 부문 대표 기업의 매출액 대비 순이익의 차이는 매우 크다. 매출과 박사급 연구 인력 고용이 기업의 매출 규모와 반드시 정비례하지는 않지만, 일반적으로 산업계의 규모가 클수록 고용의 여유가 생기는 것은 분명하므로 해당 전공에서 진출하는 국내 산업계의 규모가 작다면 당연히 국내에 해당 산업계에 박사급 인력의 수요는 그리 많지 않을 수밖에 없다.

공급

또 고려해야 할 것은 박사급 인력의 수요뿐 아니라 공급 상황이다. 국내 이공계 분야별 대학원생의 수가 산업계의 규모와 반드시 비례하지는 않기 때문이다. 그림 3-2에서 한국연구재단에서 지원하는 박사과정 장학 프로그램인 '글로벌 박사양성사업'의 전공별 분류를 살펴보자.

그림 3-2. 2016년 '글로벌 박사양성사업' 지원 대학원생 전공별 분류 (한국연구재단)

이 그림을 보면 박사과정의 배출이 많은 반면 관련 국내 산업계 규모는 매우 작은 전공 분야를 분명히 볼 수 있다. 이러한 전공은 산업계 진출이 훨씬 어렵다고 생각하면 된다. 아직 산업이 발전하지 않은 분야에 국가가 투자[45]하는 데는 가능성 있는 과학 분

---

45 오늘날의 이공계 대학원생의 대부분은 국가 연구비, 펠로우십 등의 장학제도를 통해
대학원 과정을 마치고 있으므로 국가가 투자하는 것이라고 볼 수 있다.

야에 집중 투자하여 신산업을 육성하고 국가의 새로운 성장 동력을 만들겠다는 의도가 깔려 있다. 만약 정부의 의도대로 현재 많은 대학원생이 박사과정에서 연구하는 분야와 관련된 산업이 성장하여 미래에 박사급 연구원으로 일할 일자리가 많이 생긴다면 좋겠지만, 그렇지 않다면 그들은 학계 밖에서 자신의 전공을 살릴 수 있는 일자리를 찾기 힘들 것이다. 결론은 인력 수요와 공급의 균형이 잘 맞지 않는 분야에서 박사과정을 시작하는 데는 인력의 수요가 큰 분야보다 훨씬 더 큰 결심이 필요하다.

물론 위 예시는 한국의 경우이고, 다른 국가에서는 상황이 다를 수도 있다. 가령 미국이나 유럽에서는 한국에서 그다지 규모가 크지 않은 제약 산업이 크게 발전했고, 이에 따른 고용 기회도 크다. 과학자는 다른 직업군에 비해 상대적으로 외국에서 일할 수 있는 기회가 많은 직종에 속하니, 꼭 한국에서만 일해야 할 이유가 없다면 자신이 전공하고자 하는 분야의 박사급 연구자 고용 시장을 전 세계에서 살펴볼 필요가 있다. 물론 해외 취업은 나름의 어려움이 있다는 것 역시 염두에 두어야 한다.

석사에서 박사과정으로의 진학을 마치 게임의 '레벨업'처럼 간단하게 생각해서는 안 된다. 박사과정 진학을 결정하는 것은 지금까지 당신이 살아온 삶 중에 하는 결정 중 미래의 인생에 가장 큰 영향을 주게 되는 중대한 결정일 수 있다는 것을 반드시 명심해야 한다.

석사과정과 박사과정의 차이

석사과정에서 박사과정으로 진학하는 것은 단순한 대학원 생활의 연속이 아니다. 두 과정의 성격은 매우 다른데, 그림 3-3으로 간단히 요약할 수 있다. 석사과정이 안전한 물가를 아장아장 걷는 '산책'과 같다면 박사과정은 진흙탕 속에서 목숨을 걸고 빠져나와야 하는 '투쟁'과 비슷하다. 좀 더 자세히 정리한 내용은 표 3-1에서 볼 수 있다.

그림 3-3. 석사과정(왼쪽)과 박사과정(오른쪽)의 개념적 차이

석사는 해당 분야의 전문 지식을 갖춘 사람이라고 말할 수 있지만, 박사과정생은 해당 분야에서도 아무도 모르는 지식이 묻힌 최전선에서 지식을 발견하려는 사람이라고 생각하면 된다. 어떻게 보면 광산의 갱도 제일 끝에서 일하는 광부와 비슷하다. 그곳은 아무도 지나가 본 적이 없는, 자신이 뚫어서 길을 만들어야 하는 곳이다. 아무리 파 내려가도 더 이상 쓸 만한 지식이 나오지 않

는 경우도 있다. 다른 방향으로 파고들어간 동료가 발견한 금맥을 보고만 있는 때도 있다. 무엇보다 막막한 것은 이러한 과정 끝에 과연 내가 기대한 보상을 받을 수 있을지 아는 것조차 쉽지 않다는 것이다. 갱도가 붕괴되어 광산 내에 고립되는 사고가 보고되는 현실 세계의 광산과 마찬가지로 '지식의 광산'에서도 이런 '매몰 사고'가 종종 일어난다.[46]

표 3-1. 석사과정과 박사과정의 차이

	석사과정	박사과정
목표	박사과정 혹은 산업계에서 필요한 연구 방법론의 습득	독립연구자가 되기 위한 연구 능력 습득
기간	2년 이내	박사가 될 때까지
학술 논문	내면 좋다	반드시 내야 한다!
연구 중 어려움에 봉착할 때	선배나 교수님이 도와준다.	(지도교수의 조언은 있을지언정) 자신의 운명은 자신이 개척한다.
연구의 전문성	사자의 뒷다리를 무는 모기에 대한 연구	사자 뒷다리를 무는 모기의 피에 존재하는 기생충의 게놈에서 사자의 면역을 회피하는 데 관여하는 열두 번째 단백질의 기능
졸업 이후	취업하거나 박사과정에 들어간다.	포스트닥, 그리고……

이러한 위험에도 불구하고 과학자들이 연구를 계속하는 이유는 계속 파다 보면 언젠가는 뭐라도 발견할 수 있으며, 그것이 지금까지는 볼 수 없던 새로운 지식이라는 광물이길 기대하기 때문

---

46 연구 부정 같은 이례적인 일로 특정 분야 연구가 침체되기도 한다.

이다. 이렇게 세상에 없는 무엇인가를 처음 채굴한 당사자가 되는 일 자체에 희열을 느낀다면, 당신은 박사과정을 선택해도 후회하지 않을 것이다. 당신이 채굴해 낸 새로운 지식은 세상에서 높이 평가받을 수도 있지만, 아마 그렇지 않은 경우가 더 많을 것이다. 새로운 지식을 채굴하는 데 들인 노력에 대한 대가가 있어야 한다는 생각이 강한 사람은 박사과정 기간 동안, 그리고 그 이후에도 계속 심적으로 고통받는 경우를 많이 보았다. 기본적으로 박사과정은 학위를 취득한 이후 얻을 반대급부보다는 박사과정 연구 자체를 중시하는 사람이 가는 것이 좋다.

어떤 연구실에서 박사과정을 할 것인가?

박사과정에 진학하기로 결정했다면, 이제 '어디서 박사과정을 할 것인가'를 생각할 차례다. 사람은 한번 환경에 적응하면 변화를 꺼리는 경향이 있기 때문에 정 고민하기 싫다면 석사과정을 밟은 연구실에서 곧바로 박사과정을 이어 가면 된다. 석·박사 통합과정으로 대학원에 들어가면 다른 선택의 여지가 없을 수도 있다. 석사과정을 하며 익숙해진 연구실에서 박사과정을 밟는 것이 단시간에 박사학위를 취득하는 방법이기도 하다.

그러나 같은 연구실에서 석·박사과정을 보낸 사람의 경험 총량은 석사와 박사를 별도의 연구실에서 한 경우에 비해 적을 가능성이 높다. 두 과정을 각기 다른 연구실에서 한다면 새로운 분야에 적응하느라 시간이 더 걸려서 학위 취득이 늦어질지도 모르지만, 최단기간에 학위를 취득하는 것이 자신의 경력에 얼마나 중요할지는 조금 생각해 보아야 한다. [47]

오늘날 많은 과학·공학 분야에서 박사학위 취득은 연구자의 인생에서 하나의 분기점—물론 중요한 분기점일 수는 있지만—정도의 의미를 가진다. 연구자로서의 진로가 확정되는 시점은 학위 과정보다는 오히려 학위 취득 후 몇 년 뒤인 포스트닥 과정을 마치는 때일 것이다. 물론 시의적절하게 학위를 받는 것은 중요하지만, 어떤 관점에서는 과연 박사과정 도중에 연구자로서 얼마나 충실한 훈련을 받을 수 있는지가 더 중요하다. 학위를 단시간 안에 취득하더라도 박사과정 때 연구자로서 훈련을 제대로 받지 못한다면 학위를 빨리 취득한 이점이 소용 없는 경우도 많다. 따라서 박사과정에서는 연구자로서 충실한 훈련을 받을 수 있는 연구실을 선택해야 한다. 즉, 석사 시절에는 연구의 기본적 방법론을 잘 배울 수 있는 연구실을 선택했다면, 박사 때는 국제적으로 경쟁력 있는 연구자로 훈련받을 수 있는 연구실을 고르는 것이 좋다.

이렇듯 석사학위 취득 후 박사학위를 다른 연구실(대개 다른 대학에 소속되어 있을)에서 밟는 것은 매우 자연스러운 일이다. 물론

---

47 특히 박사 취득 후 직장을 갖기 위해 포스트닥이 거의 필수인 분야라면 더욱 그렇다. 1~2년 학위를 빨리 취득하고 포스트닥 기간에 훨씬 많은 시간을 잡아먹어 버린다면 큰 의미가 없을 것이다. 반면, 박사학위 취득 후에 바로 사회 진출이 가능한 분야라면 가능한 한 빨리 학위를 취득하는 것이 중요할 수도 있다.

이것을 부정적으로 생각하는 지도교수도 있을 것이다. 제자를 애써 훈련시켜서 한 명 몫을 하는 연구자로 키웠더니 여건이 더 좋은 다른 연구실로 옮기는 상황이 그리 달갑지만은 않을 수도 있다. 그러나 그것은 지도교수의 입장일 뿐이고 학생 입장에서 가장 중요하게 고려해야 할 사항은 자신의 미래다.

해외 유학은 필수인가?

2장에서 석사과정 진학 시 해외 유학에 대해 다루었는데, 이제 박사과정에 초점을 맞추어 해외 유학의 장단점을 생각해 보자.

해외 유학의 장단점

한국의 과학 수준이 21세기 이후 급격한 발전을 이룩한 것은 분명한 사실이지만, 한국의 경제발전에 비견할 만큼 발전했는지에 대해서는 의구심이 남아 있다. 분명 한국 내에서도 국제적 수준의 연구를 하는 분야가 많아졌고, 소위 유명 과학저널에 출판되는 논문도 이전에 비해 많아진 것이 사실이다. 그러나 아직 과학 연구의 '유행', 즉 세계적으로 화두가 되고 많은 사람들이 따라서 연구하는 분야를 국내에서 시작하는 경우는 극히 드물며, 해외에서 인기 있는 분야를 따라가는, '추격형 연구'가 한국 연구의 주류를 이루는 것은 부인하기 어렵다. 결국 냉정하게 말하면 아직까지 한국 과학계는 세계 과학계를 이끌어나가는 선두주자는 아니다. 따라서 좀 더 좋은 여건에서 새로운 주제 연구를 할 기회는 국내보다 해외에 더 많이 존재하는 것이 현실이다.

그리고 최근 한국의 세태를 보면 한국을 떠나 해외에서 꿈을 펼쳐 보려는 젊은이들이 늘고 있는데, 해외에서 과학기술자로 전공을 살려 취업을 할 때는 최대한 빨리 해외 경험을 쌓는 것이 유리하므로 아무래도 해외에서 학위를 취득하는 쪽이 유리하다. 실제로 과학기술 분야의 석·박사급 학위를 가진 사람들은 대부분의 국가에서 가장 선호하는 이민 대상이다. 따라서 한국을 떠나 해외에서 꿈을 펼치고 싶은 목표를 가진 사람이라면 유학이 자신의 진로에 유리할 것이다.

그렇다면 해외 유학은 모든 사람에게 바람직한 선택일까? 반드시 그렇지만은 않다. 20세기와 달리 해외와 한국 대학의 연구 여건 격차가 줄어들었고 자신이 진학 가능한 해외 대학이나 연구실 환경이 반드시 한국의 대학(특히 상위권 연구중심대학)보다 월등하게 좋다는 보장은 없다. 그리고 해외 유학은 대개 국내 학위과정에 비해 시간이 많이 소요되는 경향이 있다. 유학 준비에만 통상 1~2년 정도의 시간이 소요되고, 박사과정 유학이 석·박사 통합과정인 경우에는 석사를 취득했더라도 필수 학과 과정을 다시 이수해야 하므로 국내에서 곧바로 박사과정에 진학하는 것보다 시간이 많이 걸릴 수 있다. 사실 학부를 마치고 곧바로 석·박사로 진학하는 사람에게는 이러한 것이 별로 부담되지 않을 수 있지만, 병역이나 직장생활 등을 거쳐 좀 뒤늦은 시기에 박사과정 해외 유학을 하려는 경우라면 그 시간이 상당한 부담일 것이다.

연구자로서 겪어야 하는 근원적 고통에 외국인으로서의 이질적 문화에 적응하기 위해 겪는 어려움이 더해진다. 타 문화를 수용하는 것 자체를 즐기는 사람도 있겠지만 사람은 일반적으로 전혀 새로운 환경에 노출되고 적응하고 생활하면서 스트레스를 받기 마련이다. 한국에서는 깨닫지 못했던 외로움을 타지 생활에서 느끼며 힘들어 하는 사람도 있다.

한국에서의 학위과정

그렇다면 한국에서의 박사과정은 어떨까? 해외 유학의 장단점을 뒤집어 놓으면 국내 학위과정의 장단점이 된다. 즉, 해외에 비해 비교적 단시간에 학위를 끝낸다는 점과 해외에서 적응하는 수고를 거치지 않고 연구 이외의 불편함 없이 학위를 취득함으로서 얻는 이득은 결코 작지 않다. 그러나 국내 대학원 연구가 제대로 정착되지 않았던 과거의 경험 때문에 국내 박사학위가 폄하받는 사례가 있고, 이러한 선입견이 완전히 불식되지 않은 분야도 분명 존재한다. 또한 한국에서 수행되는 연구가 세계의 다른 곳에서 수행되는 연구들에 비해 깊이나 다양성이 떨어진다는 점은 완전히 부인하기 힘들다. 만약 관심 있는 연구 분야를 제대로 수행하는 연구실이 한국에 한 곳도 없다면 해외 유학은 선택이 아닌 필수가 될 것이다.

국내 대학원이 여타 과학 선진국 대학원보다 못한 부분은 일반적인 연구 여건이다. 국내외를 막론하고 대부분의 이공계 대학원에서는 학생에게 학비 및 생활비에 상응하는 금전적 지원을 해 주는데, 일부 국내 대학원에서는 지원 수준이 해외 대학원에 못 미치는 경우가 종종 있다. 또한 이전에 비해 개선되긴 했지만 대학원생이 연구에 필요한 행정 업무나 연구실 유지를 위한 여러 가지 잡무를 처리하느라 연구 시간을 빼앗기는 일은 여전히 존재한다. 국내에서 박사학위를 마칠 때쯤이면 각종 행정과 사무에 필요한 기술들(행정과 문서 작업을 위한 소프트웨어 사용 방법, 각종 정부 공문서식 작성법, 정부 연구비 처리 절차 등)에 통달하는 경우도 많은데 마치 미래의 연구 생활보다는 사회생활을 위해 필요한 직업훈련이 아닐까 하는 의구심이 들 때가 있다.

그리고 국내 대학 및 연구소의 연구 환경이 이전에 비해 나아지기는 했지만, 아직 해외 유수 연구기관에 미치지 못하는 부분이 남아 있다. 해외 연구기관에서는 고가의 연구 장비를 코어 랩(core lab)이라는 별도 시설에서 전문 운영요원의 기술 지원을 받아 손쉽게 운용하는 반면, 상당수 한국 대학원에서는 같은 고가의 연구 장비를 비교적 경험이 떨어지는 대학원생이 (시행착오를 거듭하면서) 다루는 경우가 많다.

국내 대학원의 건물이나 연구 장비 같은 하드웨어는 분명 세계적 수준에 근접했다. 그러나 연구 여건이 좋은 곳이란 대학원생이나 포스트닥 등 일선에서 직접 연구를 수행하는 사람이 쓸데없는 시간과 노력의 낭비를 줄이고 효율적으로 연구할 수 있는 곳, 말하자면 소프트웨어적인 환경과 배려가 있는 곳이다. 한국의 대학이 과연 이런 부분에서 세계에서 손꼽을 만한 곳이 되었는지에 대해서는 아직 확신이 없다.

박사과정에서 해야 할 연구

많은 고민을 끝내고 박사과정에 진학하기로 결정했다면, 이제 박사과정 연구에서는 어디에 초점을 맞추어야 하는지 생각해 보자. 박사과정에서 이루어야 할 목표는 무엇인가? 과학 분야의 박사과정에서 해야 할 일은 독창적 연구를 통해 자신의 연구 분야에서 기존에 알려지지 않은 무엇인가를 찾아내는 것이다. 그야말로 새로운 과학적 발견이다. 공학 분야라면 기존보다 더 나은 문제 해결 방식을 찾는 것이라고 바꾸어 말할 수도 있다. 그렇다면 그저 '새로운 것'을 찾아내기만 하면 될까?

새로운 발견의 가치는 천차만별이다. 흔히 사용하는 '임팩트(impact)가 큰 연구'라는 말은 무슨 뜻일까? 임팩트 팩터(impact factor, IF)[48]가 높은 유명 저널에 실리는 연구일까? 그렇게 단순하게 말하기는 어렵다. 아이작 뉴턴이 만유인력을 발견할 때 사과나무에서 떨어지는 사과를 보고 힌트를 얻었다는 도시전설 같은 이야기를 떠올려 보자. 물체가 만유인력에 의해 지상으로 자유낙하한다는 사실의 발견은 향후 많은 연구에 지대한 영향을 주는 연구였으며, 따라서 '임팩트가 큰' 연구라고 할 수 있다. 그리고 질량이 작은 깃털이든 무거운 납덩이든 '모든' 물체가 만유인력에

---

48 저널 사이테이션 리포트(Journal Citation Report)라는 데이터베이스에서 나온 수치로, 특정한 학술 저널에 최근 실린 논문들의 평균 인용수를 의미하는 것이다. 즉, 상대적으로 영향력이 있는 연구일수록 다른 연구 논문에서 많이 인용되므로, 평균 인용수가 많은 저널에 상대적으로 영향력이 큰 연구가 실린다는 전제를 기반으로 한다.

의해 자유낙하를 한다는 것을 입증한다면 이 또한 중요한 발견일 것이다. 그러나 물체가 아래로 떨어진다는 법칙이 확정된 다음, 오렌지, 복숭아, 포도가 나무에서 만유인력에 의해 자유낙하한다는 발견은 첫 발견에 비해 임팩트가 크지 않다. 오렌지나 복숭아 과수원을 하는 사람들에게는 관심을 끌 수 있겠지만 말이다.

따라서 과학이든 공학이든 '임팩트 있는 연구'란 해당 연구로 인해 인식의 지평이 넓어지고 그 분야에 많은 파급 효과가 생기는 연구다. 연구자들은 후속 연구가 이어질 수 있도록 화두를 던지는 연구를 높게 평가한다. 곧, 다른 연구의 증명이나 반증보다는 새로운 주장을 처음 펼치는 연구가 높이 평가되는 것이 일반적이다.

인식의 지평을 넓힐 만한 새로운 사실을 발견한 연구라도 항상 발표 당시에 많은 관심을 불러일으키지는 않는다. 그 말은 앞으로 새로운 연구의 시작을 여는 혁신적인 연구보다, 오히려 이미 관심이 집중된 분야에서 '차려진 밥상에 숟가락 하나 더 얹는' 식의 연구가 '임팩트 팩터가 높은 저널'에 실리는 일도 생각보다 많이 있다는 말이다. 지나치게 혁신적인 연구라서 오히려 동료 연구자들이 그 중요성을 제대로 깨닫지 못하는 것이다. 그러니 내 연구가 유명 저널에 실리지 않더라도 낙심하지 말자. 과학과 인류 문명의 발전에 기여한 연구는 대개 '내가 아니어도 누군가 언젠가는 할 연구'가 아닌 '지금 내가 하지 않으면 아무도 관심 갖지 않을 연구'였다.

인식의 지평을 확장할 획기적인 연구를 하고 싶다고 해도 박사과정 대학원생에게는 그럴 기회가 쉽게 주어지지 않는다. 사실 자신보다 앞선 수많은 연구자들이 새로운 연구 주제를 찾아 헤매는 상황에서 좋은 연구거리가 박사과정을 막 시작한 내 앞에 굴러 들어오기를 바라는 것은 로또를 처음 사서 1등에 당첨되길 기대하는 것과 마찬가지다. 현실적으로 박사과정에서 처음 시작할 프로젝트는 충분히 독창성을 가지되, 제한된 시간과 예산과 기존 연구 방법론으로 풀 수 있는 문제여야 한다. 지구상에서 아무도 해결하지 못한 난제를 풀기 위해 20년 동안 박사과정을 하고 싶어 하는 사람은 없지 않겠는가? 따라서 박사과정에서 해결할 연구 주제의 선택 기준을 이렇게 잡는다면 후회하진 않을 것이다.

1. 아직 세상의 그 누구도 다루지 않은 문제인가? 당연하다. 이미 해결된 문제는 연구 주제로서 의미가 없다.

2. 해당 문제를 풀어서 얻는 지식이 해당 분야 혹은 인접 분야에서 관심을 가질 만한 것인가? 독창적인 것은 좋지만 아무도 관심을 가지지 않으면 개인적인 만족감도 떨어지고, 학술 논문으로 게재하기 어려울 수 있다.

3. 제한된 시간과 연구비, 그리고 현재의 연구 방법론으로 풀 수 있는가? 그렇지 않으면 학위를 받기까지 대학원의 화석으로 남을 수도 있다.

연구 주제를 선택할 때 지도교수의 역할은 매우 중요하다. 연구실에 따라 주제 선택 과정에서 학생보다 지도교수의 의중이 더 중요하게 작용하는 경우도 있다. 대학원생의 재정 지원이 지도교수의 연구비에서 나온다면 현실적으로 대학원생이 연구 주제를 주체적으로 선택하기는 더욱 어렵다. 경험이 부족한 대학원생이 연구를 처음 시작하면서 무엇이 중요한 주제인지 판단하지 못하는 경우도 많으므로 첫 연구 주제를 선택할 때 지도교수의 의사가 많이 반영되는 것은 어찌 보면 당연하다. 그러나 하나의 주제가 어느 정도 완료되어 논문화되고 두 번째 주제를 정할 때도 박사과정 대학원생이 주체적 역할을 하지 못한다면, 정상적인 박사과정 교육이라고 말하기 어렵다. 박사과정을 하면서 자신의 연구 주제를 결정할 능력이 없다면 박사학위자로서 제대로 된 교육을 받지 못한 것과 마찬가지다.

　지도교수가 대학원생의 연구 주제 선택을 너무 방임하는 정반대의 경우도 있다. 대학원생의 자율권을 최대한 존중하기 때문에 대학원생의 주제 선택에 관여하지 않는 교수도 있겠지만, 실제로 연구 활동에서 손을 놓은 탓에 지도교수가 제대로 된 연구 주제를 설정해 줄 수 없는 경우도 있다. 물론 대학원생의 능력이 출중해서 알아서 적절한 연구 주제를 찾고 연구를 수행할 수 있다면 아무 문제가 없다. 그러나 대학원생이 현실적으로 풀기 힘든 문제를 선택해서 시간을 헛되이 보내거나, 학문적으로 임팩트가 없는 너무 쉬운 문제를 푸는 것을 방치한다면 지도교수의 역할을 제대로 하지 못하고 있는 것이다. 모든 학생이 지도교수 없이 연구를 수행할 수 있다면, 지도교수가 왜 존재하겠는가? 결론적으로 박사과정에서의 적절한 연구 주제 선택은 박사과정 전체의 성공과 실패를 가를 중요한 결정이며, 어떤 연구 주제를 선택하느냐는 반드시 지도교수와 함께 고민해야 한다.

연구가 계획대로 되지 않을 때

앞 장에 잠깐 언급했지만, 세상의 거의 모든 과학 연구는 처음에 세운 계획이나 가설대로 진행되지 않는다. 물 흐르듯 순조롭게 진행된다면 오히려 너무 뻔한 나머지 박사과정에서 연구할 가치가 없는 주제일지도 모른다. 박사과정에서도 당연히 이러한 상황에 직면하게 되는데, 원래의 계획이나 가설대로 진행되지 않거나 의외의 결과가 나오는 경우에는 일단 다음을 확인해 본다.

1. 연구 방법론상의 문제(실험에서의 실수, 테크닉 부족, 잘못된 분석 방법 등) 때문인가?
2. 최초의 가설이 잘못된 것은 아닐까?

이 판단을 빨리 내릴수록 문제를 빨리 해결할 수 있다. 가장 힘든 경우는, 지도교수의 가설을 입증하는 연구를 대학원생이 수행했는데 그 결과가 가설을 입증하지 않는 경우다. 만약 지도교수가 대학원생의 연구 테크닉에 문제가 없음을 인정하고 원래의 가설이 틀렸다는 것을 납득한다면, 가설을 수정하거나 새로운 가설로 연구를 시작하면 된다. 그렇지만 대학원생의 연구 방법론적 기술이 부족해 지도교수의 신뢰를 받지 못하는 상황이라면, 아마 지도교수는 자신의 가설이 틀린 것이 아니라 대학원생이 연구를 못해서 제대로 된 데이터를 뽑지 못한 거라고 생각할 것이다. 석사과정에서 연구 방법론의 기초를 탄탄히 닦아야 하는 이유다.

어쨌든 도출된 결과가 가설을 입증하지 못함이 명백하다면? 그때는 원래의 가설을 재검토하여 새로운 가설을 세울지, 기존 가설을 완전히 폐기할지를 생각해야 한다. 이 과정에서 낙담할 필요는 없다. 과학 연구는 원래 그런 것이다. 과학자라면 원래 가설과 상반된 실험 데이터가 나와서 새로운 발견을 할 여지가 생겼을 때 설레야 한다. 오히려 실험 결과가 원래 생각대로만 나온다면 과연 가치 있는 연구를 하고 있는 것인지 돌아봐야 한다. 첫 가설, 특히 자신이 세운 첫 가설이라면 애착을 갖고 있겠지만, 가설에 집착해 헛되이 시간을 낭비하는 것이야말로 박사과정 연구를 피곤하게 하는 주된 원인이다. 집착을 버리고 유연하게 대처하는 것도 훌륭한 한 명의 연구자가 되는 과정이다.

가설을 부분적으로 수정하거나 연구 방향을 수정하는 정도가 아니라 현재 하던 연구를 포기하고 새로운 연구를 해야 하는 상황도 드물지만 발생한다. 다음 장에서 설명하겠지만 과학 연구는 혼자 하는 것이 아니다. 동일한 주제를 놓고 다른 연구자 또는 연구팀과 경쟁하는 것은 당연한 일이다. 어느덧 연구 중반에 도달했는데 지구 반대편의 경쟁 그룹이 동일한 주제에 대해 연구 결과를 발표하는 상황이 심심치 않게 일어난다. 그래서 수개월, 어쩌면 수년의 노력에도 불구하고 현재의 연구를 포기하고 새로운 것을 시작해야 하는 안타까운 경우도 생긴다. 이때 많은 사람이 패닉에 빠지는데, 지금까지 쏟아부은 자신의 시간과 노력이 너무 아까워 미련을 쉽게 떨쳐 내기 힘들기 때문이다.

연구에 대한 의지와 집착은 종이 한 장 차이다. 마침내 목적을 이루면 이것은 '연구에 대한 불굴의 의지'로 평가되지만, 원하는 바를 얻지 못하면 그동안의 노력은 '헛된 집착'이 되곤 한다. 지금까지 붙잡고 있던 연구 주제를 파기해야 할지 계속 해야 할지에 대한 선택은 주관적일 수밖에 없다. 이러한 경우 어떤 선택을 해야 하는가? 사실 이런 선택 앞에서 대학원생과 포스트닥, 그리고 이미 정년을 보장받은 교수의 입장은 같지 않다. 학위과정이라는 상대적으로 연구 방법론의 숙련도가 떨어지는 대학원생이, 학위과정이라는 한정된 기간 동안 특정 연구 주제에 집착할 때 좋은 결과를 가져오는 경우는 드물다. 반면 이미 정년을 보장받은 교수라면 특정 연구 주제를 (거듭된 실패에도 불구하고) 계속 연구하는 것이 더 이득일 수 있다. 이러한 근본적인 입장 차이가 대학원생과 교수 간 갈등의 원인이 될 때도 있다.

대학원생에게는 제한된 시간과 자원 내에서 해결 가능한 문제를 풀어 '성공의 경험'을 축적하는 것이 더 효율적인 훈련이라고 생각한다. 어차피 요즘은 박사학위를 받았다고 해서 과학자로의 훈련이 끝나는 것도 아니고 대개 포스트닥 과정이라는 다음 훈련과정으로 이어지는데, 박사과정에서 너무 어려운 (그렇지만 일단 풀고 나면 학계에 큰 공헌을 하게 될지 모르는 중요한) 문제에 몰두하느라 진을 빼는 것은 그리 현명하지 않다. DNA 생합성 과정을 규명하여 노벨상을 수상한 미국의 생화학자 아서 콘버그(Arthur

Kornberg)는 실패한 연구에서도 배운 것이 많다고 이야기하는 대학원생에게 이런 말을 한 적이 있다. "실패에서도 배우는 게 있긴 하지. 그렇지만 성공하면 실패에서 배우는 것보다 열 배는 더 많이 배울 텐데?"

어렵다고 해서 연구 주제를 너무 빨리 포기하다 보면 의미 있는 문제를 풀다가 조금 어려운 고비에 봉착했을 때 쉽게 포기하는 연구자가 될 수 있다는 우려도 있다. 집착과 끈기의 균형은 나보다는 경험이 많은 지도교수와의 상담을 통해 맞추어 가자. 정상적인 지도교수라면 문제를 대신 풀어 주지는 못하더라도 자신의 경험에 비추어 도와줄 수는 있을 것이다. 계속해서 강조한 것처럼 제대로 된 지도교수의 선택은 이렇게나 중요하다.

문제 해결은 스스로

연구를 수행하다 문제에 봉착했을 때 지도교수를 찾아가면 조언과 다양한 힌트를 줄 것이다. 지도교수의 조언으로 해결되는 문제도 있겠지만, 그럼에도 불구하고 문제가 해결되지 않는 경우는 많이 있다. 지도교수조차 '어떻게 할지 모르겠다'고 말하는 순간이 있을 수도 있다. 이때 많은 대학원생이 '교수님도 모르는 것을 어떻게 풀라는 말인가?' 하고 좌절할지도 모른다.

그러나 세상의 그 누구도 해결 방법을 모르는 문제이기 때문에 연구할 가치가 있음을 명심하길 바란다. 따라서 지도교수뿐 아니라 학계 권위자라도 확실한 답은 '당연히' 모를 것이다. 지금 당신 앞에 놓인 '인류가 해결하지 못한 난제'를 해결하는 것은 당신의 임무다. 당신은 지식을 채굴하는 광산 막장 제일 앞에 선 선두 주자다. 즉, 당신이 해결하지 않으면 아무도 해결하지 못한다. 박사과정에서 익혀야 하는 것은 (외부의 도움을 받을 수는 있겠지만) 문제를 해결하는 주체가 바로 자신이라는 인식이다. 아직 풀리지 않은 문제에 대해 두려워하지 않으며 오히려 이러한 문제가 어디 있는지를 찾아 나서고자 하는 자세가 확립되어야만 한 사람의 과학자로 완성될 수 있다.

물론 말처럼 쉽지는 않을 것이다. 그러나 한마디 위안을 건네자면, 오늘날 과학 연구는 어두운 골방에서 혼자 하는 일이 아니다. 연구실이라는 장소에서 여러 사람과 함께 수행하며, 주변에서 어떻게 실패와 성공을 거듭하는지를 지켜볼 수 있고, 때로는 동료들과 함께 문제를 해결할 수도 있다. (2장에서 연구실 동료와 친하게 지내는 것의 중요성을 말한 바 있다. 연구실에서 동료의 성공과 실패 과정에서 교훈을 얻는 것은 무척 중요하다.)

연구실을 때려치고 싶을 때

거듭 말하지만, 과학 연구를 한다는 것 자체만으로도 박사과정은 매우 스트레스가 큰 일이다. 이 세상에서 아무도 알지 못하는 진리를 채굴한다는 것이 그리 쉬운 일인가? 게다가 사람이 모여 사는 사회에서는 연구와 직접 관련이 없는 문제로 스트레스 받을 일도 반드시 일어난다. 연구실에서 일어나는 문제 중 상당수는 지도교수와의 관계, 혹은 연구실 구성원과의 관계 때문이다. 때로는 그동안 투자한 시간과 노력을 결손 처리하고 새로운 연구실로 옮기고 싶다는 생각이 들 때가 있는데, 이때 생각해 볼 몇 가지 체크 포인트가 있다.

스트레스의 원천은 무엇인가?

연구가 제대로 진행되지 않는 데서 기인한 문제인가? 아니면 연구 외적인 문제인가? 표면적으로는 지도교수와의 '관계' 때문이라고 생각한 것이 실제로는 단순히 연구가 제대로 진행되지 않는 데서 생겨난 문제일 수도 있다. 그렇다면 연구가 제대로 진행되지 않는 상황을 개선시킬 가능성이 있는가? 혼자 해결할 수 있는 문제인가? 아니면 지도교수나 연구실 구성원의 도움으로 해결할 수 있는가? 그렇다고 생각한다면 좀더 노력해 보자.

어떤 경우에는 연구 자체의 문제라기보다는 연구실 생활의 불합리한 부분, 혹은 대학원생과 지도교수와의 성향 차이에 의한 스트레스가 더 심할 수도 있다. 특히 교수와 대학원생 간의 종속 관계가 심하다면 대학원생은 여러 가지 불이익을 당할 가능성이 있다. 만약 연구실 내에서 지도교수와의 대화를 통해 해결할 수 없는 문제일 경우 대학원의 행정처나 관련 프로그램에서 도움을 얻을 수 있는지를 알아보는 것이 좋다. 해외의 대학원 과정은 많은 경우 학생이 소속된 대학원 프로그램과 지도교수의 소속 학과는 별도인 경우가 있으며, 학생의 박사학위 수여를 결정하는 위원회(committee)에는 지도교수가 포함되지 않는 경우도 많다. 즉, 학생과 지도교수 간 관계가 악화되었을 경우 지도교수를 바꾸는 경우도 빈번하다.

이에 비해 한국의 대학원 과정에는 지도교수와 학생 간에 갈등이 있을 때 학생의 입장에서 학생을 보호할 제도적 장치가 부족한 상황이고, 학생이 큰 피해 없이 연구실을 옮기거나 다른 학교로 이적하기가 그리 쉽지 않은 경우도 있다. 한국의 대학원이 앞으로 발전하기 위해서는 이러한 상황에서 학생의 권리를 보장할 수 있는 제도가 보완되어야 한다.

당신의 재능이 과학자와 맞지 않을 수도 있다

많은 시간과 노력을 투자했음에도 성과가 나오지 않는 경우는 허다하다. 특히 학부 시절 과학 과목에서 우수한 성적을 거두어 자신이 과학에 재능이 있다고 생각했지만, 대학원에서 본격적 연구를 하면서 자신의 과학적 능력이 기대 수준이나 주변 학생들의 실력에 못 미쳐서 낙담하는 일도 많이 있다. 그러나 여기서 받아들여야 할 것이 있다. 과학은 노력한다고 누구나 잘 할 수 있는 것이 아니라는 것이다.

자존심이 강한 사람은 인정하기 어렵겠지만, 아무리 노력해도 결과가 나오지 않고, 충분한 시간과 노력을 들였지만 남들보다 성과가 없다면, 자신이 선택한 전공 분야에 그다지 재능이 없음을 인정하는 것도 인생의 스트레스를 줄이는 방법이다. 자신이 처음 선택한 분야에 생각보다 재능이 없다는 것은 결코 부끄러운 일이 아니며, 자신이 제일 잘할 수 있는 분야를 찾아가는 과정일 뿐이다. 실제로 박사과정에 입학한 후 이런 사실을 깨닫고 그만두는 사람들도 상당히 많다.

연구실을 나간다고 세상이 끝나지는 않는다

학부를 졸업하고 직장생활 경험 없이 곧바로 대학원에 입학한 많은 학생이 연구실 밖을 두려워한다. 그래서 연구가 적성에 맞지 않음을 뼈저리게 느끼면서도 과감하게 연구실을 뛰쳐나가지 못한다. 현실적으로 자신이 투자한 시간과 노력이 아깝다는 생각이 들 것이고, 특히 한국 사회에서는 연구실을 나가는 것이 평판에 나쁜 영향을 줄 것이라는 통념이 있기 때문이다. 하지만 염려와 달리 이런 문제는 시간이 지나면 희미해진다. 대학원 때 1~2년을 적성에 맞지 않는 연구실에서 보낸 것 정도는 나중에 포스트닥을 1~2회 정도 하거나 직장에서 이직을 하면서 5~10년의 시간을 보내는 것에 비하면 아무것도 아니다. 그리고 교수의 뜻을 거역해 연구실을 뛰쳐나가면 자신의 평판에 악영향을 미칠 수 있다고 두려워하던 학생들도 나중에는 교수가 자신과 별로 좋은 관계가 아니었던 학생에 대해 생각만큼 신경을 쓰지 않는다는 것을 알게 된다. 현재의 연구실 생활이 불만족스럽고 개선될 가능성이 희박하며 박사과정을 계속 하는 것이 그만두는 것보다 더 나은 미래를 가져다준다는 확신이 없다면 과감한 결단을 내리는 것도 필요하다.

이 장에서는 박사과정에서 연구할 때 가져야 하는 자세에 대한 이야기를 주로 했다. 연구자로 성장하기 위해서는 '무엇인가를 이루었다'는 증거, 즉 연구 업적을 만들어야 하는데, 이것은 논문이나 학회 발표 등 '자신의 결과를 타인에게 알리는 과정'을 통해 완성된다. 다음 장에서는 자신의 연구 결과를 논문이나 학회 발표 등의 형태로 구체화하는 방법에 대해 알아보겠다.

Chapter
04

본격적으로
과학자가 되는 길:
박사과정 2

과학자는 자신이 채굴한 지식의 광석을 정련하여 세상에 내보내는 사람이다. 과학 연구는 연구를 통해 얻은 새로운 지식을 세상에 알리는 것으로 완성되며, 한 사람 몫을 하는 과학자가 되려면 자신이 얻은 과학적 지식을 가지고 세상과 소통하는 기술을 익혀야 한다. 과학자가 세상과 소통하는 방법에는 논문, 학술 대회 발표 등이 있는데, 이 장에서는 학술 논문(연구자들이 '페이퍼'라고 부르는) 작성과 학술 대회 발표 방법 등에 대해서 알아볼 것이다.

누구에게나 첫 논문은 어렵다

박사과정에 진학해 연구 주제를 정하고 연구를 진행하다 보면 실험 결과가 하나둘씩 쌓이게 된다. 자신이 보기에는 연구가 이제 겨우 절반쯤 진행되었을까 싶은데 지도교수는 벌써부터 논문을 시작하라고 말한다.

많은 초보 연구자들은 "논문은 연구가 모두 완료된 다음에 쓰는 거 아닌가요?"라고 반문할 것이다. 그러나 실제로는 그렇지 않은 경우가 훨씬 많다! 논문은 연구가 100퍼센트 완료된 시점부터 쓰는 것이 아니라 어느 정도 연구의 가닥이 잡혔을 때부터 쓰기 시작하는 것이 좋다. 사실 논문을 작성하는 것 자체가 연구의 한 과정이라고 생각해야 한다.

그렇다면 '어느 정도 연구의 가닥이 잡힌 상태'는 과연 언제인가? 정확하게 말하기는 어렵지만 나는 다음과 같은 상황이면 논문 작성을 시작해야 한다고 본다.

1. 논문에서 답하고자 하는 질문이 확실해진 시점
2. 논문의 주된 결론, 즉 해당 연구에서 어떤 것을 밝혀낼 수 있는지가 절반 이상은 판명된 시점
3. 이것을 입증하기 위한 실험이 어느 정도(개인마다 다를 수 있으나 절반 이상이라고 가정하자) 진행된 시점

즉, 자신이 쓰고자 하는 논문의 내용을 세 줄로 요약할 수 있고, 이 결론이 연구가 완성된 다음에도 크게 바뀌지 않을 것이라는 확신이 든다면 논문을 쓰기 시작할 때인 것이다.

연구가 완료되지 않은 상태에서 논문을 써야 하는 이유는 한 가지 더 있다. 논문을 쓰는 과정에서 지금까지 진행된 연구의 취약점을 깨닫기 때문이다. 연구가 순조롭게 진행되는 것처럼 보여

도 이를 논문 형태로 써 보기 전에는 연구의 논리적 허점을 깨닫지 못하는 경우가 많다. 이 허점을 보완하기 위해 추가적 데이터를 수집하거나 논문의 전체적 구성을 바꿔야 할 때도 있다. 이러한 시행착오를 최대한 줄이기 위해서는 가능한 한 빠른 시점부터 논문을 작성하는 작업을 시작해야 한다. 그렇다면 중구난방으로 도출된 자신의 연구 결과를 정리하여 논문화하는 데 어떤 과정이 필요한지 알아보자.

본격적인 논문 쓰기

논문에 사용할 재료의 정리

연구를 하다 보면 수많은 가설을 세우게 되고, 대부분의 경우 가설이 틀렸음을 알게 되면서 이로 인한 수많은 좌절과 수많은 시행착오를 거친 뒤에야 제대로 방향을 잡게 된다. 한 편의 논문이 탄생하기까지는 수많은 우여곡절이 있지만, 대부분의 완성된 논문에서 이러한 우여곡절은 가려져 있고, 명쾌한 하나의 가설과 이를 증명하는 데이터와 과정이 건조하게 기술되어 있기 마련이다. 논문에는 우리가 기술할 결론에 이르기까지 모든 과정을 시간 순서대로 묘사하는 것이 아니라 논리적으로 가장 합리적인 순서대로 연구 결과라는 재료를 엮어 나가기 때문이다. 어떻게 보면 연구 논문은 현재의 결과에 따라 과거 원인을 서술하는 식의 일종의 '수정주의적 역사기술' 방식과 비슷하다고 할 수 있다.

논문은 해당 연구를 시도하며 얻은 수많은 데이터를 나열하기보다 주장하려는 바를 논리적으로 뒷받침하기 위한 데이터를 제시해야 하며, 따라서 '논리의 흐름'에 맞는 결과를 적절히 취사선택해야 한다. 자신이 가진 모든 재료를 냄비에 넣는다고 훌륭한 요리가 되는 것이 아니고 필요한 재료를 골라 순서에 맞게 조리할 때 좋은 요리가 만들어지는 것처럼, 자신의 연구 결과를 논문화하기 위해서는 그동안 얻은 수많은 데이터 중 자신의 핵심적 발견을 가장 잘 설명해 줄 수 있는 것을 골라 논리적 흐름에 맞게 재구성해야 한다.[49] 이러한 논문 작성 과정에서 현재 작성하는 논문의 흐름과 직접적으로 부합하지 않는 데이터도 당연히 생기게 마련인데, 때로는 이러한 데이터로 인해 별도의 연구 논문이 시작되기도 한다.

실험 데이터 위주의 논문이라면 논문 작성 전에 논문의 주재료가 될 데이터를 정리하여 프레젠테이션 형식으로 만들어 보자. 자신이 가진 데이터 중에서 일관된 스토리로 구성할 수 있는 결과들을 묶어서 논문의 데이터 그림을 정리하듯이 구성해 보는 것이다. 프레젠테이션을 만들었다면 연구실 내의 연구 결과 세미나 등에서 발표해 보면서 논문의 논리 전개 흐름을 점검해 보는 것이 좋다. 이 과정에서 자연스러운 구성을 위해 삭제해야 할 내용

---

49 이 이야기를 자신이 원하는 결과만을 취사선택하고 가설에 부합되지 않는 결과는
    생략하는 것으로 혼동해서는 곤란하다. 이는 연구 부정에 해당한다. 재현 가능한
    결과 중에서 해당 논문의 주제에 부합하고 논문 내에서 자체 완결성을 가지도록
    설명할 수 있는 데이터와 다른 논문의 시발점이 될 재료를 서로 구분하자는 것이다.

과 추가적으로 필요한 내용을 알 수 있게 된다. 이때 세부적 논지를 입증하는 데는 필요하지만 논문의 전체 논지에는 중요하지 않은 내용이 있다면 별도로 정리한다. 이러한 데이터는 대개 논문의 메인 피겨가 아닌 '보조 자료(Supplementary material)'로 들어가는 경우가 많다.

이렇게 논문에 들어갈 핵심적인 데이터를 프레젠테이션 형식으로 만드는 것은 논문을 쓰는 작업을 시작할 때마다 반드시 해야 하는 일이다. 당신의 연구 진행 상황을 정리할 수 있을 뿐 아니라 지도교수와 논의할 때도 이런 식으로 정리된 데이터를 사용할 수 있기 때문이다.

논문의 줄거리 잡기

독자에게 잘 읽히는 논문은 영화나 소설만큼이나 하나의 잘 짜인 이야기 구조를 갖고 있다. 다양한 연구의 형태를 모두 기승전결을 갖춘 이야기처럼 쓰는 것은 무리일지도 모른다. 그러나 가설을 제시하고 이를 입증하는 일반적인 논문은 논문이 전달하려는 주제를 효과적으로, 치밀하게 전달하게 되고, 이를 위해서는 일종의 '스토리라인'이 있어야 한다. 표 4-1은 논문과 영화, 소설의 이야기 구조를 대략적으로 비교한 것이다.

논문을 작성할 때 어떤 부분부터 써야 하는지는 공식처럼 정해진 사항은 아니다. 그러나 개인적인 경험을 떠올려 보면 실험 결과를 위주로 하는 논문의 경우에는 논문의 핵심인 '결과'부터 정리하는 편이 수월했던 것 같다. 실험의 결과는 처음 예측과 다

표 4-1. 논문과 영화, 소설의 구성 비교

구분	영화, 소설	논문	논문에서의 구분
도입부	배경 소개 주요 등장인물들 소개 갈등의 도입	이 연구는 무엇에 관한 것인가? 연구 대상 소개 현재까지 밝혀지지 않은 것들 연구의 기본 가설 등장	서론
전개	갈등의 심화	핵심 결과 1	결과
	새로운 등장인물 등장	핵심 결과 2	
	등장인물 간의 갈등 고조 반전의 요소	핵심 주제를 다른 방법으로 보여 주는 결과 1	
절정	클라이맥스	핵심 주제를 다른 방법으로 보여 주는 결과 2	
결말	갈등의 해소 및 결말 후속편 암시	연구 결과 해석 및 새로운 연구 방향 제시	고찰

를 때가 많고, 원래 의도했던 가설 및 줄거리와 다른 방식으로 결론이 나오는 경우가 많기 때문이다. 연구 시작 전에 이러한 가설과 줄거리 구상에 힘을 빼다가 정작 실험 결과가 잘 부합되지 않아서 원점으로 돌아가 새로운 가설을 설정해야 하는 일이 허다하다. 따라서 가장 효율적인 방법은 일단 연구를 시작할 때 가설과 줄거리를 어느 정도 정하고 연구를 진행하되, 산출되는 결과를 가설과 줄거리에 끼워 맞추는 데 너무 집착하지 않는 것이다. 결과를 있는 그대로 해석하고 새로운 가설과 줄거리를 정립하고 연구 방향을 수정하는 것이 훨씬 유리하다.

멜로 영화로 기획된 영화가 액션 영화가 되는 정도의 상황 변화는 연구 현장에서는 빈번하게 일어난다. 여기에 유연하게 대처하려면 논문의 배경이 되는 서론 부분은 어떤 결말이 날 것인지 어느 정도 확정된 시점에 작성하는 편이 좋다. 연구의 배경과 주

가설을 세워 놓고 예상치 못한 실험 결과가 나와 서론부터 수정해야 할 때마다 드는 시간과 노력을 절약할 수 있기 때문이다.

논문을 쓰는 데는 여러 방법이 있겠지만, 많은 부분이 실험으로 이루어진 생명과학 관련 논문을 써 온 나는 대략 다음과 같은 순서로 논문을 쓰는 편이다. 타 분야의 연구를 수행하는 사람이라면 참고만 하기 바란다.

1. 데이터를 논문의 이야기 전개 순서대로 배치하면서 도식을 만들고 범례를 기술한다.

프레젠테이션 형식으로 정리한 데이터를 출판 논문 형식에 근접하게 만든다. 요즘의 생명과학 논문은 각각의 도식(figure)으로 논문의 한 부분에서 보여 주는 내용을 구분한 후, 각 내용을 세부적으로 보여 주는 여러 데이터를 논리 순서대로 전개한다. 그 과정에서 논문의 전체 줄거리를 기술하는 데 반드시 필요하지 않은 데이터는 생략하거나 보조 자료로 넣는다. 도식은 논문의 기술 순서대로 배열하는 것이 원칙이다. "결과 A를 얻은 후 다시 확인해 보니 결과 B를 얻었고, 이로 인해 C라는 결론을 얻게 되었다"고 기술했다면 도식 역시 이 순서를 따라 배치하는 것이 좋다.

도식을 만든 후에는 이를 설명하는 범례(legend)를 작성한다. 앞에서 거듭 강조했듯이 연구 결과를 프레젠테이션 형태로 잘 정리해 두는 것은 매우 중요하다. 이 프레젠테이션은 영화 감독이 영화를 만들기 전에 작성하는 스토리보드와 비슷하다. 논문 작성은 프레젠테이션 형식으로 정리된 데이터에서 출발해 학술 논문 형식에 근접하게 만들어 나가는 '변환 과정'이라고 보아도 된다.

2. 데이터를 바탕으로 논문의 결과 부분을 기술한다.

데이터를 배열하는 것과 결과를 논리적으로 기술하는 것은 또 다른 문제다. 글로 기술하다 보면 도표에 추가해야 할 내용 혹은 핵심 도표에서 꼭 보여 주지 않아도 될 부분을 발견하게 된다. 결과(Results)를 기술하는 과정과 도표를 업데이트하는 과정이 상호작용하는 것이다. 이 과정에서 추가적으로 진행해야 할 연구를 생각할 수 있게 되고 따라서 새로운 데이터를 얻어낼 새로운 실험으로 연결된다.

3. 결과를 재배열한다.

현재까지 정리한 도표와 이를 설명하는 결과가 완성되면, 결과물을 읽어 보면서 논문에 빈틈이 있는지 살펴보자. 어떤 경우에는 결과 제시 순서가 바뀌어야 할 때도 있다. 가령, 결론을 가장 먼저 제시하고 나머지는 해당 결론을 부연 설명하는 식으로 구성된 논문이라면 독자가 지루함을 느낄 수도 있고, 반대로 논문의 최종 결론이 제일 마지막에 기술되어 있다면 독자들(특히 논문을 심사하는 리뷰어)은 결론이 나오기를 기다리다 지칠 수 있다. 상황에 따라 다르지만 적어도 두 번째로 보여 주는 결과(Figure 2 정도)에서 논문에서 가장 중요한 메시지를 제시하고 이후에는 이를 다양한 방법으로 검증하는 구성이 효율적이다.

4. '결과'에 쓸 것과 쓰지 말아야 할 것을 구분한다.

'결과'와 '고찰(Discussions)'이 별도 항목으로 존재하는 논문이 있는가 하면 '결과와 고찰'이 함께 있는 경우도 있다. 결과와 고찰이 별도 항목이라면 '결과'에는 결과를 보고 누구라도 직접적으로 유추할 수 있는 내용을 기술하고, (사람에 따라서 의견이 다를 수 있는) 결과에 대한 주관적 해석은 '결과'가 아닌 '고찰'에 기술해야 한다. 객관적인 결과와 주관적인 해석을 분리할 수 없다면 차라리 '결과와 고찰' 형식으로 동시에 쓰는 것을 고려해 보자. 그리고 결과에서는 '서론'에 들어갈 연구 배경을 반복하여 설명할 필요가 없다.

서론: 연구의 배경

서론(Introductions)은 연구의 배경을 기술하는 부분이다. 앞에서 결과를 먼저 작성해야 한다고 했는데, 서론과 결과 중 무엇을 먼저 작성하는지는 연구자의 성향에 따라 의견이 갈린다. 나는 보통 결과를 어느 정도 완성한 다음 연구 배경을 서론에 작성하는 편이다. 결과가 확정되지 않은 상태에서 서론을 작성하면 해당 분야에 대한 일반적인 개론 밖에 나올 수 없지만, 논문에서 보여 줄 결과를 이미 작성한 다음에는 앞으로 논문에 등장할 내용을 이해하는 데 필요한 배경지식을 좀 더 효율적으로 넣을 수 있기 때문이다.

영화에서 초반에 세계관과 주요 등장인물을 소개하듯, 서론에서도 해당 연구 분야(그 연구를 직접 수행하지 않는 사람도 어느 정도 이해할 수 있는)부터 시작해 연구 배경과 그동안 진행된 연구에 대한 간략히 소개하고 그 다음에는 해당 연구의 '주연 배우'가 되는 요소들(생명과학 논문이라면 특정 유전자나 질병, 화학 논문이라면 화합물이나 특정한 분석 방법 같은 것들)을 소개한다.

그러나 논문의 존재 이유는 기존의 지식 세계에 추가적인 기여를 하기 위함이며, 따라서 서론에서는 그 논문이 기존 지식에서 채워지지 않은 지식의 어떤 '빈틈'을 메우는 역할을 할 것이라는 설명이 반드시 있어야 한다. 이를 위해서는 그 빈틈이 무엇인지 설명해야 하고, 이 연구에서 얻어지는 새로운 지식이 기존에 알려지지 않은 지식을 설명하는 방법이 연구의 주 가설(main hypothesis) 형태로 제시되어야 한다.

즉, 논문의 서론에는 영화로 따지면 배경 설명과 주요 등장인물 소개, 핵심 소재가 되는 사건 등이 나와야 한다. 영화 〈스타워즈: 에피소드 IV〉로 예를 들면 제국군과 저항군의 대립(배경), 루크, 레아, 오비완 캐노비, 한 솔로, 다스베이더에 대한 소개(등장인물), 데스스타의 등장(핵심 갈등 요소)까지가 서론을 구성한다고 보면 될 것이다. 그리고 "이 의문을 풀기 위해 우리가 이러저러한 연구를 했다. 그 결과는…"라는 식의 문장으로 서론은 마무리된다.

고찰: 광범위한 해석

논문의 배경과 주요 결과를 기술한 다음에는 '고찰'을 작성한다(결과와 고찰을 합쳐 하나의 섹션으로 작성할 수도 있다.) 그렇다면 고찰에서는 어떤 이야기를 해야 하는가? 논문을 많이 써 보지 않은 사람은 이 부분을 마치 결과의 요약 정리처럼 생각하는 경우가 있지만 그렇지 않다. 고찰은 결과에서 이미 제시된 내용을 다시 이야기하는 부분이 결코 아니다. 고찰에 결과 내용을 일부 인용해야 할 경우도 있지만 어디까지나 '결과'에서 미처 다루지 않은 좀 더 광범위한 해석이나, 과거의 연구 결과와 비교하여 자기 논문의 의미를 강조할 때나 필요할 뿐이다. 논문의 고찰에는 다음과 같은 내용이 포함되어야 한다.

1. 이전에 알려진 지식체계와 비교해 볼 때 이 논문에서 보여 준 결과에는 어떠한 새로운 의미가 있는지를 기술한다. 기존의 주장들과 다른 이 논문에서 새롭게 밝힌 것은 무엇인지 써야 한다.

2. '결과'에는 그 결과만으로 직접 유추할 수 있는 내용을 쓰지만, '고찰'에는 이를 좀 더 넓은 관점에서 해석한 내용이 들어간다. 즉, '결과'에는 연구 결과가 정확하다면 아무도 이견을 갖지 못할 내용을 직접적으로 기술한다면, '고찰'에 쓰는 결과에 대한 해석은 사람에 따라 의견이 달라질 수도 있다.

3. 이 논문에서 주장하는 새로운 결과가 앞으로 해당 분야의 연구에 어떤 영향을 미칠지를 적는다.

4. 현재 연구에서 불확실한 부분은 무엇이며, 연구의 한계점은 무엇인지를 쓴다. 동료 평가에서 지적받았으나 현재 논문에서 아직 답을 내지 못한 문제에 대해서 쓰는 것도 좋다.

5. 아직 설명되지 못한 부분에 대한 새로운 가설을 기술하여 후속 연구의 출발점을 제시할 필요가 있다.

앞서 말했듯 논문은 한 편으로 이야기를 완결 짓는 장편영화 라기보다 드라마의 에피소드 하나에 가깝다. 드라마에서 시청자 가 다음 에피소드에 관심을 갖도록 유도하기 위해 복선을 깔듯 고찰에서도 앞으로 해결해야 할 과제나 향후 연구 방향에 대한 암시를 던져 놓는 것이 좋다. 고찰에서는 결과로 완전히 입증되지 않았지만 데이터를 통해 유추할 수 있거나 앞으로 예상되는 내 용을 써도 큰 문제가 되지 않는다. 물론 이 추측은 논문의 데이터 로부터 논리적으로 유추할 수 있는 범위 내에 있어야 하며, 뜬금 없이 억측을 해서는 안 된다. 즉, 고찰에는 논문을 읽는 독자들이 '후속 에피소드'를 기대하게 만들고 논문의 의미를 다시 한 번 강 조하는 내용이 있어야 한다.

참고 문헌

논문에서 어떤 문장을 쓸 때, 만약 언급한 내용이 자신들이 이 논 문에서 처음으로 알아내서 보고하는 것이 아닌 다른 사람이 이미 발견한 내용이라면, 여기에 대해 참고 문헌을 반드시 표기해야 한 다. 이는 연구 방법에서도 마찬가지이다. 사용한 시약, 분석법, 소 프트웨어 등 '자기가 세상에서 창조해 낸 것은 아니지만 논문에 언급한 모든 것'에 대해서는 참고 문헌을 표기해야 한다. 즉, 논문 에 참고 문헌을 정확히 적는 것은 자신의 연구를 가능케 한 모든 연구의 공헌을 인정하는 과정이라고 보면 된다. 다음은 참고 문헌 을 작성할 때 알아두면 좋을 몇 가지 사항이다.

1. 가능한 한 원전 연구 논문을 인용한다

연구의 서론을 작성할 때는 필연적으로 선행 연구 내용을 인용하게 된다. 이때 어떤 논문을 인용해야 하는가? 많은 연구자들은 해당 분야 내용을 개괄적으로 서술한 리뷰 논문을 인용하는 것으로 끝내는 경우가 있다. 그러나 가능하다면 해당 연구 중에서 가장 중요한 몇 가지 연구 결과가 최초로 발표된 연구 논문을 같이 인용하는 것이 바람직하다. 논문에 참고 문헌으로 인용한다는 것은 과거의 연구에 대한 공헌을 인정하는 과정이니, 해당 연구가 최초로 보고된 연구 논문을 인용하는 것이 가장 적절하다고 생각한다. 물론 아주 방대한 내용이어서 한두 개의 연구 논문을 인용하는 것만으로 불충분한 경우나, 인용할 수 있는 참고 문헌의 개수가 제한된 경우가 있는데, 그럴 경우에는 어쩔 수 없이 리뷰 논문으로 인용을 대체해야 한다. 선행 연구를 꼼꼼히 인용하지 않을 경우 저널 투고 후 리뷰 과정에서 리뷰어의 지적을 받는 경우도 있음을 꼭 알아두자. 학계는 매우 좁으므로 주된 선행 연구를 수행한 연구자에게 리뷰 의뢰가 갈 확률은 매우 높다. 만약 어떤 선행 연구를 수행한 연구자가 당신의 논문의 리뷰를 맡았는데 그의 연구 결과를 인용해야 할 부분에 인용 표기가 없다면 당신의 논문을 긍정적으로 보지 않을 것이다.

2. 가능한 한 최신의 연구 문헌을 인용한다

논문을 작성하기 이전에 자신의 연구 분야의 최신 동향은 속속들이 알고 있어야 하며, 가능한 한 최신의 연구 결과를 인용 하는 것이 좋다. 만약 몇 년 전의 연구 문헌을 인용했는데 그 이후에도 관련 연구 결과가 나왔고, 여기에 대한 아무런 언급이 없다면 '이 저자는 최신의 연구 동향조차 잘 파악하지 못하는군!' 하는 혹평과 함께 논문의 평가에 좋지 않은 영향을 줄 수 있다.

3. 서지 관리 프로그램을 사용한다

시중에는 엔드노트(EndNote)나 조테로(Zotero)처럼 논문 참고문헌 작성의 관리를 도와주는 여러 가지 소프트웨어들이 존재한다. 이러한 서지 관리 프로그램은 논문을 작성할 때 참고 문헌 번호를 자동으로 설정해 주고, 저널에 맞게 참고 문헌의 서식을 정리해 준다. 서지 관리 프로그램을 사용하지 않으면 중간에 참고 문헌이 추가될 때 번호를 일일이 수정해야 하고, 투고 저널을 바꿀 때마다 참고 문헌 서식을 수작업으로 바꿔야 한다. 이같은 서지 관리 프로그램은 많은 대학에서 사이트 라이센스를 통하여 학교에 재직 중인 사람들이 무료로 사용할 수 있게 제공하고 있으니 다니는 대학의 도서관 등에 문의하기 바란다.

4. 불필요한 자기 인용은 피한다

연구자의 업적을 평가하는 여러 가지 방법 중 하나로 연구자의 논문 인용 빈도가 있다. 앞에서 이야기했듯 참고 문헌을 통해서 어떤 연구 문헌을 인용한다는 것은 연구자의 공헌을 인정한다는 이야기이며, 많은 인용을 받는 논문, 혹은 인용을 많이 받은 연구자는 학계판 SNS의 '좋아요'를 많이 받았다는 것과 마찬가지이다. 따라서 논문 인용빈도로 연구자나 논문을 평가하는 경우가 점점 늘고 있다. 이렇게 논문의 인용 빈도가 중요해지면서 자신의 논문을 인용하는 빈도도 늘고 있다. 물론 대부분의 연구는 자신이 이전에 한 연구의 후속 연구인 경우가 많기에, 이러한 경우 자신의 논문을 인용하는 것은 자연스러운 일이다. 그러나 논문의 인용수가 중요한 평가 기준이 되는 세태 때문에 굳이 인용하지 않아도 되는 자신의 논문까지 인용하거나, 연구의 맥락상 인용을 할 필요가 없는 상황에서도 억지로 인용을 하는 경우도 눈에 띈다. 논문 인용 빈도가 자신의 논문 및 자신의 평가에 영향을 끼치는 중요한 척도가 된다고 해도 이것이 의미가 있는 경우는 자신이 아닌 타인의 인용이고, 자가 인용에 의해서 이를 억지로 끌어올리는 것은 별로 바람직스러운 일은 아니다. 결론적으로 굳이 인용을 할 필요가 없는 상황에서 억지로 자신, 혹은 동료의 논문을 인용하여 논문의 인용수를 늘리는 것은 삼가는 것이 좋다.

초록과 제목의 중요성: 절대 다수의 독자는 제목과 초록만 읽는다

오늘날의 연구자들은 논문 정보를 보여 주는 데이터베이스를 통해 논문을 접하다 보니 논문 전체보다 초록만 읽는 사람이 압도적으로 많으며, 초록을 읽는 사람보다 논문의 제목만 읽는 사람은 그보다 많을 것이다. 영화나 소설은 제목만 보고 내용을 짐작하기 어렵지만, 논문의 경우는 그렇지 않다. 학술 논문의 제목은 그 자체로 어떤 내용의 연구를 담고 있는지를 알 수 있는 '논문의 한 줄 요약'이어야 하기 때문이다.

제목을 읽고 흥미를 느낀 사람은 좀 더 자세한 정보를 얻기 위해 초록을 읽게 되고, 여기서 더 흥미를 느끼면 논문의 본문을 읽을 것이다. 영화 트레일러가 관객들의 흥미를 자극하는 주요 장면을 보여 주는 것처럼, 초록만 읽어도 논문을 한 편 읽은 것처럼 느낄 수 있도록 핵심 내용을 잘 담아야 한다. 영화 트레일러에는 보통 줄거리의 중요한 반전 요소를 공개하지는 않는데, 그렇다고 학술 논문 초록에 "논문의 결론을 공개할 수 없으니 궁금하면 전문을 읽으세요"라고 쓸 수는 없다. 초록은 반드시 연구의 배경, 결과의 간략한 요약, 독자가 얻게 될 중요한 교훈 등 논문의 모든 내용을 함축해야 하며 따라서 논문이 완성된 다음에 쓰는 것이 좋다.

대부분의 저널이나 학회는 초록에 글자 수 제한을 둔다. 논문을 많이 써 보지 않은 초보 연구자는 자신의 연구를 한정된 분량에 맞춰 설명하기가 그리 쉽지 않을 것이다. 일단은 분량 제한을 신경쓰지 말고 논문 내용을 한 페이지 정도로 요약한 다음 분량에 맞추어 퇴고하는 편이 낫다.

그다음 할 일은 논문 제목을 정하는 일이다. 제목을 어떻게 짓느냐에 따라 초록이라도 들여다볼지 말지가 결정되기 때문에 제목 짓기는 매우 중요하다. 학술지에 발표하는 논문(paper)과 학위논문을 마치면서 내는 학위청구논문(dissertation/thesis)의 제목 짓는 방법은 전혀 다르다. 학위논문 제목은 "무슨 주제에 대한 연구"처럼 매우 포괄적으로 짓기 마련이다. 특히 두서너 곳의 학술지에 별도로 투고된 연구 내용을 종합해 하나의 학위 논문으로 묶는다면 더욱 그렇다. 그러나 학술지 논문 제목은 상당히 구체적이다. 해당 분야의 가장 초창기나, 이 세상에서 처음으로 발견한 자연법칙, 기이한 생물종에 대한 논문이라면 간단한 제목이 될 수도 있겠지만[50] 이런 예외적인 경우가 아니라면 논문이 어떤 내용을 담고 있는지를 확연하게 보여 주는 한 문장으로 만드는 것이 보통이다. 몇 가지 유명한 논문의 제목을 살펴보자.

"Induction of Pluripotent Stem Cells from Mouse Embryonic and Adult Fibroblast Cultures by Defined Factors", Takahashi, K. and Yamanaka, S. Cell, 126, 663-676, 2006.

2012년 노벨 생리학상 수상자 야마나카 신야(山中 伸)의 유명한 논문이다. 이 논문에서는 쥐의 섬유아세포(fibroblast)에 네 가지 유전자(defined factor, Oct4, Sox2, Klf4, c-Mycs)를 넣으면 이것이 전능성 있는 줄기세포(Pluripotent Stem Cells)로 유도된다고 보고한다. 제목만 읽어도 논문을 다 읽었다는 느낌이 들지 않는가?

"Observation of Gravitational Waves from a Binary Black Hole Merger", Abbott, B. P. et al. Physical Review Letters, 116, 061102(2016).

---

50   왓슨-크릭의 DNA 이중나선 구조에 관한 논문 제목은 다음처럼 단순하다.
    "A Structure for Deoxyribose Nucleic Acid", Watson, J. D., and Crick, F. H. C., Nature, 171, 737-738(1953).

이 논문은 2017년 노벨 물리학상을 받은 중력파 관찰에 대한 보고다. 두 개의 블랙홀이 합쳐지면서 생성된 중력파를 관찰했다는 단순한 메시지이지만 한 줄 안에 논문의 메시지가 잘 요약되어 있다.

"Cyclin: a protein specified by maternal mRNA in sea urchin eggs that is destroyed at each cleavage division", Evans, T., Rosenthal, E. T., Youngblom, J., Distel, D., Hunt, T. Cell, 33, 389-396, 1983.

세포주기를 조절하는 사이클린(Cyclin)이라는 단백질을 최초로 보고한 이 논문은 팀 헌트(Tim Hunt)에게 2001년 노벨 생리학상을 안겨 주었다. 그는 성게 알을 연구하던 중, 세포분열에 따라 생기고 없어지기를 거듭하는 묘한 성질을 가진 단백질을 발견하여 '사이클린'이라는 이름을 붙였다.

사실 논문의 내용을 전혀 모르는 상태에서 제목만 읽는다고 연구 내용을 바로 이해하기는 쉽지 않다. 그러나 적어도 논문 제목은 논문을 읽은 후 다시 제목을 보았을 때 핵심 내용을 다시 상기시키는 효과가 있어야 한다. 구체적이지 않은 표현이나 문학적이고 비유적인 수사는 학술 논문의 제목으로 그리 어울리지 않는다. 리뷰 논문이거나 저자가 노벨상 수상자급의 대가라면 약간의 수사적 멋을 부리는 것이 가능할 수도 있겠지만, 처음으로 제1저자가 되는 논문을 쓰는 대학원생이 너무 파격적인 논문 제목을 다는 것은 논문을 심사할 동료 평가자에게 그리 좋은 인상을 줄 것 같아 보이지는 않는다.

정리하면 논문의 제목과 초록의 목적은 해당 논문을 요약하여 한눈에 그 내용을 알 수 있게 하는 것이므로, 이를 작성하는 시점은 논문이 거의 완성된 다음이어야 한다. 논문 제목이나 초록을 미리 잠정적으로 써 두는 것은 상관없지만, 논문이 완성된 다음 최종 논문의 성격을 잘 반영하는지 반드시 다시 검토하고 수정해야 한다. 꼼꼼한 지도교수라면 제자가 발표하는 첫 논문의 제목을 잘 수정해 줄 것이다.

생성형 AI에게 논문 작성 도움받기

최근 생성형 AI의 등장은 학술 논문 작성에도 큰 변화를 예고하고 있다. 생성형 AI는 방대한 학습 데이터를 바탕으로 사용자의 요청에 맞는 글을 생성해 내는데, 이는 논문 작성 과정에서 활용될 수 있는 잠재력을 가지고 있다. 실제로 일부 연구자들은 이미 ChatGPT나 클로드 등을 이용해 논문의 초안을 작성하거나 영어 문장을 교정하는 작업을 수행하고 있다.

논문 작성에 생성형 AI를 활용할 경우 분명한 장점이 있다. 먼저 문헌 조사와 자료 정리 등에 소요되는 시간과 노력을 크게 줄일 수 있다. 방대한 데이터베이스에서 얻은 정보를 생성형 AI를 이용해 요약하거나 정리하는 작업을 빠르고 간편하게 수행할 수 있고, AI를 사용하면 문법이나 스타일 면에서 일관되고 정돈된 글

쓰기가 가능하므로 논문의 가독성 향상에도 기여할 수 있다. 특히 거의 모든 경우 영어로 학술 논문을 작성해야 하지만, 영어가 모국어가 아닌 이 책을 읽는 대부분의 독자들에게 중요할 수 있다.

또 다른 활용 방법으로는 정리한 도식을 기반으로 범례를 만들고, 이렇게 형성된 범례를 기반으로 결과 부분의 문장을 형성하는 등, 단계적으로 논문의 문장을 만드는 것이 가능하다. 요즘의 많은 생성형 AI는 이미지까지 인식하므로 논문의 그림을 제공하고 적절한 설명을 붙여 주면, 이 내용을 해석하여 적절한 범례를 만들어 준다. 이러한 범례를 초안으로 삼아 수정하고, 이로부터 결과를 도출하는 작업에도 생성형 AI를 이용할 수 있다.

논문의 서론에 해당하는 부분을 작성하는 데에도 생성형 AI를 활용할 수 있다. 서론에서 인용할 논문들의 초록을 모으고, 대략적인 서론의 개요를 작성하고, 각 부분에서 어떤 논문을 인용할지를 지시한 후에 문장을 생성하면, 매우 빠르게 서론의 초안을 생성할 수 있다.

심지어는 어느 정도 완성된 논문을 생성형 AI에 입력하고, 매우 까다로운 '동료 평가 리뷰어'가 되어 논문을 평가해 보라고 하면 논문에 대한 매우 비판적인 평가를 해 줄 것이다. 한마디로 이제는 생성형 AI를 논문 내용을 꼼꼼히 읽어 주는 '지도교수 대리'처럼 활용할 수 있다.

그러나 생성형 AI를 사용할 때는 반드시 주의해야 할 것이 있다. 생성형 AI는 때로 잘못된 정보나 존재하지 않는 사실, 곧 환각을 만들어 내기도 한다. 환각은 특히 사실관계가 중요시되는 학술 논문 작성 시 심각한 문제를 야기할 수 있다. 가령 특정한 사실을 기술하고, 이에 대한 참고 문헌을 제시하라고 하면 생성형 AI는 그럴싸한 참고 문헌 정보를 제공한다. 하지만 이러한 참고 문헌 중 실존하지 않는 것들이 상당수인 경험은 논문 작성에 생성형 AI를 사용해 본 사람들이 한번쯤 겪어 보았을 것이다. 이러한 환각 현상을 피하기 위해서는 AI에게 사전에 정확한 정보를 제공하는 것이 중요하다. 실제로 펍메드(PubMed) 등의 문헌 정보 데이터베이스에서 관련 논문을 검색한 후 이 초록을 AI에 제공한 후 이를 바탕으로 글을 생성하게 하면, AI가 근거 없는 주장을 하거나 존재하지 않는 연구를 인용할 가능성을 크게 낮출 수 있다. 하지만 이 경우에도 AI가 생성한 글을 그대로 신뢰하지 말고, 면밀히 검토해야 한다.

한마디로, 생성형 AI는 '그럴싸한 문장을 만들어 내는 도구'이며, 이 문장을 검토하고 어떻게 사용할 것인지는 연구자가 결정하고 책임져야 한다. 뿐만 아니라 AI 활용과 관련된 연구 윤리 문제도 간과할 수 없다. 논문 저자로서 AI를 어떻게 취급할 것인지, AI가 생성한 내용에 대한 책임은 누구에게 있는지 등에 대해서는 아직 뚜렷한 합의나 기준이 마련되어 있지 않은 상황이다. 따라서 당분간은 AI를 논문 작성의 보조 도구로 활용하되, 그 한계와 윤리적 문제에 대해 분명하게 알고 있어야 한다. 상당수의 저널 투고에서 생성형 AI를 논문 작성에 사용한 경우 이를 명시할 것을 요구한다는 점도 유념할 필요가 있다.

AI 기술이 고도화되면서 미래에는 AI가 학술 연구에서 더욱 핵심적인 역할을 담당하게 될지도 모른다. 하지만 그 미래에도 AI 기술은 인간 연구자를 보조하는 수단일 것이다. 논문의 핵심적 가치는 연구자 개인의 창의성과 진실성에 있음을 잊지 말아야 한다.

학술 대회 발표

연구 결과를 대외적으로 발표하는 다른 방법으로는 학술 대회가 있다. 학술 대회 발표는 대개 저널 발표 이전에 이루어지며, 저널 위주로 커뮤니케이션이 이루어지는 분야에서는 학술 대회 발표가 저널 제출 전에 동료 연구자들의 피드백을 받을 수 있는 중요한 기회다. 이 시점에서 동료 연구자의 피드백은 연구를 어떻게 마무리할지 알려 줄 중요한 지침이다. 흔하지는 않지만 학술 대회장에서 저널 편집부로부터 투고를 권유받는 경우도 있다.

　학술 대회의 중요성은 학문 분야에 따라 서로 다른데, 새로운 학술 활동이 대부분 학술 대회 발표를 통해 이루어지고 학회 발표가 거의 최종 연구 업적 발표로 여겨지는 분야에서는 논문 형식으로 원고를 제출하면 동료 평가를 통해 선별된 일부 논문만 학술 대회에서 발표하는 경우가 많다. 학술 대회보다 저널 발표가 중심인 분야의 학술 대회 발표는 학술 대회 발표를 위해 동료 평가를 거치는 경우는 그리 많지 않고 제출한 초록의 내용에 따라 구두 발표인지 포스터 발표인지가 결정된다.

포스터 발표

포스터 발표는 그림 4-1처럼 자신의 연구 내용을 요약하여 한 장의 포스터로 제작하여 학회에 참석한 사람들에게 설명하는 것을 말한다. 포스터 세션(그림 4-2) 중 학회에서 규정한 시간 동안에는 반드시 포스터 앞에서 자리를 지키고 있어야 한다. 포스터에 관심을 보이는 사람이 있다면 적극적으로 나서서 포스터의 내용을 설명해야 한다. 가끔 학회에 포스터를 걸어 놓고도 포스터 세션 때 사라지는 연구자들이 있는데 절대 그래서는 안 된다! 국제 학회에서의 포스터 세션은 관련 분야 연구자들과 얼굴을 익힐 매우 좋은 기회다. 자신의 연구 내용을 적극적으로 알리는 동시에, 관심 있는 포스터가 보이면 적극적으로 소통하는 버릇을 들이자.

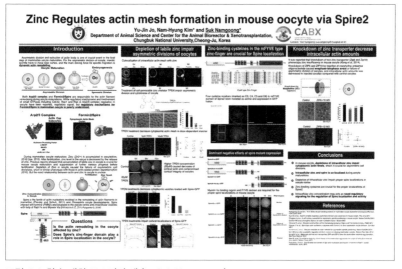

그림 4-1. 학술 대회 포스터의 예 (by Suk Namgoong)

그림 4-2. 학술 대회 포스터 세션 (by David Eppstein)

구두 발표

구두 발표의 경우 일부 학회에서는 선별된 인원만 진행하기도 한다. 혹시 대학원생으로서 해외 유수 학회에서 구두 발표의 기회를 얻는다면 그 자체로 상당히 영광스러운 일이다. 당신에게 구두 발표 기회가 주어졌을 때 다음 몇 가지를 염두에 둔다면 더 좋은 발표를 할 수 있을 것이다.

1. 정해진 시간 안에 발표할 수 있도록 만반의 준비를 하자.

당신이 노벨상을 수상한 대가가 아니라면 학술 대회에서 발표할 수 있는 시간은 길어야 20분 정도다. 논문심사위원회(Dissertation committee)나 학과 내 세미나에서 발표한 경험이 있다 하더라도 한정된 시간에 발표하기란 상당히 어려운 일이다. 학회에서 구두 발표를 하기 전에 충분히 연습하자. 그리고 너무 많은 양을 발표하려다 시간에 쫓겨 제대로 발표하지 못하는 일이 없도록 주의하자.

2. 학회 성격에 따라 발표 내용을 조절하자.

참석한 학술 대회가 다양한 세부 전공자들이 모이는 성격의 학회라면(수천 명 이상이 모이는 대규모 학회라면 그럴 가능성이 높다) 이들을 배려하기 위해 도입부에서 기초지식을 성실하게 설명해야 한다. 그러나 특정 세부 분야를 연구하는 사람들만 모이는 소규모 학회라면 기초적인 내용까지 소개할 필요는 없다.

3. 한 번에 너무 많은 양의 데이터를 보여 주려고 하지 말자.

저널 투고용으로 정리한 저널 페이지 하나에 꽉 차는 그림을 그대로 파워포인트 슬라이드에 옮기는 사람이 있는데 절대 그래서는 안 된다. 저널에는 도식 하나에 6~7가지의 세부 내용을 담을 수도 있지만 발표 슬라이드에는 한 장에 2개 이상의 그림이 들어가면 정보 전달이 어려워진다. 이럴 때는 슬라이드 수를 늘리는 것이 현명하다.

4. 슬라이드 내에 내비게이션을 표시하자.

별도의 슬라이드로 만들어도 되고, 슬라이드 가장자리에 현재의 진행 상황을 알려 주는 방식도 좋다. 가령 '서론-결과1-결과2-결과3-결론'으로 구성된 슬라이드라면 지금 발표자가 어느 부분을 이야기하는지를 청중이 쉽게 알 수 있도록 표시하는 것이다.

청중이 현재 세미나의 진행 단계를 알지 못하면 쉽게 지루함을 느끼게 된다.

5. 마지막에는 전체 내용을 요약한 슬라이드를 넣자.

이렇게 하면 질의응답 시간에 요약해서 제시한 범위 내에서 질문을 받을 가능성이 높아진다. 대부분의 질문자들은 직접 연구를 한 당신보다 해당 연구 내용의 디테일에 대해서 자세히 알지 못한다는 이점을 잘 이용하자!

학회 발표는 논문 발표 이전에 같은 분야를 연구하는 동료 연구자들의 조언을 들을 수 있는 매우 좋은 기회다. 그러나 아직 논문으로 발표하지 않은 연구 결과나 아이디어를 학회에서 발표할 때는 위험 부담도 따른다. 학계도 사회와 마찬가지로 선의로 공개한 연구 결과를 악용하는 사람은 있기 마련이다. 심한 경우 학회에서 발표한 내용을 보고 경쟁 그룹이 서둘러 먼저 논문을 내 버리는 경우도 있다. 타인의 '미발표 결과'를 보고 싶으면 자신의 '미발표 결과' 역시 공개해야 하는 것이 학회의 암묵적 규칙이다. 다만, 자신의 결과가 노출되어 남이 그 결과를 먼저 발표하는 상황에 처하기 싫다면 몇 개월 이내에 논문으로 투고할 준비가 된 데이터 위주로 발표하는 편이 안전하다.

학회에 결과를 발표하면 열화와 같은 성원 혹은 날카로운 비평을 받을 수도 있지만 반대로 별 반응이 없는 경우도 많다. '무플보다 악플이 낫다'라는 인터넷 명언은 연구에도 적용된다. 학회에 참석한 사람들이 자신의 연구에 보내는 관심은 앞으로의 연구 인생을 결정할 수 있는 중요한 자극 요인이 된다.

연구자에게 학술 대회 참여는 결코 잊지 못할 값진 경험이 된다(학술 대회에 참가하면 여행 기회도 덤으로 따라오는 경우가 많다). 같은 취미를 가진 사람들이 동호회를 만들고 정기적으로 모임을 갖는 것처럼, 학술 대회의 목적은 세계 각국에서 같은 연구를 하는 연구자들의 상호작용에 있다. 이 시간을 얼마나 알차게 활용하느냐에 따라 연구자로서의 장래가 달라질 수 있다. 해외 연구자들과의 친분은 대학원을 마치고 향후 과학자로서의 진로를 모색할 때 큰 도움이 될 것이다.

논문을 투고할 저널 선택

이제 연구의 완성을 위해 학술지에 논문을 투고하는 과정이 남았다. 우선 논문을 투고할 저널부터 선택해야 한다.

고려 사항

저널을 선택하기에 앞서 자기 원고를 냉정하게 평가해야 한다. 많은 연구자들이 어떤 저널에 실린 논문을 보고 자신도 그와 비슷하거나 조금 더 나은 연구 데이터를 얻으면 비슷한 수준의 저널에 투고할 수 있을 것이라고 생각한다. 유감스럽지만 이러한 생각은 착각일 때가 많다. 가령 '사과는 만유인력에 의해 땅으로 떨어진다'와 같은 결과가 유명 저널에 이미 발표되었다면, 후속 연구자가 '오렌지도 만유인력에 의해 땅으로 떨어진다'를 좀 더 정밀한 방법으로 계측하여 증명한다고 해서 비슷한 수준의 저널에서 실어 주지는 않을 것이다. 즉, 기존에 발표한 논문이 정립한 틀을 벗어나지 않는 수준의 '재현 연구' 결과가 유명 저널에 게재되기는 꽤나 어렵다. 물론 '특정 조건에서는 사과가 땅에 떨어지지 않을 수도 있다. 그 조건은 다음과 같다' 하는 식으로 기존 연구 결과를 확장하고 인식을 넓혀 줄 수 있는 연구라면 가능할 수도 있지만 말이다.

논문을 저널에 투고할 때는 다음을 면밀히 고려해야 한다.

1. 논문의 주장을 해당 저널에서 얼마나 중요하다고 생각할 것인가?
2. 주장을 뒷받침하는 증거가 얼마나 확실한가?

즉, 투고할 논문의 주장이 새로운 내용 없이 기존에 알려진 내용과 크게 다르지 않다면 주장을 뒷받침하는 결과가 아무리 탄탄해도 많은 사람의 이목을 끌기 어렵기 때문에 처음 연구가 보고된 저널만큼 권위 있는 저널에 출판하기는 힘들다. 이와 반대로 근거가 되는 데이터가 논문의 주장을 정확히 입증한다고 보기 힘든 경우도 마찬가지다. 특히 자신의 주장이 기존 학설과 배치되는 매우 새로운 학설이라면 이를 증명하기 위해 일반적인 논문에서 요구되는 것보다 훨씬 많은 증거가 필요하다. 칼 세이건은 "특별한 주장에는 특별한 증거가 필요하다(Extraordinary claims require extraordinary evidence)"라고 말했다. 교과서를 뒤바꿀 과감한 주장을 시도하는 패기는 좋지만, 그에 걸맞은 확실한 증거가 있어야 다른 사람들이 믿어 준다는 이야기다.

논문이 해당 저널에 출판되기에 적절하지 않다는 이유로 심사에서 거절된다면 보다 한정된 범위를 다루는 저널, 혹은 연구 결과의 중요성에 크게 신경 쓰지 않는 저널에 투고할 수밖에 없다. 이것을 사다리를 타고 내려오는 상황에 빗대어 '저널의 사다리'라고 한다.[51]

유명 저널 vs. 전문 저널

많은 연구자가 자신의 연구가 세계에서 제일 중요하고 흥미로운 연구라고 생각한다. 물론 자신이 연구하는 주제가 별로 흥미롭지 않다고 생각한다면 어딘가 문제가 있는 것이다. 연구자 본인조차 흥미를 느끼지 못하는 주제에 다른 사람들은 얼마나 흥미를 느끼겠는가? 귀중한 시간과 기회비용을 써 가며 불철주야 연구해 온 당신은 당연히 이 연구가 학계와 사회에서 높은 평가를 받는 저널에 실리기 원할 것이다. 그러나 현실이 항상 기대에 부응하는 것은 아니다.

요즘은 저널의 임팩트 팩터나 순위에 민감한 연구자가 많다. 연구자로서 성공하려면 〈셀〉, 〈네이처〉, 〈사이언스〉, 〈뉴잉글랜드

---

51 "Down the impact factor ladder"라는 유튜브 동영상을 보면 이렇게 저명 저널로부터 내려오는 '저널의 사다리'를 확인할 수 있다. https://youtu.be/dUAqnBxaHIA

저널오브메디슨(New England Journal of Medicine)〉같이 인용 빈도가 높은 저널에 논문을 내는 것이 필수적이라고 생각하는 사람도 많다. 하지만 이런 저널은 매우 다양한 분야의 사람들이 읽기 때문에 다양한 분야의 독자에게 널리 관심을 끌 수 있는지를 게재 기준으로 삼는다. '많은 사람이 관심 가질 만한 연구'가 반드시 질적으로 우수한 연구일 필요는 없다는 점을 주목하라! 특정 분야에서 오랫동안 알려진 난제를 해결했고 연구의 질도 우수하여 의심의 여지 없는 확실한 데이터를 제시하는 논문이 있다고 하자. 그러나 이 연구 결과가 반드시 다양한 분야의 사람들의 관심을 끌지 않을 수도 있다. 이런 경우에는 해당 분야를 전문적으로 다루는 저널에 투고하는 것이 일반적인 전략이다.

유명 저널에 실리는 연구는 많은 사람의 흥미를 일으킬 만한 주제이거나 교과서에 실린 일반적 통념을 넘어선 새로운 내용의 연구일 가능성이 높지만, 해당 연구 결과가 의심할 바 없이 확실하다는 의미는 아니다. 실제로 이런 유명 저널에 실린 연구 결과가 극히 한정된 조건에서만 유효하거나 아예 재현이 되지 않아 과학계에 파장을 일으킨 경우가 수두룩하다. 얀 헨드릭 쇤(Jan Hendrik Schön), 오보카타 하루코(小保方 晴子), 황우석[52] 같은 이름을 기억한다면, 유명 저널에 실린 논문이라고 맹목적으로 확신하면 안 된다는 말을 이해할 것이다.

---

52 연구 부정에 관련된 유명한 인물들이다.

'임팩트 팩터' 같은 수치에 너무 얽매이지 않는다

저널 임팩트 팩터는 어떤 해에 한 저널에 실린 논문이 인용된 숫자를 1년 전과 2년 전에 실린 논문의 총수로 나눈 숫자로, 최근 2년 동안 실린 논문이 한 해 평균적으로 몇 번 인용되는지를 나타내는 숫자이다. 가령 어떤 저널에 2022년에 출판된 논문이 501건, 2021년에 출판된 논문이 450건이고 이들이 2023년에 받은 인용이 50,104건이라면 임팩트 팩터는 50104/(501+450)=52.68이 된다.

논문의 임팩트 팩터는 다른 논문으로부터 얼마나 많이 인용되었는지에 의해서 결정되며, 논문이 실리는 저널의 전체적인 중요도 역시 해당 저널에 실리는 논문들이 얼마나 많이 인용되는지에 따라서 결정된다는 가정에 기반하고 있다. 실제로 같은 분야의 저널들을 비교해 보면 전반적으로 역사가 오래되었고, 연구자들이 선호하는 유명 저널들이 그렇지 않은 저널에 비해 높은 임팩트 팩터를 가지고 있다. 이러한 이유 때문에 연구자들은 저널의 임팩트 팩터를 중요하게 생각하게 되었으며, 단순히 저널 뿐만 아니라 개별 논문의 가치 역시 해당 논문이 실린 저널의 임팩트 팩터를 가지고 평가하는 추세가 생겨났다. 심지어 교수의 임용이나 승진, 혹은 박사과정의 졸업 같은 연구자의 인생을 결정하는 평가에서도 임팩트 팩터를 사용하는 경우가 많아졌고, 자연스럽게 연구자들은 임팩트 팩터에 대해 관심을 갖게 되었다.

그러나 저널의 상대적인 비교라면 모를까, 개별 논문의 평가를 해당 논문이 실린 저널의 임팩트 팩터로 하는 것은 그리 합리적으로 보이지 않는다. 그 이유는 한 저널의 논문 중에서 인용이 많이 되는 논문은 극히 일부에 불과하며, 대부분의 논문은 저널 임팩트 팩터에 비해서 훨씬 낮은 인용도를 보인다는 것이 알려졌기 때문이다. 가령 세계적인 부호인 빌 게이츠가 사는 동네의 가구별 평균 소득은 (빌 게이츠의 소득 때문에) 옆 동네에 비해 훨씬 높겠지만, 이 수치를 해당 동네에 사는 주민의 소득으로 생각하는 것은 무리일 것이다. 만약 소득세를 개별 소득이 아닌 동네 전체의 가구당 평균 소득으로 징수하게 한다면 대소동이 벌어질 것이다. 즉, 같은 저널에 실리는 논문 간에도 엄청난 인용도의 차이가 있는 상황에서 저널의 임팩트 팩터를 개별 논문의 평가를 위한 수치로 삼는 것은 과학적이지 않다.

게다가 저널의 인용 빈도는 학문 분야에 따라서 꽤 많이 달라진다. 가령 연구자가 많은 임상의학이나 첨단 재료 분야의 저널은 수학과 같은 학문의 저널에 비해서 더 많은 인용 빈도를 가지는 것이 보통이다. 그렇다고 해서 다른 학문 분야와 저널을 같은 기준으로 비교하고 줄 세우는 것은 합리적이지 않다.

또 하나는 최근 등장한 '약탈적 저널(predatory journals)'은 여러 가지 꼼수를 이용하여 임팩트 팩터를 높이고, 이를 이용하여 연구자들로부터 논문 투고를 유도하는 방법을 사용한다. 이들은 상대적으로 리뷰 논문이 연구 논문에 비해서 인용이 많이 된다는 것을 이용해서 많은 리뷰 논문을 싣고, 또한 자기 저널에 실리는 논문을 인위적으로 인용하게 하여 임팩트 팩터를 올린다. 거기에 뒤에서 설명할 논문의 '동료 평가'는 엄밀하게 하지 않아서 엉성한 논문도 별다른 수정 없이 실리는 경우가 많다. 이처럼 부실 저널임에도 상당히 높은 임팩트 팩터를 가져서 임팩트 팩터로만 저널을 평가하는 연구자들을 현혹시키는 경우가 많이 있음을 주의해야 한다.

결론적으로 개별 연구자가 투고할 논문을 선택할 때 저널 임팩트 팩터를 지나치게 의식하는 세태는 그리 바람직하지 않다. 또한 저널 임팩트 팩터는 개별 저널을 평가할 때는 어느 정도 사용할 수 있을지는 몰라도 개별적인 연구 논문을 평가하는 방법으로 사용하기에는 부적절한 방법이라는 것은 계속 강조해도 지나치지 않다고 생각한다.

약탈적 저널을 주의하라!

위에서 잠시 언급했듯, 최근 검증되지 않은 연구 결과를 적절한 동료 평가 없이 출판하는 약탈적 저널이 급증하고 있다. 이들 저널은 학문의 발전보다는 출판사의 이익을 우선시하며, 때로는 허위 정보나 과장된 홍보를 일삼기도 한다. 또한 최소한의 심사 절차만을 거치거나, 심사 자체가 부재한 채로 논문을 내보낸다.

특히 학위 취득을 앞둔 대학원생들 중에는 졸업 요건을 충족하기 위해 서둘러 논문을 출판하려다 이같은 약탈적 저널의 유혹에 빠지기 쉽다. 실제로 이들 저널은 빠른 심사와 출판을 강점으로 내세우며 대학원생들을 유인하곤 한다. 하지만 이는 매우 위험한 선택이 될 수 있다.

이러한 저널에 대한 문제점이 알려지면서 점점 더 많은 연구 지원 기관에서 약탈적 저널에 게재된 논문의 연구비 지원을 제한하거나 아예 실적으로 인정하지 않는 사례가 늘고 있다. 뿐만 아니라 취업이나 진학 시에도 약탈적 저널에 게재된 논문은 업적으로 제대로 평가받기 어려울 수 있다. 연구자의 경력 초기에 약탈적 저널에 논문을 출판하는 행위가 반복될 경우, 연구자로서의 신뢰도에 큰 타격을 입게 된다. 비록 눈앞의 졸업 요건을 채우는 것이 급하게 생각하더라도 전통적으로 신뢰할 수 있는 저널에 논문을 투고하는 것이 장기적으로 연구자의 경력에 도움이 될 것이다.

저널의 신뢰성 판단은 대학원생에게는 쉽지 않은 일이다. 따라서 지도교수나 선배 연구자들과 상의하여 적절한 저널을 선택하는 것이 좋다. 또한 해당 저널이 학계에서 어떻게 인식되고 있는지 살펴보는 것 정도는 어렵지 않다. 약탈적 저널은 과학계의 신뢰를 얻기 힘들 뿐더러, 장기적으로 연구자의 경력에도 부정적 영향을 미칠 수 있음을 명심해야 할 것이다.

동료 평가: 리뷰어는 당신의 적이 아니다

앞에서 말한 약탈적 저널 류의 저널이 아니라면 대부분의 저널에서는 저널에 투고된 논문을 심사하여 일부 논문에 대해서만 게재를 허용하며, 흔히 많은 사람이 논문을 내기를 선망하는 저널일수록 투고된 논문 중 극히 일부 논문에 대해서만 게재를 허용하는 편이다. 저널에서 볼 수 있는 논문들은 험난한 심사 과정을 거치고 살아남은 명작들이다.

논문의 저널 게재 여부를 심사하는 것은 누구인가? 대개의 저널에서 게재 여부를 최종적으로 결정하는 사람은 편집자인데, 저널에 소속된 전문 편집자(전직 과학자인 경우가 많다), 혹은 학계의 연구자로서 저널 편집자를 겸하는 사람이다. 그러나 과학 연구가 고도로 세분화되고 전문화된 지금, 편집자가 모든 분야 논문의 학술적 가치를 평가할 전문 지식을 갖고 있을 가능성은 높지 않다. 그래서 대개는 해당 연구와 관련된 연구자를 섭외해서 동료 평가를 시행한 다음 그 평가에 따라 게재 여부를 결정한다.

동료 평가라는 시스템은 연구자가 아닌 사람에게는 다소 이상하게 보일 수도 있다. 자신이 제출한 논문의 연구 내용과 가장 비슷한 연구를 하는 동료 과학자란 다시 말하면 자신과 경쟁 관계에 있는 사람일 가능성이 높기 때문이다. 그렇지만 과학이 고도로 발달한 지금, 어떤 연구의 가치를 평가할 수 있는 사람은 가장 비슷한 연구를 하는 사람밖에 없기에 이는 피할 수 없는 일이다. 그래서 몇몇 저널에서는 논문 투고 과정에서 리뷰를 원치 않는 직접적 경쟁 상대 이름을 적어 내길 권장하기도 한다.

이런 식으로 편집장이 선택한 동료 전문가 몇 명의 의견에 의해 논문의 운명이 결정되는데, 리뷰어의 평가에 따라 편집진은 다음과 같은 판정을 내린다.

1. 즉각 수락(Accept Immediately)
가장 최선의 경우지만 제대로 된 동료 평가를 하는 저널이라면 아무 수정 없이 논문 게재가 승인되는 경우는 거의 없다.

2. 부분 수정 후 다시 리뷰(Minor Revision)

주장이나 이를 뒷받침하는 데이터에는 큰 문제가 없지만 논문의 기술 혹은 몇 가지 데이터에 문제가 있으니 이를 수정하라는 결정이다. 이 정도의 평가를 받으면 논문 게재 가능성이 80~90퍼센트 정도라고 생각해도 좋다.

3. 전면 수정 후 다시 리뷰(Major Revision)

논문에서 주장하는 내용은 저널에서 흥미를 가지지만, 논문에서 제시된 데이터가 주장을 잘 뒷받침하지 못하거나 데이터 해석에 큰 문제가 있으므로 전면 수정한 다음 다시 생각해 보겠다는 결정이다. 이 판정을 받고 지적 사항을 상당 부분 충족하지 못하면 논문이 거절될 가능성이 크다.

4. 일단 거절, 수정 후 재고려(Reject, reconsideration possible)

일단 거절하지만 지적한 내용을 다 고쳐 오면 다시 고려해 볼 수 있다는 뜻인데, '전면 수정 후 다시 리뷰' 통보를 받고 수정안을 제출했음에도 리뷰어를 확실히 만족시키지 못했을 때 많이 나오는 평가다.

5. 논문 거절(Reject)

논문의 주장 혹은 데이터 자체를 신뢰할 수 없거나 해당 저널에서 관심 있는 내용이 아니므로 다시는 얼씬도 하지 말라는 의미이다. 미련을 버리고 다른 저널을 알아보는 편이 낫다.

이런 판정은 투고받은 논문을 리뷰어가 읽고 내린 평가를 바탕으로 편집자가 내리는 것이다. 하지만 '유명 저널'의 경우에는 투고되는 논문이 워낙 많기 때문에 극히 일부분만이 동료 평가에 보내지고 나머지는 내부 편집자 선에서 거절된다. 〈사이언스〉의 경우 투고되는 논문 중 16.7%만 동료 평가에 보내지고 최종적으로 6.1% 논문만 게재 승인된다고 한다. 그러므로 유명 저널에 투고했을 때는 논문이 동료 평가까지 진행되는 것만으로도 일단은 성공인 셈이다. 편집자 선에서 거절했다면 논문 내용이 해당 저널에서 추구하는 수준의 임팩트가 없다고 판단한 셈이므로, 미련없이 좀 더 세부적인 분야를 다루는 전문 저널에 투고하기 바란다.

저자는 리뷰를 어떻게 받아들여야 할까? 리뷰어의 코멘트가 부당하다고 느껴질 때도 있을 것이다. 실제로 연구 내용을 잘 이해하지 못한 채 부적절한 비판을 가하는 리뷰어도 없지는 않다. 그러나 리뷰어들의 비판에는 상당 부분 정당한 이유가 있으며, 논문을 게재하고 싶다면 리뷰어가 가지는 여러 의문과 의심을 최대한 해소해 주어야 한다. 리뷰어의 의문과 비판을 수용하고 반박하는 과정에서 논문은 한층 견실해진다. 과학이 일방통행의 지식 전달이 아닌 것은, 과학 연구의 핵심인 논문 출판 과정이 동료 과학자들 간의 의사소통을 필수적으로 수반하기 때문이다.

때로는 너무 악의적인 리뷰에 마음이 상하는 연구자들도 있다. 물론 리뷰어들 중에는 연구 내용을 정확히 이해하지 못한 채 부당한 비판을 하는 사람도 없지 않다. 유사한 연구를 하고 있는 (원래 이런 경우는 리뷰를 하지 않는 것이 원칙이지만 잘 지켜지지 않을 때가 많다) 경쟁자의 논문 출판을 막기 위해 생트집을 잡는 사람도 간혹 존재하는 것이 사실이다. 그러나 이러한 부작용을 고려하더라도 분명한 것은, 동료 평가에 참여하는 거의 모든 연구자들은 아무런 금전적 보상 없이 당신의 연구를 평가하고 객관적으로 비평해 주는 사람들이다. 얼굴도 모르는 사람의 논문을 자세히 읽고 수 페이지의 코멘트(비록 냉혹하고 직설적인 내용이라 할지라도)를 달아 가며 당신의 논문에 관심을 기울이는 사람은 세상에 그리 많지 않다. 리뷰어의 비평이 무척 세심하고 전문적이어서 지도교수로부터 받지 못한 지도를 받은 듯했다고 이야기하는 박사과정생도 본 적이 있다. 논문의 동료 평가 과정에서 나온 온갖 종류의 비평은 자신의 연구를 좀 더 탄탄하게 만드는 토대라 생각하고 가능한 한 긍정적으로 검토할 필요가 있다.

그렇다면 리뷰어가 요청하는 수정 사항과 추가 실험은 무조건 다 충족시켜야 하는가? 가능하면 그러기 위해 노력해야 한다. 그러나 물리적, 시간적으로 불가능한 경우도 있고 도저히 리뷰어의 의견에 동의할 수 없는 경우도 있다. 그럴 때는 논리와 근거를 갖춰 리뷰어에 대한 답변서(response to reviewer / rebuttal)를 작성한다. 특히 두 명 이상의 리뷰어가 상반된 주장을 한다면 더욱 그럴 필요가 있다. 결론적으로 논문을 저널에 실을지 여부를 결정하는 사람은 리뷰어가 아닌 저널의 편집자이기 때문이다.

연구가 시작된 후 논문을 투고할 때까지 걸리는 시간보다 논문을 수정하여 재투고하는 시간이 더 길어질 때도 있다. 특히 몇 번의 '거절'을 거치고 저널을 바꾸어 다시 투고하기를 반복하면 그렇다. 이런 경우 논문의 초고와 최종 출간되는 논문을 비교해 보면 원래의 내용을 알아보기 힘들 정도로 바뀌어 있는 경우가 허다하다. 이렇듯 저널 게재는 하루아침에 이루어지지 않는다.

거절은 병가지상사

이렇게 리뷰어들의 권고대로 수정하고 데이터를 추가하여 수정 논문을 제출했다면 이제는 논문이 게재될 수 있을까? 유감스럽게도 상당수의 논문은 그럼에도 불구하고 거절된다. 그 이유는 크게 세 가지로 구분할 수 있다.

1. "당신의 실험 결과는 주장을 충분히 뒷받침한다. 다만, 당신의 관찰은 우리 저널 독자의 관심을 끌기에 충분하지 않은 것 같다. 이미 사과가 만유인력으로 땅에 떨어진다는 것을 알고 있고, 오렌지, 망치, 수박도 같은 원리로 땅에 떨어진다는 것이 알려진 상황에서 쌀알도 만유인력으로 땅에 떨어진다는 관찰은 많은 사람의 관심을 끌기 힘들다."
2. "당신의 주장은 매우 흥미롭고 만약 이것이 사실이라면 우리 저널에 투고를 고려해 볼 만하다. 하지만 유감스럽게도 실험 결과가 주장을 뒷받침하지 않는다. 실험의 방법, 그리고 그에 대한 해석이 모두 틀

렸다. 따라서 당신의 논문을 받아들이기 어렵다."

3. "총체적으로 당신의 연구에는 새로운 것이 없으며 입증하는 데이터 역시 제대로 제시되지 않았다. 게다가 논문의 기본 형식도 갖춰지지 않았고 글의 수준도 형편없다.

이러한 반응을 어떻게 받아들여야 할까? 첫 번째의 경우, 논문의 주장이나 데이터들이 제대로 되어 있다면 일단 논문으로서 완결성은 갖추어졌다고 볼 수 있다. 다만 편집자 혹은 리뷰어가 당신이 투고한 인기 있는 저널에 소개할 만큼의 중요성을 가졌다고 생각하지 않을 뿐이다. 이 경우에는 좀 더 전문적인 주제를 다루는 학술지(따라서 독자도 한정적이고 인기가 적은 학술지)를 알아보면 해결된다. 이론적으로 완벽하게 설명할 수는 없지만 재미있는 학술적 발견이라면 이런 것들을 '단보(short communication)' 형식으로 싣는 저널에 투고할 수 있을 것이다.

물론 이렇게 투고한 저널에서도 당신 원고의 중요성을 인정해 주지 않을 수도 있다. 과학 연구의 역사에는 미래에 매우 중요한 과학 발전의 원동력이 될지도 모르는 발견임에도 당대 과학자들은 그 중요성을 잘 알지 못하는 안타까운 경우가 매우 자주 있어 왔다! 그러나 어쩌겠는가? 논문 자체의 완결성이 보장된다면 요즘 많이 등장한 소위 '메가 저널(mega journal)'[53]이라는, 연구 결

---

53 PLoS One(journals.plos.org/plosone), Scientific Report(www.nature.com/srep) 등이 있다.

과의 중요성은 크게 고려하지 않고 논문의 주장을 뒷받침하는 데이터만 충실하면 실어 주는 저널에 투고하는 것도 한 가지 방법이다. 이런 저널들은 대개 온라인으로 발표하기 때문에 지면이 부족할 일은 없으므로 연구 내용 자체가 자체로서 충실하기만 하면 게재는 어렵지 않다. 그러나 한 해에 수만 편의 논문이 실리므로 이들 사이에서 당신의 논문이 쉽게 주목받지 못할 위험이 상존한다.

그렇다면 두 번째의 경우처럼 리뷰어가 '논문의 주장 자체는 관심을 끌지만 데이터가 주장을 뒷받침하기에 부족하거나 해석이 잘못되었다'고 판단한다면? 이때는 두 가지 방법으로 대응할 수 있다. 리뷰어가 주장을 입증하기 위해 필요하다고 한 데이터를 확보하거나, '주장'을 수정하여 데이터에서 확인되는 부분만 설명하도록 논문을 재작성하는 것, 아니면 이 두 가지를 동시에 적용하여 논문을 다시 작성하고 재투고하는 것이다. 단, 데이터가 본래의 주장을 충분히 뒷받침하지 못하여 원래 투고한 저널과 비슷한 수준의 저널에서 더 이상 흥미를 갖지 않을 수 있으므로, 이때역시 좀 더 전문성을 가진 저널 혹은 논문의 임팩트를 따지지 않는 저널로 발길을 돌릴 필요가 있다. 어쨌든 '획기적인 주장'을 위해서는 '보통이 아닌 증거'를 제시해야 리뷰어와 편집자를 설득할수 있음을 항상 기억하라.

세 번째의 경우라면, 즉 논문의 주장 자체도 흥미롭지 않고 주장을 뒷받침하는 증거도 불충분하거나 결론이 아예 틀렸다는 판정을 받았다면, 바로 논문을 고쳐서 다른 저널에 보내기보다는 연구가 아직 논문에 투고할 수준이 되지 않은 것은 아닌지, 혹은 논문 작성에 심각한 오류가 없는지를 돌아봐야 한다. 또한 연구를 좀 더 진행해 보아 과연 연구가 제대로 된 방향으로 가고 있는지 반드시 확인해야 한다.

현재 저널에 발표되는 연구 논문의 거의 대부분은 이같은 우여곡절을 겪으며 통과된 것들이다. 심지어 하나의 논문이 5~6회가 넘는 거절을 당하는 경우도 심심치 않게 존재하니 거절에 결코 주눅들지 말길 바란다. 어떤 경우에는 이러한 거절과 재작성 과정을 거치면서 논문의 방향이 완전히 달라지기도 한다. 어떤 관점에서는 논문을 저널에 투고하는 것은 논문 작성의 끝이 아니라 시작일 수도 있다는 것을 명심하기 바란다.

논문 출판부터 졸업까지

우여곡절 끝에 당신의 첫 번째 논문이 게재를 승인받았다! 이제 당신의 박사과정 연구는 모두 끝났을까? 연구 논문 한 편을 학술지에 게재하는 것만으로 박사 졸업 요건을 충족하는 경우도 있겠지만, 많은 학교에서는 박사학위 수여에 필요한 요건을 최소 두 편의 연구 논문 출판으로 규정하고 있다. 어느 정도 연구가 진행되어 논문을 쓸 정도라면 여기서 파생된 새로운 의문이 자연스럽게 생겨날 것이고, 새로운 연구 주제가 꼬리를 물고 나타나기 마련이다. 그렇게 논문을 어느 정도 완성하고 투고 과정에 들어가면서 두 번째 프로젝트가 시작된다.

그렇다면 과연 박사과정은 언제쯤 끝나게 될까? 아니, 박사과정을 마치기 위해서는 얼마나 많은 프로젝트를 수행하고 논문을 출판해야 할까? 전공과 연구실 상황에 따라 매우 다르기 때문에 단언하기는 어렵지만, 최소 두 건 이상의 연구를 수행하여 논문 두 편 이상(그보다 많으면 좋다)을 학술지에 게재하는 것이 최상이라고 생각한다. 첫 프로젝트는 연구실에서 수행하던 기존 연구나 지도교수의 아이디어에서 기인했을 가능성이 높고, 연구의 진행 과정이나 논문 작성 과정에서 지도교수의 도움을 그대로 수용할 확률이 높기 때문이다. 따라서 하나의 주어진 프로젝트를 완료하고 논문까지 발표한 다음 자신만의 '새로운 연구 주제'를 발견하여 새로운 프로젝트를 하나 더 진행해 보는 경험을 한다면 충분히 박사학위를 받을 자격이 된다고 생각한다. 박사과정 훈련에서는 이미 제시된 문제를 해결하는 방식을 배우기도 하지만, 현재까지 알려져 있지 않은 문제를 어떻게 발굴할 것인가가 더 중요하다.

이렇게 두 개 정도의 연구 프로젝트를 완료하고 논문을 작성하면 대개의 박사과정에서 학위논문을 쓸 수 있는 기준 요건은 충족한 것이라고 본다. 매우 내기 힘든 논문 하나로 충분한 곳도 있고,[54] 3~4개, 혹은 5~6개 이상의 논문을 완료해야 겨우 박사학위를 받을 자격이 된다고 생각하는 교수도 있을 것이다. 학문의 특성과 연구실의 성향에 따라 상당히 다를 수 있으니 지도교수를

---

54 물론 이런 경우에는 상당한 위험 부담이 따를 수 있는데, 심한 경우에는 4~5년이 지나도 논문을 하나도 쓰지 못하고 졸업의 기약도 없는 상황에 처할 수 있다.

선택하기 전에 이런 정보를 알아보는 것이 좋다.

그런데 실제로 연구를 하다 보면 문제에 봉착하여 진도가 나가지 않을 때도 있고, 그 상황에서 지도교수와의 인간적인 갈등이 발생할 수 있다. 가장 흔한 상황이라면 박사과정 입학 후 시간이 충분히 지났는데 아직 이렇다 할 연구 논문을 출판하지 못해 졸업이 무한히 연기되는 경우다.

물론 자신의 편의 때문에 졸업 요건이 충분한 학생을 묶어 두는 지도교수가 없지는 않다. 그러나 학생들의 통념과는 다르게 상당수 지도교수들이 학생의 졸업을 쉽게 허락하지 않는 이유는, 그 학생이 박사학위를 얻고 학생이 아닌 연구자로 활동하기에는 아직 미흡하다는 평가 때문일 것이다(물론 학생 자신은 이러한 평가에 동의하지 않을 가능성이 높다). 만약 논문 출판 등의 졸업 요건을 충분히 채웠는데도 졸업을 못하고 있다면 다른 요소를 생각해 보자. 프로젝트를 독자적으로 이끌 수 있는 능력이 충분한가? 논문 작성 능력이 미흡하지는 않은가? 혹은 스스로 과학적 문제를 발견할 수 있는가? 만약 자신이 졸업 요건을 충족했고 위와 같은 질문에 그렇다고 확신한다면 지도교수를 잘 설득하여 자신이 학위를 받을 가치가 있는 사람임을 확신시켜 보자. 자신을 여러 해 동안 보아 왔고 그나마 자신의 능력이나 상황을 잘 아는 사람인 지도교수를 설득하기가 어렵다면 아마 졸업 후에 만나게 될 다른 사람들을 설득하기도 쉽지 않을 것이다. 어떤 의미에서 박사학위 취득은 거저 주어지는 것이 아니라 '쟁취'하는 것이다. 하산은 언제나 입산보다 어렵다는 것을 명심하라.

박사 졸업은
연구 인생의 골인 지점이 아니다

결국 이공계 박사과정을 마치는 데는 매우 오랜 시간과 노력이 필요하다. 아마도 여태까지 학생으로서 경험한 모든 과정을 합친 것 이상의 노력이 필요한 시기가 바로 박사과정일 것이다. 그러나 여기서 알아 둘 사실은, 박사학위를 받는 것은 오늘날 연구자로서 거쳐야 할 하나의 중간 단계에 불과하다는 것이다. 전공에 따라 차이가 있지만, 많은 과학 분야에서 연구 직종에서 정식 직장을 구하려면 박사과정을 마친 이후에 일정 기간의 포스트닥 경력을 요구한다. 즉 오늘날 박사학위를 받는 것은 마라톤의 골인 지점이라기보다 하나의 통과 지점이다. 마치는 데 엄청난 에너지가 필요한 고난이도의 관문이지만, 여기서 모든 에너지를 쓰고 탈진해 버려서는 안 된다!

한 가지 더 생각해야 할 부분은, 학위를 일찍 취득하는 것이 반드시 최선은 아니라는 점이다. 어쨌거나 박사과정은 아직 배우는 학생 신분이지만, 학위를 취득하는 순간 당신은 학생 신분을 벗어난다. 비유하자면 스승 밑에서 무공을 수련하다 하산하는 것과 마찬가지인데, 충분한 준비가 안 된 상태에서 학위를 취득하는 것은 내공 수련이 충분하지 않은 상태에서 강호로 뛰어들어가는 무술인과 크게 다름없다. 게다가 박사학위를 취득한 사람의 '학문적 나이'는 학위 취득 후부터 시작되는 경우가 많아서, 학위 취득 후 어느 정도 시간이 지나면 더 이상 '신진 과학자'로 인정받지 못해 펠로우십이나 연구비 지원 자격을 잃는 경우도 많다. 박사학위 취득 후 몇 년이 지나도 발전된 모습을 보이지 못한다면 연구자로서 장래는 매우 불확실해지게 된다. 따라서 졸업은 연구자로서 독자적으로 생각하고 행동할 수 있다는 확신이 있을 때 하는 것이 차라리 낫다.

그렇다면 대학원생 입장에서 '나는 준비되었는가?'를 어떻게 스스로 판단할 수 있을까? 다음 리스트를 살펴보자.

1. 스스로 문제를 찾고 해결할 수 있는가?

거듭 말했듯 연구는 세상에서 아무도 풀어 본 적 없는 문제를 푸는 과정이다. 이 과정에 도달하려면 먼저 '제한된 시간과 자원으로 풀 가능성이 있는 문제를 찾는 능력'이 필요하다. 이 능력을 기르는 것이 박사과정 훈련의 핵심이다.

2. 자신의 연구를 자기 목소리로 세상에 말할 수 있는가?

연구의 완성은 논문 출판과 학술 대회 발표인데, 이것을 자신 있게 할 수 없다면 학위 취득 후에도 상당한 애로 사항이 생길 것이다.

3. 자기 전공 분야를 전체적으로 볼 수 있는 시야를 갖추었나?

박사는 한정된 분야의 전문가이기는 하지만 자신의 전공 분야에 대해서는 세계의 누구와도 토론할 수 있을 만큼 기본적인 시야와 지식을 가지고 있어야 한다.

이러한 요건을 학위과정 안에 다 갖추지 못했지만 피치 못한 상황으로 어쩔 수 없이 졸업해야 하는 경우도 간혹 생긴다. 가령 지도교수로부터 충분한 지도를 받지 못하여 더 이상 박사과정을 지속해 봐야 자신의 역량의 발전에 큰 보탬이 되지 않는다고 생각한다면 가능한 한 빨리 졸업하는 편이 낫다. 박사과정에서 제대로 수련을 하지 못하고 졸업한 경우 포스트닥 과정에서 다른 사람들보다 더 많은 시간과 노력을 들여야 한다. 그리고 이때 치러야 할 '비용'은 박사과정 때 수련하면서 치르는 대가보다 훨씬 비싸다.

자신의 연구 결과를 남들에게 알리는 능력은 연구자로서 살아가는 데 꼭 필요하다. 박사과정에서 이 훈련을 충실하게 받는 것이 한 사람의 연구자로서 홀로서는 데 필요한 시간과 노력을 절약하는 길임을 마음에 잘 새겨 두기 바란다.

Chapter
05

과학자의 황금기:
박사후과정

직업 과학자가 아닌 사람들도 과학자가 되기 위해서는 대학 학부를 졸업하고 석사와 박사과정을 거쳐야 된다는 사실 정도는 알고 있다. 그러나 박사 다음에 박사후연구원(post-doctoral researcher, 이하 포스트닥) 과정이 존재한다는 것은 잘 모르는 경우가 많다. 이 장에서는 포스트닥이란 무엇이고, 그 기간 동안 무엇을 하는지 알아볼 것이다.

포스트닥이란?

20세기 중후반까지만 해도 학부를 졸업하고 박사학위를 취득하는 것만으로도 직업 과학자가 되기에 충분하고도 남았다. 박사학위를 취득하면 바로 대학교나 연구소에 취업해 연구를 계속하는 것이 일반적인 과학자들의 진로였다.[55] 하지만 박사학위 취득자가 급격히 증가하면서 이들을 수용할 일자리에 비해 배출되는 박사 수가 넘쳐나기 시작했다. 이에 따라 박사학위 취득자가 정규직 직장을 찾기 전까지 연구 활동을 계속할 수 있는 '임시직'의 필요성이 대두되었으며, 일정 기간 펠로우십 형태의 재정 지원을 받아 연구를 하게 되었다. 박사후연구원이라는 고용 형태는 이렇게 생겨났다.[56]

이 제도가 처음 만들어질 때만 하더라도 포스트닥은 1~2년 정도의 짧은 연구 경험을 쌓기 위한, 문자 그대로 '일시적인' 신분이었다. 그러나 현재는 많은 자연과학 분야, 특히 매년 배출되는 박사학위자와 만들어지는 일자리의 수 간에 간극이 큰 분야에서는 정규직 일자리를 얻기까지 수년의 포스트닥 기간을 거의 예외 없이 거쳐야 하며, 대개 5년으로 규정되어 있는 공식적 포스트닥 기간을 지나서도 정규직 연구자로서의 일자리를 찾기가 점점 힘들

---

55 학위를 취득하기 전에 대학교나 연구소에서 연구원으로 일하다가 박사학위를 취득하는 경우도 꽤 있었다. 심지어 일본 등에서는 박사학위를 지금과 같은 정해진 학위과정을 통해 취득하는 것이 아니라, 연구 경력을 쌓아 학술 논문을 출판한 후 대학에 심사를 요청하여 통과하면 받는 형식으로 이루어졌다. 이런 제도를 '논문박사'라고 한다.

56 정확히 언제부터 이런 고용 형태가 일반화되었는지에 대한 기록은 찾기 어렵다. 그러나 DNA 이중나선 구조의 공동발견자인 제임스 왓슨은 1950년대 초반에 록펠러재단(Rockefeller Foundation)의 펠로우십을 받아서 덴마크 및 영국 케임브리지 대학에서 연구 생활을 했고, 그때 그곳 대학원생이던 프랜시스 크릭을 만나 그 유명한 DNA 이중나선을 발견했다. 왓슨 역시 영국에 정규직 직장을 가진 것이 아닌 펠로우십으로 지원되는 임시직으로 연구한 셈이므로 이러한 고용 형태는 적어도 1950년대부터 일반화된 것으로 보인다. 이 외에 미국의 의생명과학 관련 연구를 지원하는 미국국립보건원에서는 1974년부터 포스트닥을 위한 펠로우십 프로그램을 시작했다.

어지고 있다.[57] 그래서 포스트닥은 이제 박사학위 소지자의 단기 연구의 의미를 넘어 **박사학위 취득 이후 정규직 직장을 찾기 전에 거치는 모든 비정규직 일자리**라는 의미로 확장되고 있다.

포스트닥은 과연 필요한가?

현실적으로 박사학위 취득 후 포스트닥을 할지 말지는 개인의 의지보다는 해당 분야의 취업 상황이 결정한다. 즉, 박사 졸업자가 포스트닥을 거치지 않아도 정규직 일자리를 쉽게 얻는 분야, 공학 또는 산업계 진출이 활발한 이학 분야, 학위 취득 후 곧바로 학교에 임용 가능한 분야라면 굳이 포스트닥을 할 필요가 없다. 이런 분야에서는 포스트닥이 매우 희귀하며, 학계에 진출할 극히 소수의 박사학위 취득자만이 거치는 것이 보통이다. 그러나 대개의 박사 졸업자가 포스트닥 없이는 정규직 일자리를 쉽게 얻기 힘든, 박사의 수요가 공급을 크게 초과하는 분야라면 거의 대부분의 박사 취득자가 포스트닥 과정을 거치게 된다.

　이때 여러 가지 문제가 발생한다. 기업에서 운영하는 포스트닥 프로그램도 없는 것은 아니지만, 대개의 포스트닥은 대학 혹은

57　대개의 국가에서 공식적으로 포스트닥을 할 수 있는 시기는 박사 취득 후 5년까지로 규정되어 있다. 5년이 지난 후에도 정규직을 못 찾는 경우에는 과학계를 떠나거나, '스태프 사이언티스트(staff scientist)' 같은 신분으로 비슷한 일에 종사하는 사람도 많다. 물론 이때도 대개의 사람들은 자기 신분을 여전히 포스트닥이라고 생각한다.

연구소에서 이루어지고 그 연구 활동은 마치 '박사과정 연장전'처럼 진행된다. 물론 포스트닥은 이미 박사과정을 거친 연구자이기에 박사과정 학생보다는 자율적인 연구를 하는 편이지만, 이 경우에도 많은 경우 소속된 연구실의 연구책임자가 기획한 연구를 (대학원생보다 숙련된 기술을 가지고) 수행하는 것이 보통이다. 그런데 이 기간의 '추가적 연구 활동'이 과연 연구자의 장래에 얼마나 보탬이 될까?

물론 포스트닥 과정에서 박사과정 때보다 좀 더 폭넓은 경험과 수준 높은 연구를 수행할 가능성이 있다. 따라서 대학 혹은 연구소의 연구책임자를 지망하는 사람이라면 포스트닥 과정이 자신의 연구 역량을 끌어올릴 좋은 기회가 될 것이다. 그러나 학계에서 연구책임자가 되고자 하는 사람은 포스트닥 과정에서 여러 가지 딜레마를 겪는다. 즉, 연구책임자가 되려면 자신만의 연구 주제를 가져야 한다. 그런데 연구책임자의 연구실에 소속되어 연구책임자가 큰 그림을 그린 프로젝트에서 연구를 수행하는 포스트닥의 입장에서 자신만의 주제를 만들기란 생각보다 쉬운 일이 아니다. 특히 독자적 주제를 가지고 연구를 주도하는 것이 아닌, 연구책임자에게 지시받은 연구를 주로 하는 포스트닥이라면 이후 학계 이외의 다른 직장, 특히 연구직 외의 직장을 얻을 때, 포스트닥 경력이 큰 보탬이 되지 않을 가능성도 많다.

하지만 현실적으로 얼마나 유용한 제도인지에 대한 판단과는 상관없이, 포스트닥은 상당수의 박사학위자들이—학계의 독립연구자를 목표로 하지 않는 이들을 포함해—반드시 거쳐야 하는 과정이 되어 버렸다.[58] 상황이 이렇다면 포스트닥을 자기 발전을 위한 유용한 시간으로 만들고 나아가 포스트닥 기간을 최소화하며 자신의 진로를 찾을 방법을 고민해야 한다.

어떤 연구실에서 포스트닥을 할 것인가?

만일 당신이 학계의 연구책임자를 꿈꾸는 박사 취득(예정)자라면 가장 이상적인 포스트닥 연구실은 **당신의 분야에서 현재 '세계에서 제일 좋은 연구를 할 수 있는 곳'**이다. 너무나 당연한 이야기라서 허탈할 수 있겠지만, 강조하는 이유가 있다. 박사학위를 취득한 직후 몇 년은 연구자로서 앞날이 결정되는 가장 중요한 기간이다. 따라서 학계의 연구책임자를 꿈꾸는 사람이라면 최선의 연구 여건이 갖추어진 최고의 연구실에서 좋은 성과를 내야 그 가능성을 조금이라도 높일 수 있다. 그렇다면 여기서 말하는 '최고의 여건'을 갖춘 곳이란 어떤 곳일까?

연구기관

많은 사람들은 자신이 포스트닥 과정을 하는 대학이나 연구기관의 지명도가 미래에 큰 영향을 줄 것이라고 생각한다. 그러나 포

---

58 미국의 생명과학 관련 전공자 기준으로, 박사학위 과정에 들어오는 사람 중 정규직 교수가 되는 사람은 약 8%에 불과하다. www.ascb.org/compass/compasspoints/where-will-a-biology-phd-take-you/

스트닥 시 연구기관의 지명도는 생각만큼 중요하지 않다. 가장 중요한 것은 역시 자신이 직접적으로 소속되어 일할 연구실에 대한 평가다. 저명한 대학이나 연구기관에는 그렇지 않은 곳에 비해 능력 있는 연구자가 많을 가능성이 높지만 그렇게 단순하게 판단할 문제는 아니다. 가령 명성 높은 대학에 소속되어 있지만 개인적 지명도는 떨어지는 연구자의 연구실과, 소속 기관의 지명도는 상대적으로 떨어지지만 특정 분야에서 가장 저명한 연구자의 연구실이 있다면 후자가 훨씬 좋은 선택이다.

연구책임자

포스트닥 과정에서 연구책임자를 선택하는 기준은 석·박사과정과 비슷하지만 미묘한 차이가 있다. 석·박사 시절의 지도교수 선택에서 가장 중요한 기준은 **학생을 한 명의 과학자로 양성해 내는 능력이다.** 그러나 포스트닥은 과학자로서의 기본 훈련은 받은 상태이므로 **추후 독립적인 연구자로 성장하는 바탕이 될 수 있고, 독립 후에도 포스트닥 시기의 연구책임자와 좋은 협력 관계로 남을 수 있는 곳인지가 더 중요하다.**[59] 또한 학생을 과학자로 키워 내는 일과 포스트닥을 독립된 연구책임자급의 연구자로 성장시키는 일에 필요한 역량에는 다소 차이가 있다. 2장에서 설명한 '컨트롤의 화신' 유형의 연구책임자는 연구를 처음 접하는 학생이 연구의

---

59 물론 포스트닥 과정에도 과학자로서의 훈련은 계속되겠지만, 일단 포스트닥을 하기
위해 박사학위가 필요하다는 것은 과학자로서의 기본 훈련은 되어 있음을 의미한다.

기본기를 쌓아야 하는 상황에서 좋은 멘토가 될 수 있지만, 연구에 숙련된 포스트닥에게는 좋은 지도자가 아니다. 반면 6개월에 한 번도 얼굴을 보기 힘든 저명한 교수('신적 존재')의 연구실은 처음 연구를 시작하는 학생에게 그리 좋은 곳이 아닐 수 있지만 능력과 야심이 있는 포스트닥에게는 최상의 여건일 수 있다.[60] 그래서 상대적으로 젊은 교수나 학생 지도를 잘하는 교수 밑에서 학위를 받은 후, 영향력 있는 대가 밑에서 포스트닥을 하는 것을 정석적인 '테크 트리(tech-tree)'라고 생각하는 사람이 많다.

하지만 좀 더 다양한 경우를 생각해 볼 필요도 있는데, 예를 들어 석·박사과정에서 자유방임적인 지도교수를 만나 충분한 연구 지도를 받지 못한 채 졸업했다고 생각한다면 차라리 '컨트롤의 화신' 스타일로 학생의 프로젝트를 꼼꼼하게 챙기는 연구책임자를 만나서 박사과정 시절에 제대로 받지 못한 트레이닝을 뒤늦게나마 받는 게 나을 것이다. 또한 학위를 취득한 국가와 다른 국가에서 포스트닥을 하는 연구자라면, 많은 연구자가 소속되어 있고 내부적으로 경쟁이 치열한 대가의 연구실보다는 창설된 지 얼마 안된 신진 연구자의 연구실이 더 좋을 수도 있다. '신적 존재'의 연구실에서는 내부 경쟁이 치열하고, 해외에서 갓 포스트닥으로 온 사람들은 현지 사정을 잘 모르는 상황에서 전망이 있는 알짜 프로젝트에 참여하는 데 어려움을 겪을 수 있기 때문이다. 짧은 시

---

60 '신적 존재'가 왕년에는 아주 유명했지만 현재는 연구에 흥미를 잃은 상태라면, 포스트닥을 시작하기에 좋은 곳이 아닐 수 있다.

간 안에 실적이 필요한 연구자라면 차라리 종신고용보장을 받지 못한 신진 연구자의 연구실 쪽이 유리할 수도 있다. 프로 스포츠 선수가 해외 리그에 진출할 때도 세계적인 명문 클럽보다는 상대적으로 지명도가 낮은 클럽에 진출할 때 출장 기회가 많고 따라서 활약할 기회도 많은 것과 마찬가지다.

연구실 활동성

당연한 이야기지만, 포스트닥을 할 연구실은 현재 활발하게 연구 활동이 진행되고 있는 곳이어야 한다! 가령 연구책임자의 명성에만 이끌려 최근 5~10년 안에 한 편의 연구 논문도 나오지 않은 유명 연구자의 연구실에 지원하는 것은 극히 위험하다.

학위를 위한 연구실을 고를 때와 마찬가지로, 최근 그 연구실 출신들이 연구실을 나간 후 무슨 일을 하는지 알아볼 필요가 있다. 연구실 홈페이지나 검색 엔진으로 그 연구실에서 최근 포스트닥을 마친 사람들이 어떤 경로를 거쳤는지 살펴보자(최근 5년 내의 논문 목록을 찾고 제1저자가 지금 어디 있는지를 살펴보면 된다). 학계의 연구책임자를 꿈꾸고 있는데, 설립된 지 10년이 넘도록 포스트닥을 마친 여러 사람 중 연구책임자가 된 사람이 한 명도 없는 연구실에 들어가는 것은 그리 좋은 판단이 아닐 수도 있다.

포스트닥 후 취업을 할 생각이라면, 기업체와 연계되어 연구를 수행하는 연구실이나, 기업에서 직접적으로 관심이 많은 토픽을 연구하는 연구실을 선택하는 것이 좋다.

연구기관의 위치

포스트닥을 계획하는 많은 사람들이 연구기관의 저명성은 크게 신경쓰지만, 기관이 위치하는 국가나 도시에 대해 깊이 고려하지 않는다. 그러나 생활 환경은 연구지 선택에 매우 중요한 문제다. 포스트닥을 하게 되면 최소 1년에서 길면 5년까지 한 지역에 체류하게 되는데, 이곳이 포스트닥이라는 직업을 갖고 거주할 여건이 되는 곳인지는 매우 중요하다. 유명 연구기관들은 국가를 불문하고 대부분 물가가 매우 비싼 곳에 있는 경우가 많다. 미국의 경우 서부 샌프란시스코 근처, 동부의 보스턴 근처가 대표적이다. 일반적인 포스트닥 급여는 연구원 당사자 혼자 먹고 살 수 있을 정도이며, 물가가 비싼 곳에서는 기본적인 생활비를 감당하기도 버거울 수 있다. 부양가족이 있다면 부담이 더욱 커질 것이다. 따라서 포스트닥을 시작하기 전에 연구기관이 있는 곳의 생활비와 자신의 상황을 반드시 조사해 보아야 한다.

학위를 받은 국가 밖의 다른 나라에서 포스트닥 생활을 하는 것은 경험을 넓힐 수 있는 매우 좋은 기회다. 특히 국제 공동연구나 해외 학술 교류가 연구에서 필수가 되는 요즘, 학위과정에서 해외 유학 경험이 없다면 포스트닥 기간이 좋은 보완책이 될 수도 있다. 물론 포스트닥도 일종의 훈련 기간으로 간주되긴 하지만 그래도 학위과정으로서의 유학과는 차이가 있으며, 박사학위 학생과는 달리 포스트닥은 학생의 신분이 아님을 명심해야 한다. 이 기간 동안 여러 국가에서 다양한 연구 시스템을 경험해 보는 것은 앞으로의 연구 인생에서 매우 중요한 경험이 된다.

박사학위 전공을 살려야 할까?

박사학위를 갓 받은 사람들은 자신이 현재 수행하는 연구와 연구 테크닉을 일생 동안 계속 사용할 것이라고 착각한다. 학사-석사-박사과정은 뒤로 갈수록 전공이 세분화되고 심화된다. 그중에서도 박사과정은 극히 세부적인 지식에 대한 전문가를 양성하는 과정이므로, 앞으로도 전문성을 이어 나가고 싶다는 생각을 가지는 것은 자연스러운 것이다.

그러나 박사과정을 마치고도 시간과 노력을 들여 포스트닥을 하는 이유는 **자신의 가치와 연구 능력을 확장**하기 위함인데, 동일한 주제와 테크닉을 유지하면서 이력서에 논문 개수만 추가하는 것으로는 그 효과를 기대하기 어렵다.

박사과정 때와 동일한 테크닉과 주제를 가지고 다른 곳에서 포스트닥 연구를 할 때 발생하는 몇 가지 문제가 있다. 먼저 모든 연구 분야에는 근본적 한계가 있기 때문에 개인의 역량을 확장할 가능성이 줄어든다. 또한 박사과정 동안 수행한 연구를 계속하다 보면 연구자 자신이 해당 연구에 대한 흥미를 잃고 매너리즘에 빠지기도 쉽다. 가장 큰 문제는 연구자로서의 시야가 제한되는 것인데, 장기적으로 볼 때 연구자의 자기 발전에 좋지 않은 영향을 미친다. 연구 분야가 빠르게 발전하는 상황에서 자신의 특기였던 테크닉을 무용지물로 만드는 새로운 테크닉이 나오거나 해당 연구 분야에서 더 이상 새로운 돌파구가 나오지 않아 정체된다면 개인의 노력 여부와는 상관없이 연구자로서의 장래가 어두워진다.

이렇게 여러 가지 사항을 고려했을 때, 장차 독립연구자를 꿈꾸는 포스트닥 지망생이라면 박사과정에서 사용하던 연구 테크닉이나 주제, 혹은 연구에 사용하는 시스템 중 하나 정도는 변화를 줄 필요가 있다.[61] 즉, **박사과정 때와 다른 테크닉을 사용하는 연구실에 가서 동일한 주제를 복수의 테크닉으로 접근해 보거나, 같은 테크닉을 유지하되 주제를 다른 것으로 바꾸어 시야를 넓히는 것이다.**

아예 박사과정에서 사용한 것과 전혀 다른 테크닉과 주제로 연구해 본다면 어떨까? 만약 전혀 다른 분야에서 새로운 테크닉과 주제를 익혀 두 개 이상의 분야에 전문성을 가지는 연구자가 된다면 여러 사람과 함께 학제 간 연구를 할 필요도 없는 '만능 연구자'가 될 수 있을지도 모른다. 그러나 펠로우십을 받아 자기 인건비를 스스로 조달할 수 있다면 모르겠지만[62] 전혀 접해 보지 않은 주제와 익숙하지 않은 테크닉을 사용하는 연구실에 포스트닥으로 가기란 현실적으로 쉽지 않다. 연구책임자가 자신의 연구비로 포스트닥을 고용하는 상황에서 연구실에서 사용하는 테크닉부터 주제까지 모든 것이 생소한 사람을 선발하기란 쉽지 않기 때문이다. 따라서 테크닉과 연구 주제, 혹은 연구에 사용하는 시스템 중 하나 정도는 변화를 주는 것이 본인에게나 고용인인 연구책임자 입장에서나 안전한 선택일 것이다.

---

61 생물학이라면 연구에 사용하는 모델 생물을 바꾸어 보는 것이 좋은 예가 될 것이다.
62 포스트닥에서의 펠로우십에 대해서는 이 장 후반부에서 설명한다

새로운 연구 주제 혹은 테크닉으로 연구하려면 적응하기까지 시간과 노력이 필요하다. 박사학위를 새로 시작하는 느낌이 들 수도 있다! 정규직 일자리를 잡아야 한다는 강박관념을 가진 연구자는 가장 짧은 시간에 많은 연구 업적을 내는 것이 최우선이라고 생각해 박사과정 때의 연구 분야를 유지하려는 경우가 많은데, 정규직 일자리는 반드시 논문 수나 임팩트 팩터의 총합만으로 열리지 않으며(물론 전혀 관계없다고는 할 수 없다.) 그보다는 자신이 얼마나 새로운 연구를 할 수 있는지가 더 큰 영향을 미칠 것이다. 만약 박사과정과 비슷한 주제와 테크닉을 계속 유지한 연구자라면 당신은 박사과정 지도교수의 복제품이나 다름없으며, 이 경우 당신의 진로에 가장 큰 장애물은 바로 그 지도교수가 될 수도 있다. 검증된 '오리지널'이 존재하는데 굳이 그 '복제품'이 필요할까? 청출어람은 말처럼 쉽게 이루어지지 않는 법이다.

원하는 연구실에 들어가려면

준비 단계

포스트닥을 하려는 연구자 중 상당수는 다른 국가, 기관, 혹은 유명 연구자가 이끄는 연구실에 들어가고 싶어 한다. 그러나 내가 원하는 곳은 다른 사람도 원하는 연구실인 경우가 많아서 경쟁 또한 치열하다. 어떻게 하면 모든 사람의 선망의 대상이 되는 연구실에 들어갈 수 있을까?

　일찍부터, 늦어도 포스트닥 시작 1년 전부터 실제적인 계획을 세워야 한다. 향후 어떻게 포스트닥을 할 것인지에 대한 아무런 생각 없이 졸업한다면 박사학위를 하던 연구실에서 '포스트닥 아닌 포스트닥' 생활을 해야 할 수도 있다. 먼저 목표 연구실을 설정해야 하는데, 앞에서 말한 것처럼 자신의 박사과정 연구를 구성했던 세 가지 요인 중 하나 정도는 변화를 주는 것이 좋다고 생각한다. 생물학 분야를 예로 들어 보자.

표 5-1. 박사과정 연구의 구성

구분	예시
연구 시스템	생쥐, 초파리, 효모, 애기장대, 셀라인 등
연구 방법론	계산생물학, 유전학, 생화학, 구조생물학, 세포생물학 등
연구 주제	신호전달, 줄기세포, 노화, 암, 신경생물학 등

　이 요소 중 최소한 하나의 요인을 유연하게 변경할 수 있다면 포스트닥을 할 연구실을 구할 때 크게 유리하다. 포스트닥을 선발하는 연구책임자 입장에서는 자신의 연구실에서 하지 않는 새로운 연구를 자신의 연구실에서 해 오던 연구와 접목할 수 있는 후보자를 선호할 가능성이 높기 때문이다.

　자신의 연구 구성에 변화를 준 다음에는 지원할 수 있는 연구실 목록을 만들어 보자. 아마도 박사학위 연구를 한 연구실에 비해 다양한 연구실의 목록을 만들 수 있을 텐데, 그중 가장 유망한 연구실을 골라 보자. 해당 분야 사람이라면 누구나 아는 '신적 존재' 급 연구자의 연구실 외에도 눈에 띄는 논문을 내고 임용된 지 얼마 안 된 '유망주'의 연구실도 주목해 보길 바란다.

포스트닥 연구실을 고를 때 중요하지만 흔히 간과하기 쉬운 요소는 **'포스트닥을 하는 곳의 연구책임자와 인간적으로 좋은 관계를 유지할 수 있는가'**이다. 이미 박사학위를 취득했는데 단순히 '직장 상사'일 뿐인 연구책임자와의 유대관계가 그리 중요하냐고 생각할 사람도 있겠다. 하지만 포스트닥 기간 중 '보스'와 사이가 틀어져서 연구실을 옮기는 경우는 의외로 빈번하다. 문제는 그 다음에 벌어진다. 학계에서 이직을 하려면 대개 자신이 근무한 연구실의 책임자로부터 추천서(reference)를 받아야 하며, 이것이 꽤 결정적인 역할을 한다. 이때 자신의 이전 보스와 사이가 틀어져 나온 상황이라면 좋은 추천서를 기대하기는 쉽지 않다. 게다가 동양권 교수들은 추천서를 의례적으로 쓰지만 서구권 연구책임자들은 자신의 느낌을 진솔하게 쓰는 경향이 있는데 이때 받은 부정적인 추천서 한 장이 향후 일자리를 좌우할 수 있다. 자신과 일하던 포스트닥이 연구책임자로 발돋움할 수 있도록 발 벗고 도와주는 연구책임자도 있는 반면 이런 부분에서 인색한 사람도 꽤 있다. 가령, 새로 연구책임자가 되면서 포스트닥 때 하던 연구를 확장하려는데 이전 연구실에서도 같은 주제를 계속 진행하여 경쟁 관계가 된다면? 이 경우 보스와 인간적 신뢰가 쌓여 있지 않다면 자칫 곤란한 상황에 놓일 수 있다.

연구실 목록을 만들었으면 연구책임자와 접촉해 보자.[63] 가장 좋은 방법은 직접 만나서 이야기하는 것이지만, 해외의 연구실을 일일이 방문하기는 거의 불가능할 것이다. 정식으로 포스트닥 지원을 하기 전에 해당 연구책임자와 학회 참석 등을 계기로 안면을 튼 경우라면 훨씬 유리하다. 직접 만나는 것이 불가능하다면, 해당 연구자에게 자신을 추천해 줄 사람을 알아보는 것이 좋다. 아무런 정보가 없는 후보자보다는 연구책임자가 아는 사람들의 추천을 받은 사람이 절대적으로 유리하다.

국내에서 학위를 마친 후 해외 연구실에 포스트닥을 지원할 때 수십, 수백 군데의 연구실 목록을 얻어(구인 광고란에 나온 곳 위주로) 이메일로 CV를 뿌리는 사람도 있다. 이 방법은 두 가지 이유에서 그리 효율적이지 않다. 첫째, 모든 연구실에 대해 면밀히 조사할 수 없기 때문에 자신이 메일을 보내는 연구실에 적합한 사람임을 어필하기가 어렵다. 메일 수신자 이름만 바꿔서 수십 통의 이메일을 보내다가 혹시라도 실수로 이름이나 연구 주제라도 잘못 표기해서 보낸다면 고용될 가능성은 없다고 봐야 한다. 둘째, 이런 상황에서 운이 좋아 고용된다 해도 그곳은 많은 사람이 선호하지 않는 곳일 가능성이 높다. 가령 연구책임자가 독특한 사람이라('사이코' 혹은 '노예 감독관'으로 분류될 만한) 포스트닥이나 대

---

63 포스트닥의 고용은 보통 연구책임자와 1대 1로 접촉하여 이루어진다. 간단하게 생각하면 연구책임자는 일종의 '소기업'을 운영하고 있는 CEO와 비슷한 상황이며, 포스트닥은 여기에 고용되어 일하는 것과 비슷하다. 따라서 기관 단위로 모집 공고가 나오기보다는 보통 연구책임자와 사전에 접촉하여 고용이 이루어진다.

학원생이 오래 버티지 못해 자주 공고를 내는 연구실이라면? 나는 수십 통의 이메일을 돌려 천신만고 끝에 포스트닥을 시작했다가 연구책임자와 갈등을 빚어 1년 만에 아무런 결과 없이 연구실을 옮기는 사례를 수없이 보았다. 수십 곳의 후보 목록을 정하는 것 정도는 괜찮겠지만 최대 열 곳 정도의 연구실을 추려 해당 연구실에 대해 면밀히 조사한 후 접촉을 시도하는 것이 좋다.

실행 단계

지원할 연구실 후보가 정해졌다면 본격적으로 해당 연구책임자에게 '내가 당신의 연구실에서 일하면 보탬이 될 것'이라고 어필할 차례다. 공식적으로 지원하기 전에 해당 연구실에서 포스트닥을 뽑을 여건이 되는지를 미리 알아보면 좋다. 가령 연구비가 전혀 없어서 사람을 뽑을 상황이 안 되는 연구실에 굳이 지원할 필요는 없을 것이다. 그래서 관심이 가는 연구실이 있다면 학회 등에서 미리 만나 친분을 쌓고 가볍게 비공식적으로 물어보거나, 인적 네트워크를 통해 해당 연구실의 상황을 알아보는 등 재량껏 조사해야 한다.

사전 작업이 완료된 다음에는 공식적으로 지원할 차례이다. 이때 커버 레터(cover letter)와 CV(curriculum vitae)가 필요하다. 커버 레터는 **내가 누구이고, 어떤 연구를 했고 언제 졸업할 예정이고, 당신의 연구실에 관심을 가지는 이유는 무엇인지** 등의 정보를 담은 편지다. 요즘은 대부분 이메일로 연구책임자에게 직접

CV에 들어가야 하는 내용

1. 이름
2. 연락처: 주소, 이메일*, 전화번호.
3. 학력: 가장 최근 학력부터 학부까지 나열하고, 고등학교는 적지 않아도 된다. 박사과정 학위, 기간, 학과(프로그램명), 졸업논문 제목, 지도교수 정도를 기재한다. 학사, 석사는 기간과 학교명, 전공 정도면 충분하다. 어차피 학생이 아니므로 GPA 같은 것은 필요없다.
4. 연구 경력: 석사, 박사, 혹은 기타 연구 관련 직장 경력이 있다면 각각 무슨 연구를 했는지 적는다. 출판된 논문이 있으면 해당 연구에서의 역할을 명시해도 좋다.
5. 출판 논문: 출판된 논문의 목록을 적는다. 저자가 여러 명인 경우에는 밑줄로 자신의 위치를 표시해 주는 것이 좋다. 만약 공동 제1저자라면 그 사실을 별표 등으로 명시하자. 단, 논문에 표시된 저자 순서를 임의로 바꾸어서는 안 된다! 그리고 한국처럼 저널 임팩트 팩터를 신성시하는 곳에서는 출판 목록 뒤에 저널 임팩트 팩터를 표기하는 경우가 있는데, CV를 보내는 곳이 한국이 아니라면 하지 않는 편이 낫다.
6. 연구 테크닉: 자신이 수행한 경험이 있는 연구 테크닉을 명시한다. 자신이 해 보지도 않거나 구경만 한 것을 백화점식으로 나열하는 것은 지양해야 한다. 정말 자신 있고 채용에 보탬이 된다고 생각하는 연구 테크닉만 쓴다.

---

* 가급적 학교의 공식 이메일 주소를 사용한다. 몇몇 이메일 서비스 주소는 자칫하면 필터링되어 스팸 처리가 될 수도 있음을 주의하라.

7. 추천서: 추천서를 써 줄 수 있는 사람, 즉 박사과정 때의 지도교수나 심사위원, 혹은 자신의 연구를 평가해 줄 수 있는 관련 분야 연구자 등 자신을 잘 평가해 줄 사람들의 목록과 연락처를 제시한다. 자신의 지도교수나 논문심사위원 중 자신을 알고 있는 사람이나 자신과 직접적인 인연이 없어도 당신의 연구를 객관적으로 평가해 줄 수 있는 사람이면 괜찮다. 자신의 논문을 인용한 리뷰 논문의 저자 등 자신의 일을 제3자 입장에서 객관적으로 기술해 줄 사람도 한 명 쯤 있으면 좋다. 물론 지도교수가 해당 연구실의 연구책임자와 안면이 있어서 직접 추천을 해 줄 수 있다면 가장 좋다.

CV에 넣지 말아야 하는 내용

1. 출생연도, 성별, 사진: 개인정보는 CV에 넣지 않는다. 한국에서는 이력서에 사진을 첨부하는 경우가 많아 습관적으로 해외에 보내는 CV에도 사진을 넣는 경우가 많은데 제발 그러지 마시라. 당신의 뛰어난 용모를 보면 누구든 당신을 뽑지 않을 수 없다는 강한 확신이 있다 할지라도 그러지 말길 간곡히 부탁드린다.
2. 학문 활동과 관계없는 경력 사항: 학부 동아리 활동, 취미, 연구와 관계없는 이전 직장에서의 경력이나 성취 등은 학계에서는 쓸모가 없으니 쓰지 않는 것이 좋다.

지원하는데, 이때 이메일 본문에 해당하는 내용이라고 생각하면
된다. CV를 쓸 때 많은 사람이 일반적인 이력서와 학계의 CV를
혼동해서 필수 포맷을 어기거나 일반적으로 CV에 포함시키지 말
아야 할 내용을 넣는 실수를 한다. 200~201쪽에서 주의 사항을
체크하길 바란다.

커버 레터와 CV를 작성한 다음에는 이메일을 바로 보내지 말
고, 최근에 포스트닥을 시작한 지인이나 최근 부임한 교수에게 검
토를 부탁하자. 피드백을 반영한 후 커버 레터와 CV를 이메일로
보내고 연락을 기다리면 된다.

1. 응답이 없는 경우

유명 연구자는 하루에 수십 통의 포스트닥 지원 이메일을 받
기도 해서 메일을 아예 읽지도 않고 삭제하는 경우도 잦다. 학
교의 공식 계정이 아닌 포털 이메일 계정으로 발송하면 스팸 메
일로 분류되는 경우도 많으니 가급적 현재 소속 기관의 공식
이메일을 이용하고, 확실히 하기 위해 제목에 "Postdoctoral
Application(포스트닥 지원서)"이라고 분명히 적는 것이 좋다.

2. 응답이 온 경우: 보통은 다음 세 가지 답변이 올 것이다.

1) "연구비 사정이 안 좋아서 자리가 없다." 실제로 연구비 사
정이 좋지 않아 포스트닥을 채용할 수 없는 경우도 있고 완곡한
거절의 표현일 수도 있지만 어쨌든 거절이다.

2) "당신이 펠로우십을 가져오면 생각해 볼 수 있다." 실제로

연구비 사정 때문에 당신을 직접 뽑을 여유가 없을 수도 있고, 자기 돈을 지불하고 고용하기는 좀 아깝지만 공짜라면 받아 주겠다는 이야기인데, 화상 회의로 인터뷰하자는 이야기가 없다면 완곡한 거절로 생각해도 좋다.

3) "흥미 있으니 인터뷰를 하자." 만약 지원하는 연구실이 해외에 있다면 줌(Zoom) 등의 화상 회의를 통하여 인터뷰를 한 다음 직접 방문하는 경우도 있다. 일단 인터뷰를 할 수 있게 되었다면 일차 관문은 통과한 셈이다. 이제 가장 중요한 인터뷰 과정을 준비하자.

인터뷰와 오퍼

이제 지원한 연구실의 연구책임자와 인터뷰를 할 차례다. 요즘은 인터넷이 발달해 화상 회의로도 인터뷰를 할 수 있는 좋은 시절이다. 그러나 화상 회의만으로 연구실을 결정하기보다는 가급적이면 직접 해당 연구실에 방문하여 인터뷰를 하는 것이 여러모로 좋다. 연구실에서의 대면 인터뷰를 통해 연구책임자 외의 다른 구성원과도 직접 만날 기회를 얻을 수 있으며 이는 쌍방 간에 보다 정확한 평가를 하는 데 보탬이 된다. 만약 당신이 매우 강력한 포스트닥 후보자라면 해외 연구실이라도 방문 인터뷰의 기회를 얻을 수 있을 것이다.

인터뷰의 형태와 상관 없이 포스트닥 지원을 위한 인터뷰는 주로 세미나 형식으로 이루어진다. 박사학위 취득 예정자라면 박사학위 중에 진행한 연구로 세미나를 하면 된다. 포스트닥 인터뷰를 할 정도의 사람이라면 박사과정 동안 세미나와 구두 발표를 수 없이 했을 것이므로 발표에는 충분히 숙달이 되었을 것이다. 이때 인터뷰를 할 연구실에서 자신의 박사학위 연구와 약간 동떨어진 연구를 하거나 연구에 사용하는 도구가 다르다면, 자신의 연구에 대해 어느 정도 상세한 소개를 넣는 것이 좋다.

세미나 후에는 대화를 통해 해당 연구책임자가 어떤 스타일의 사람인지 파악할 수 있을 것이다. 포스트닥 인터뷰는 고용하는 사람이 지원자를 평가하는 것이라고 생각할지 모르겠지만, 포스트닥 지원자에게도 해당 연구책임자와 연구실이 어떤 곳인지를 확인할 수 있는 좋은 기회다. 앞서 말했지만 포스트닥 때의 멘토와는 연구자로서의 생애가 끝날 때까지 끊어지지 않는 관계를 맺을 수 있다. 연구책임자가 인간적으로 가까워지기 힘들거나, 어려울 때 도움받을 수 있는 사람이 아니거나, 자신을 독립된 연구자로 성장시켜 줄 수 있는 사람이 아니라고 느껴진다면, 그런 곳에 가는 것은 현명한 선택이 아니다.

연구책임자와의 대화를 마친 후에는 **연구실의 다른 포스트닥이나 대학원생과 얘기를 나눠 보는 것이 좋다.** 연구실 분위기는 어떤가? 모두 믿음직하고 배울 점이 있는 동료로 느껴지는가? 아니면 서로가 하는 일에 관심 없이 그저 책임자가 시키는 일을 수행하기 급급한 분위기인가? 연구실 구성원들은 서로 친한가? 연구를 하며 문제가 생기면 연구책임자와 충분히 토론할 기회를 갖는가? 이야기를 나눔으로써 지적 자극을 주는 사람들인가? 당신이 포스트닥으로 들어가야 할 곳은, **같이 있으면 〈어벤저스〉의 멤버**

가 된 듯한 곳이어야지, 위대한 연구책임자의 지시 하에 피라미드를 쌓을 돌을 나르는 노역장 같은 곳이어서는 안 된다. 짧은 대화로 판단이 어렵다면 해당 연구실을 경험한 사람을 수소문해서라도 해당 연구책임자와 연구실에 대한 정보를 수집해야 한다.

당신이 마음에 들었다면 연구책임자는 당신에게 고용 제안(Employment Offer)을 할 것이고 이제 선택은 전적으로 당신에게 달려 있다. 복수의 연구실에 지원하고 그중에서 선택할 수도 있다. 가령 1순위 연구실에서 인터뷰를 하고 그 결과를 기다리는 중에 2, 3순위 연구실에서 고용 제안을 받았다면, 다른 곳의 결과에 따라 확답을 하겠다고 미리 이야기를 해 두자. 일단 고용 제안에 동의하여 서명한 후에 이를 취소하는 것은 정식으로 고용 프로세스를 시작하기 전이라면 가능할지는 모르겠지만 좋은 인상을 주지는 못한다.

포스트닥 오퍼를 받은 다음에는 자리를 옮길 준비를 해야한다. 만약 포스트닥을 하는 곳이 해외라면 국내보다 준비할 것이 꽤 많을 것이다. 그리고 박사학위를 받은 연구실을 떠나기 전 실험에 사용한 재료나 실험 노트 원본(사본은 가져갈 수 있다) 등을 잊지 말고 잘 인계해야 한다. 가끔 실험에 사용된 재료, 프로그램 코드, 실험 결과 등을 제대로 인계하지 않거나 가져가 버려서 문제가 되는 경우가 있는데, 당신이 박사과정 중에 남긴 결과를 재현하거나 설명할 책임은 제1저자인 당신이 아닌 책임저자(주로 지도교수)에게 있음을 생각한다면, 인수인계를 철저히 하는 것이 당신의 미래를 위해서도 좋을 것이다.

새로운 연구실에서의 연구 시작

포스트닥 연구와 박사과정 연구에는 공통점과 차이점이 함께 있다. 공통점은 새로운 연구실에 적응하여 본격적으로 연구를 진행하기 위해서는 어느 정도의 시간이 필요하다는 것이고, 차이점은 학생 때처럼 교수의 각별한 지도를 기대해서는 안 된다는 것이다. 이에 덧붙여, 이미 학위과정 동안 연구를 경험해 보았으므로 박사학위를 처음 시작할 때보다는 훨씬 시행착오를 줄일 수 있다는 강점도 있다.

포스트닥 과정을 밟는 많은 이들의 목적은 궁극적으로 포스트닥에서 한 단계 진일보한 일자리를 찾는 것이기 때문에 박사과정 때 갈고 닦은 연구 내공을 총동원해 연구 성과를 내야 한다. 만약 학계에 남아 연구책임자가 되는 것이 당신의 목표라면 박사학위 취득 후 약 2~3년이 가장 중요한 기간이다. 박사학위를 취득했다는 해방감에 포스트닥에 들어서 약간 느슨해지는 연구자들을 심심치 않게 볼 수 있는데, 나는 **연구자의 일생에서 연구를 가장 열심히 해야 하는 시기가 바로 이 때**라고 생각한다. 연구라는 철인삼종경기에서 박사과정이라는 사이클을 끝내고 포스트닥이라는 마라톤을 시작하는 상황과 비슷하다.

연구를 서둘러 진행한다고 좋은 결과가 빨리 나오지 않는다는 것쯤은 이미 박사과정에서 경험했을 것이다. 단시간에 연구 성과를 내는 데 집착하다 보면 간혹 동료들과 뜻하지 않은 경쟁 관계가 형성되고 이해 충돌이 일어나게 된다. 연구를 수행하면서 자신의 정당한 권리를 확보하는 것은 중요하지만, 자신의 권리 주장에만 너무 집착하다 보면 연구실 내에서 '타인과 협력하지 않는 사람', '자신의 성공 외에는 신경 쓰지 않는 사람'으로 낙인찍힐 수도 있음을 주의해야 한다. 즉, 연구 실적을 내는 것이 필수적이지만 이에 집착하느라 자신의 평판을 나쁘게 만들어서는 안 된다. 포스트닥 때 만나는 동료는 해당 연구 분야를 완전히 떠나지 않는 이상 연구 생활 내내 교류할 (때로는 경쟁자가 될 수도 있는) 중요한 존재임을 기억하자.

또한 포스트닥 기간에는 대학원생이나 테크니션처럼 자신보다 경험이 부족한 연구자들과 같이 일하며, 미숙한 연구자를 지도해야 할 때도 있을 것이다. 이때 자기 연구도 바쁜데 왜 '내 지도 학생'도 아닌 대학원생이나 테크니션을 가르쳐 가며 일해야 하는지 의문을 가질 수도 있다. 그러나 나중에 학계의 연구책임자가 되든 기업의 연구자가 되든 **자신보다 경험이 부족한 연구자를 훈련시키는 일은 반드시 겪게 될 것이며, 포스트닥 과정에서의 이같은 경험은 이를 연습할 좋은 기회이다!** 만일 자신보다 연구 경험이 부족한 사람을 훈련시켜 본 경험 없이 학계나 기업의 연구책임자로서 리더의 역할을 해야 한다면 큰 어려움을 겪을 것이다.

박사과정 때의 연구 주제나 도구, 시스템 중 한 가지 정도를 바꾸어 연구를 수행하다 보면 타인으로부터 배워야 할 상황이 많이 생긴다. 당신이 잘 모르는 연구 방법론에 경험이 많은 대학원생이나 테크니션에게 배워야 할 때도 있다. 서구권 연구실이라면 학생과 포스트닥 사이에 일종의 위계질서가 크게 느껴지지 않을 테지만, 한국을 비롯한 동양권에서는 박사 입장에서 대학원생에게 묻기를 꺼릴 사람도 없지 않을 것이다. 그러나 **과학의 기본은 모르는 것을 모른다고 하는 것, 그리고 다른 사람의 의문에 성실하게 답하는 것**임을 기억하라.

자신의 연구 테크닉 등에 대해 같은 연구실 소속의 동료에게도 절대 비밀로 하거나, 그동안 쌓은 연구 노하우를 자신만의 특급 비밀처럼 여기는 연구자도 간혹 있다. 그런 태도는 개인의 자유지만 사소한 노하우에 집착하는 것은 박사급 연구자보다는 테크니션급 연구자에게나 중요한 일이라고 생각한다. 결국 하늘 아래 전혀 새로운 것은 없고, 당신이 개발했다는 '당신만의 노하우' 역시 남의 경험에 자기 경험을 추가한 것에 지나지 않을 것이다. '당신만의 노하우'가 상업화하면 바로 큰돈을 벌 수 있을 만큼 대단한 것이라면 혼자서 감추어 두고 쓰기보다는 차라리 상업화해서 돈을 벌 궁리를 하는 편이 낫다. 상업화까지는 어려운 소소한 노하우라면 가급적 너그럽게 베풀고, 동료를 도와준다는 마음가짐으로 연구하는 것이 당신의 미래에 보탬이 된다. 나중에 일자리를 구하려 할 때 'ㅇㅇㅇ는 매우 훌륭한 과학자이지만 팀 플레이어는 아니다' 같은 평이 따라다니게 된다면(앞서 말했듯 서구권의 연구책임자들 중에서는 추천서에 매우 직설적인 평을 쓰는 사람들이 적지 않다) 당신의 이력에 금이 갈지도 모른다는 것을 항상 염두에 두길 바란다.

논문 작성과 저자의 권리

박사과정을 정상적으로 마친 사람이라면 연구를 처음부터 기획하여 하나의 논문을 독자적으로 쓸 수 있는 능력을 갖추었다고 볼 수 있다. 그런데 한 사람이 모든 연구를 수행하기보다 여러 사람의 공동연구가 일반화된 현대 과학의 특성상, 필연적으로 연구실 내외에서 타인과 협력해서 연구를 할 일이 많다. 이때 간혹 문제가 발생하는데, 예를 들면 "누가 제1저자가 되는가?" 같은 문제다. 1인이 주도하고 나머지 사람들은 연구를 돕는 정도의 상황에서는 제1저자가 연구의 '주인', 즉 연구를 디자인하고 수행한 후 결과를 해석하여 쓴 사람으로 간주되는 것이 보통이고 이 경우는 논문의 제1저자가 누구인지가 크게 문제 될 일이 없다. 그러나 연구에 기여도가 비슷한 두 사람이 얻은 결과를 모아 논문을 쓸 때는 다음 예시에서와 같이 '공동 제1저자(co-first author)'로 표시하기도 한다.

Really Important and Surprising Results

Kabuto Koji*, Hun Kim*, Doctor Hell and Mad Scientist
*These authors contributed equally to this work.

그림 5-1. 공동저자 표시의 예

편의상 카부토 코지(Kabuto Koji)를 김훈(Hun Kim)보다 먼저 표기하긴 했지만, 이 사람들의 이름에 별표(*)를 붙여 이들이 같은 공헌도를 지닌다고 표시했다. 동일한 기여도로 공헌했다 하더라도 이름이 먼저 나오는 쪽이 조금이라도 더 공헌한 것이라고 주장하는 사람도 있는데, 그렇다면 '동일한 기여도'라는 말이 성립하기 어려울 것이다.

복잡한 현대의 연구 환경에서는 논문의 제1저자가 누구인지 불분명한 경우가 많다. 공동 저자가 논문 초안을 처음부터 같이 작성하는 경우도 있고, 논문 작성에는 크게 기여하지 않았지만 연구 자체에 대한 기여도가 높아서 제1저자 중 한 명이 되는 경우도 있다. 실제로 연구에 필요한 모든 실험 및 연구는 포스트닥이나 대학원생이 수행했지만, 그 결과를 가지고 논문을 쓴 것이 연구책임자라는 이유로 연구책임자가 제1저자와 책임저자를 모두 차지하는 경우도 없지 않다. 그러나 막상 실험연구를 수행한 포스트닥 혹은 대학원생이 제1저자의 크레딧을 제대로 차지하지 못하면 이들이 장래에 포스트닥을 마치고 일자리를 찾는 데 어려움을 겪을 것이다.[64]

논문의 제1저자 문제는 학문 분야에 따라 입장이 다르다. 일부 분야에서는 논문을 주도적으로 작성한 사람이 무조건 제1저자이고 논문 작성에 많이 참여하지 않으면 절대 제1저자가 될 수 없다고 보기도 한다. 논문을 작성하고 투고하는 일이 연구에서 가장 큰 비중을 차지한다면 그렇게 해도 무방할 것이다. 그러나 여러

---

64 그리고 연구를 주도적으로 수행한 연구자가 논문 작성에 참여할 기회가 전혀 주어지지 않는다는 것도 조금은 이상한 이야기다.

명이 몇 년에 걸쳐 수행한 프로젝트라면, 논문을 작성하고 투고하는 일은 수년간 진행된 연구 과정의 극히 일부라고 할 수 있다. 이런 연구의 진행 과정에 매우 중요한 기여를 했는데 논문 작성 시 참여도가 낮아서 제1저자가 되지 못하는 것은 모순적이다. 즉, 논문의 제1저자는 논문 작성과 연구 과정을 포함해 전체 기여도를 감안하여 결정되어야 한다. **논문 작성은 단순히 글을 쓰는 것만을 의미하지 않기 때문이다.**

어떤 경우에는 연구는 많이 진행되었지만 논문이 출판되지 않은 연구를 추가적으로 진행하여 연구를 마무리해 공동 제1저자로 논문을 출판하게 된다. 반대로, 자신이 수행하던 연구를 미처 마무리하기 전에 일자리가 확정되어 자리를 떠난 경우 다른 사람이 그 결과를 이어받아 연구를 마무리하고 논문의 공동 제1저자가 되기도 한다. 때로는 후속 연구에서 줄거리가 상당히 바뀌어 처음 시작할 때와는 다른 논문이 되고, 제2저자로 생각했던 사람이 제1저자로 업그레이드되는 경우도 있다. 한국과 같이 연구 실적에 민감한 곳에서는 이렇게 '다 된 밥에 숟가락 얹기'를 매우 좋아하고, 조금 우습지만 심지어는 이런 상황이 있는 연구실을 적극적으로 찾아가려는 사람도 있다. 반대로, 자신이 연구를 마무리하지 못하고 나간 경우에 다른 사람이 그 연구를 마무리해 준다면 이것을 기쁘게 받아들여야 하는 상황이다.

저자로서의 권리 문제는 포스트닥으로 연구할 때 주된 갈등 요인이 될 수 있음을 알아두는 것이 좋다. 이러한 문제는 연구 참여 전에 연구책임자 및 연구에 참여하는 사람들과 상의를 거치고,

연구가 어느 정도 끝나 논문을 시작하기 전에 참여자들과 합의를 거치는 것이 필요하다.

펠로우십 취득: 스스로 밥벌이를 할 준비

신분상으로는 학생인 박사과정과 달리, 포스트닥은 자신이 수행한 일의 성과로 적절한 대우를 받아야 하는 엄연한 직장인이다. 포스트닥 월급의 원천은 대부분 연구책임자가 받은 연구비 혹은 자신이 직접 받은 펠로우십 중 하나다. 절반 정도 펠로우십 지원을 받고 나머지는 연구책임자의 연구비에서 지급받는 경우도 있을 것이고, 아주 드물게는 별다른 지원을 받지 않고 자비로 연구하는 경우도 있다. 아마도 이미 정규 직장을 가진 상태에서 해외 연구년을 가지며 소속 직장에서 월급을 받으면서 방문자 신분으로 연구하는 경우일 것이다.

연구책임자의 연구비에서 월급을 받고 있다면 포스트닥 시절의 연구 성과가 구체화되는 시점에서는 펠로우십 신청을 진지하게 고려해 봐야 한다. 연구책임자를 목표로 하는 사람이라면 더욱 그래야 한다. 따로 귀찮게 펠로우십 신청서를 쓰지 않아도 어련히 연구책임자의 연구비에서 내 월급이 나올 텐데 왜 펠로우십을 신청해야 하냐고 생각하는 사람도 있을 것이다. 그러나 자신이 쓴 연구 제안서가 채택되어 자신의 인건비를 충당한 경력이 있다면 나중에 연구책임자로서 자리를 찾는 데 매우 중요한 장점으로 작용한다. 즉 '자신이 직접 돈을 벌어 온 경력'은 연구비를 몸소 벌어와야 하는 연구책임자에게 필수적인 스펙이다.

가령 미국에서 대부분의 의생명과학 계열 연구비를 지원하는 미국국립보건원에는 포스트닥의 인건비에 해당하는 일반 펠로우십[65]과 연구 진로 개발 연구비[66]라는 것이 있다. 후자는 흔히 K99/R00이라는 기호로 불리는데,[67] 포스트닥 때 수혜받으면 처음에는 포스트닥 인건비로 지원되다가 연구책임자로 임용되면 자동으로 연구책임자의 연구비로 전환되는 '포스트닥에서 연구책임자로 레벨 업'한 연구자들을 위한 지원금이다. 한마디로 미국 의생명과학 분야에서 연구중심대학 연구책임자로 고용되는 데 필수적인 펠로우십이다. 어느 정도 연구 경력이 쌓인 뒤에는 반드시 펠로우십에 도전하여, '내가 쓴 연구 계획서로 연구비 지원을 받은 경력이 있다!'는 한 줄을 이력서에 쓸 수 있도록 노력하기 바란다.

연구실을 옮겨야 할 때

최근에는 많은 연구자가 수년의 포스트닥 기간을 보내고 있다. 한 연구소에서 지속적으로 연구하며 연구 결과를 축적하면 가장 좋겠지만, 피치 못할 사정으로 연구실을 옮겨야 할 경우가 있다. 그

65　Ruth L. Kirschstein Postdoctoral Individual National Research Service Award

66　Research Career Development Award

67　미국국립보건원에서 대부분의 펠로우십은 K로 시작되며, 독립연구자가 받는 연구비는 R로 시작된다. K99는 이러한 훈련 성격의 펠로우십 중 제일 마지막 단계를 의미하며, R00이라는 것은 독립연구자로서 최초의 연구비라고 생각하면 된다. 한국의 경우, 한국연구재단에서 운영하는 '세종과학펠로우십'이 이와 유사한 성격을 가진다.

렇다면 연구실은 어떤 경우에 옮겨야 하는가?

먼저 **포스트닥을 시작한 다음 충분한 시간이 지나도 연구 결과가 나오지 않고, 빠른 시간 안에 나올 것을 기대하기 힘든 경우**다. 게다가 연구책임자가 자신의 인건비를 부담하고 있다면 해고 통보를 듣기 전에 미리 진로 변경에 대해 생각해 볼 필요가 있다. **포스트닥 기간은 한정되어 있으며, 아무런 결과 없이 시간을 보내는 것은 매우 위험하다!**

'언제까지 연구 실적이 없으면 연구실을 옮겨야 하는가' 같은 주관적인 문제에 정답은 없다. 5년 동안 하나의 프로젝트만 진행하다가 좋은 논문을 한 편 내고, 채용되는 일도 있다. 그러나 이렇게 '한 방'을 노리는 전략은 위험하다. 내 기준으로는 포스트닥을 시작한 지 2년 정도 지날 때까지 연구 실적이 없고, 이후로도 실적이 나올 전망이 보이지 않는다면 연구실을 옮기거나 아예 학계를 떠나는 것을 심각하게 고려할 시점이라 생각한다.

소속된 연구실의 연구비가 부족하여 어쩔 수 없이 연구실을 옮겨야 할 때도 있다. 학계 연구실은 보통 연구비를 수주하여 소속된 인원의 인건비와 연구에 소요되는 비용을 조달하는 방식으로 운영된다. 자신이 근무하는 연구실에서 연구비 지원이 끝나고 신규로 연구비를 수주하는 데 실패한다면 연구실을 옮기는 것 외에는 방법이 없다. 자원봉사로 일하고 싶지 않다면 말이다.

따라서 이런 상황을 마주하고 싶지 않다면, 적어도 포스트닥을 알아볼 때 물망에 둔 연구실의 향후 연구비가 안정적으로 확보되었는지를 알아보는 것은 기본이다. 또는 안정적으로 포스트닥을 하기 위해 미리 펠로우십을 신청하는 준비도 필요하다.

포스트닥 기간이 길어진 만큼, 한두 번 연구실을 옮기는 것은 매우 흔한 일이다. 혹시 포스트닥을 하던 중 자신의 뜻과 상관없이 연구실을 떠나게 되더라도 너무 실망하지 말기 바란다. 연구는 원래 잘 풀리는 일도 아니고, 때로는 자신도 어쩔 수 없이 연구실을 떠나야 할 상황도 생기기 마련이다. **포스트닥은 단지 거쳐 가는 지점일 뿐이며, 박사를 취득한 후의 최종 종착점은 아니기에 더욱 그렇다.**

포스트닥은 언제 끝나는가?

수년간의 포스트닥을 통해 몇 개의 연구를 마치고 논문을 냈고, 펠로우십도 땄다. 그런데 언제까지 포스트닥을 해야 할까? 포스트닥 시기의 가장 큰 문제는 '정해진 출구가 없다'는 것이다. 박사 학위자의 산업계 수요가 많은 분야라면 포스트닥을 잠깐 하다가 학계에 비전이 없다고 판단한 즉시 산업계로 뛰어들 수 있을 것이다. 그런데 그럴 요량이었다면 애초에 포스트닥을 거치지 않고 학위를 마친 후 바로 산업계로 향했을 가능성이 더 높다. 학계나 연구소 외에 이렇다 할 일자리가 없는 일부 분야에서 포스트닥은 어쩌면 탈출구가 보이지 않는 거대한 터널처럼 생각될 수도 있다.

물론 포스트닥 기간이 길어지는 것을 방지하고자 대개의 국가에서는 포스트닥으로 재직할 수 있는 기간을 정해 놓았다. 미국 내 대부분 기관에서는 포스트닥으로 박사 후 5년까지 재직할 수 있다. 그렇다면 5년이 지난 후에도 일자리를 구하지 못하면 어떻게 될까? 여기서부터 문제는 시작된다. 포스트닥 신분으로 있을 수 있는 기간을 벗어난 사람이 동일한 연구실에서 계속 일하기 위해 포스트닥이 아닌 다른 직함으로 고용되는 경우가 있다. 이는 기관에 따라 'Research Associate' 'Research Scientist' 'Research Investigator' 등 다양한 이름으로 불린다. 한국에서는 '연구교수' 혹은 '선임연구원' 등의 이름으로 불리기도 한다. 여러 가지 이름으로 불리지만, 자신이 연구비를 수혜받지 못하고, 연구책임자로부터 월급을 받는 처지라면 결국 이런 경우는 '포스트닥 시즌 2'와 비슷한 상황이다. 물론 자기 자신이 수혜받은 연구비를 통하여 어느 정도 재정적인 독립성을 갖추게 된다면 상황은 다소 달라질 수 있다.

결국 포스트닥이 진정으로 끝나기 위해서는 학계의 연구책임자가 되거나 산업계로 취업하거나 과학계를 떠나 다른 직업을 갖는 방법 밖에는 없을 것이다. 문제는 이 길이 상당히 좁다는 데 있다. 때로는 완벽한 독립연구자는 아닌데 그렇다고 완전히 종속적이지도 않은, 어중간한 상태의 연구자들도 있다. 소위 말하는 비정년 트랙(non-tenure track) 연구자로서, 연구책임자로 과제를 수행하고 있는 사람을 포스트닥으로 분류하기는 조금 어렵다. 그러나 종신고용보장 심사를 통과한 정년 트랙의 교수는 아니기 때문에 모든 사람이 인정하는 '연구책임자'라고 하기도 어렵다.

독립적인 과학 연구를 하기 위해서는 재정적으로 독립된, 즉 자

신이 하고 싶은 연구를 위한 연구비를 직접 벌어 오는 연구자가 되어야 한다. 이 과정은 매우 힘들고, 현실적으로 포스트닥을 시작하는 사람 중 극히 일부만 완수하는 '업적'이다. 이 시점은 박사과정부터 하던 연구를 계속해야 하는지 다른 일을 해야 하는지를 선택하는 중요한 분기점이다(이에 대해서는 다음 장에서 자세히 설명하기로 한다). 어쨌든 '포스트닥은 끝나야 끝난다.'

결국 포스트닥 기간 중에서는 항상 '어떻게 포스트닥을 끝내고 다음 단계로 넘어갈 것인가'에 대한 생각을 해야만 한다. 이를 위해서는 포스트닥을 끝내고 가고 싶은 진로에 따라서 포스트닥의 단계별로 일정한 목표를 세우고, 해당 목표를 달성했는지를 체크할 필요가 있다. 만약 이러한 목표가 지연되거나 제대로 이루어지지 않는다면, 과연 자신이 계획한 진로로 진행할 수 있는지를 항상 생각하고, 필요한 경우 진로를 수정할 필요가 있다.

가장 좋지 않은 경우는 포스트닥을 진행하면서 포스트닥 이후에 무엇을 하려는지에 대한 구체적인 계획 없이, '그저 좋은 저널에 논문을 내면 어떻게든 된다'는 식으로 무작정 포스트닥을 이어가는 것이다. 이러한 경우 만약 논문이 나오지 않거나, 논문이 예정보다 너무 늦게 나온다면 포스트닥 기간이 한없이 길어질 수가 있다.

결론적으로 포스트닥 기간은 박사과정 훈련을 마치고 능숙한 상태에서 연구에 집중할 수 있는 과학자의 황금기와 같은 시기이다. 마치 프로 스포츠 선수에게 신인에서 벗어나 원숙한 기량으로 최고의 경기력을 발휘하는 시기가 있듯, 과학자 역시 그동안 훈련

과정을 통해 겪은 경험을 바탕으로 최고의 연구 업적을 낼 수 있는 시기가 바로 포스트닥인 것이다. 그러나 프로 스포츠 선수의 전성기가 영원히 지속될 수 없듯 과학자로서의 황금기인 포스트닥 기간 역시 영원히 지속될 수는 없다. 결국 과학자 역시 포스트닥 기간의 실적을 바탕으로 다음의 단계로 도약해야 하며, 이 기간이 과학자로서의 이후 인생 경로에 지대한 영향을 준다는 것을 항상 명심하기 바란다.

Chapter
06

연구책임자의 길

과학자를 지망하여 박사과정에 들어온 대다수는 자신이 원하는 연구를 설계하고 수행하는, 연구의 총 책임자인 연구책임자(Principal Investigator)를 목표로 할 것이다. 대학교의 교수, 정부출연연구소의 책임연구원 아니면 '홍길동 박사 연구소' 같은 개인 연구실까지, 연구책임자의 형태는 다양하다. 그러나 이런 길을 꿈꾸는 사람들이 먼저 알아야 할 현실은 오늘날 **박사학위를 취득한 모든 사람이 대학 교수나 책임연구원 같이 특정한 연구를 이끄는 연구책임자가 될 수는 없다**는 것이다.

연구책임자는 '대안 경로'에 가깝다

의과대학을 졸업하는 사람은 대부분 임상의사가 된다. 법학전문대학원을 졸업한 사람은 변호사 시험을 합격하면 법조계에 종사한다. 의과대학과 법학전문대학원의 교육 목표는 임상의사와 변호사를 길러 내는 것이며, 실제로 이곳을 졸업하는 상당수가 의사와 변호사가 된다.

그렇다면 자연과학 계열의 대학원을 졸업하면 무엇이 될까? 특히 연구중심대학의 경우 거의 모든 학교가 교육 목표를 미래의 독립연구자, 학계의 연구책임자로 설정하고 있다.[68] 그리고 실제로 대학원에 입학하는 사람이나 대학원을 마치고 박사학위를 받는 사람들에게 장래희망을 물으면 '대학교 교수' 내지는 '국책연구소 연구원' 같은 곳에서 하나의 연구실을 이끄는 연구책임자가 되는 것이라고 말하는 사람이 많다. 오늘날 박사학위 취득은 연구책임자가 되는 '필요조건'이지만 정작 박사가 된 이들 중 극히 일부만이 연구책임자가 되는 것이 현실이다.

여기서 말하는 '극히 일부'는 전체 박사학위 취득자 중 어느 정도의 비율을 말하는 것일까? 전공에 따라 다르겠지만, 의생명과학 전공의 예를 들어 보자. 미국 내에서 이 분야 박사과정에 입학하는 학생 중 대학의 정년 트랙 교수로 임용되는 비율은 10퍼센트 미만이다.[69] 유명 대학에서 학위를 취득하면 조금 상황이 나을까? 최상위권 대학인 미국 예일 대학교의 분자생물학 및 생화학과 대학원 박사과정에 **1991**년 입학한 **30**명의 학생들이 **17**년 후

---

68 그럴 수밖에 없는 것이, 대부분의 교수들은 교수 이외의 다른 직업에 종사해 본 적이 없으므로 다른 직업을 갖기 위해 어떻게 해야 하는지에 대해 거의 알지 못한다.

69 Polka J. (2014), Where will a biology Ph.D. take you, American Society for Cell Biology(19 August 2015).

인 2008년에 어떤 일을 하는지를 추적해 본 결과, 미국의 연구중심대학에서 종신고용보장을 획득하여 완전히 독립적이고 안정적인 위치의 연구자가 된 경우는 단지 한 건에 불과했다.[70]

즉, 미국의 유명 대학에서 박사학위를 받는 사람 중에도 극히 일부만이 대학이나 연구소에서 연구책임자 역할을 수행할 수 있으며, 타국에서 박사학위를 취득하는 경우 이보다 비슷하거나 상황이 좋지 않은 경우가 대부분이라고 봐야 한다. 그러므로 자연계나 공학계 대학원에서 박사학위를 취득하여 교수나 선임-책임연구원 같은 연구책임자가 되는 것은 극히 일부에게나 가능한 일종의 대안 경로(alternative career)라는 사실부터 인정할 필요가 있다. '대안 경로'라고까지 말하는 이유는, 박사 졸업생이 연구책임자가 되는 비율은 공과대학을 졸업하고 전문 뮤지션이나 연극배우가 되는 것과 비슷하기 때문이다.

어떻게 해야 연구책임자가 될 수 있을까?

이 혹독한 현실을 이겨 내고 자기 이름이 붙은 연구실의 연구책임자가 되고 싶다면 어떻게 해야 할까? 간단히 말해서, 연구를 잘하면 된다. 얼마나 잘해야 하느냐고? 당신의 세부전공에서 한 손

---

70 Mervis J. And Then There Was One. Science(80-). 2008 Sep 19;321(5896):1622-1628.

에 꼽힐 만큼 매우 잘하면 된다.

과학-공학으로 함께 묶이는 분야 안에서도 연구책임자가 될 수 있는지는 전공에 따라 사정이 크게 다르다. 산업계 수요가 많은 분야에서는 대학원 졸업자들이 선호하는 직업이 학계의 연구책임자가 아닌 경우가 많다. 그러나 설령 그런 분야에서도 학계의 독립연구자가 되기 위해서는 연구 실적 면에서 평균 수준보다 월등히 뛰어나야 한다. 또한 연구 논문의 편수와 수준을 넘어 연구 주제가 얼마나 시의적절하고 다른 사람에게 많은 관심을 끌 수 있는가 역시 중요하다.

연구책임자를 지망하는 사람들은 '어느 정도 수준의 논문을 몇 개 내면 연구책임자가 될 수 있을까?' '나는 이런 좋은 논문을 냈는데 왜 연구책임자가 되지 못할까' 등 막연한 생각을 하기 마련이다. 그런데 연구책임자가 되는 데에는 정답이 없다. 박사학위 취득자가 많지 않은 분야에서는 한두 편의 논문만으로도 임용되는 경우가 있는 반면, 세계적으로 저명한 저널에 논문을 여럿 내고도 비슷한 분야의 전공자가 너무 많아 자리를 잡기 힘든 분야도 있다. 그러나 경쟁의 대상은 세부 전공이므로 당신의 전공 내에서 매우 중요한 연구를 했고 논문을 많이 발표하여 세계, 아니적어도 한국 내의 해당 전공자 중에서 다섯 손가락 내에 든다고 생각한다면 걱정하지 않아도 된다.

따라서 자신의 진로를 연구책임자로 설정한 사람이라면, 박사과정 후반기나 포스트닥 도중 자신이 과연 현실적으로 연구책임자가 될 수 있는지를 냉정하게 따져 보아야 한다. 만약 학위 취득 후 일정 시간이 지난 시점에[71] 자신의 연구 실적의 중요도나 성과의 양이 최근 자기 분야에서 연구책임자로 임용된 사람보다 현저히 뒤처진다면, 과연 연구책임자를 꿈꾸는 것이 현실적일지를 고민해 봐야 한다. 연구책임자로서의 미래를 바라보며 포스트닥을 하는 수많은 사람, 특히 학계 연구책임자 외에 뚜렷한 진로가 없어 보이는 분야에서 포스트닥을 하는 수많은 사람들이 '좋은 논문 하나만 나오면 나도 연구책임자가 될 수 있겠지' 하는 환상 하나로 포스트닥 기간을 무한정 늘리고 있는데, 이는 자기 자신과 가족에게 크나큰 정신적·육체적·경제적 어려움을 가중시키는 일이다. 따라서 포스트닥을 시작한 지 약 3년 이상이 지나도 뚜렷한 출구가 보이지 않는다면 자신의 진로에 대해 심각하게 재검토하는 것이 좋다고 생각한다.

또한 앞서 말했듯 연구책임자의 길을 걷게 될지의 여부는 포스트닥 단계에서 크게 좌우된다. 그나마 낮은 확률을 올리려면 최근까지 독립적인 연구책임자가 많이 배출되는 연구실을 선택해야 하며,[72] 포스트닥 중의 펠로우십 수혜 경력 역시 거의 필수적인 요소가 된다. 포스트닥 펠로우십과 연구책임자로서의 연구비 규모가 다르긴 하지만, 자신의 연구를 수행하기 위한 연구비를 확

---

71 이 역시 전공마다 다르므로 일반화해서 말하기 힘들지만, 가령 당신과 비슷한 시점에 학위를 딴 사람 중 연구책임자가 되는 사람이 한둘씩 나오는 시점이 적당한 기준이 될 것이다.

72 물론 많은 동문이 연구책임자가 된 연구실에도 연구책임자가 되지 못한 사람, 혹은 아예 과학계를 떠난 사람의 수는 상상 외로 많다. 그런 사람이 잘 보이지 않는 것은 과학계에서 사라져 당신의 눈에 안 띄기 때문일지도 모른다.

보해 본 경험이 있다면 연구책임자 자리에 지원할 때 절대적으로 유리하게 평가된다.

연구책임자 지원의 순간

경험과 연구 아이디어가 어느 정도 축적되었고 이를 인정받을 만큼의 실적도 쌓였다면, 연구책임자 지원을 시도할 때다. 아마 이 책의 독자는 대부분 한국인 혹은 한국어가 가능한 사람이겠지만, 요즘 같은 국제화 시대에 연구책임자 자리를 반드시 한국에서만 얻겠다고 고집할 필요는 없다. 여러 전문직 중에서도 과학자라는 직업은 타국에서 일자리를 찾는 데 유리한 편인데, 과학은 세계에서 공통적으로 통용되는 지식이기 때문이다. 국제적 경쟁력이 있는 연구 실적이 구비되어 있다면, 세계 어디라도 공고가 난다면 지원해 볼 필요가 있다.

연구책임자 채용 공고는 외국의 경우 네이처잡스[73] 같은 일자리 사이트에서 볼 수 있고, 학회나 인적 네트워크를 통해 자신의 학교 혹은 연구기관에 지원하라는 이메일을 받을 수도 있다. 국내의 경우는 하이브레인넷[74]과 생물학 연구정보센터 BRIC[75] 등의

---

73 www.nature.com/naturejobs/science
74 www.hibrain.net
75 bric.postech.ac.kr

분야별 연구정보센터를 이용할 수 있다.

　채용 공고들의 요건을 잘 읽어 보자. 외국은 CV와 자신이 어떤 연구를 했고 어떤 연구를 할 것이라는 간략한 계획서, 그리고 (무엇보다도 중요한) 추천서 정도로 지원이 가능한 곳이 많다. 대부분의 한국 대학은 수많은 구비 서류를 요구한다. 인터넷으로 입력하는 각종 신상 관련 정보뿐 아니라, 학사·석사·박사 성적증명서, 최종 학위논문 복사본, 논문의 별쇄본(reprint) 등은 기본이며, 발표한 논문 목록과 해당 저널의 임팩트 팩터, 해당 논문의 인용 빈도와 이것을 일종의 공식으로 환산한 점수, 경력 증명서 등 매우 다양하다. 다양한 서류들을 미리 준비해 놓으면 서두르다가 실수할 가능성이 줄어들 것이다. 내 생각에는 연구를 잘한다는 평판이 들리지 않는 대학과 기관일수록 지원에 필요한 잡다한 구비 서류가 많은 것 같다.

　국제적으로 유명한 연구중심대학이나 연구소에 자리가 하나 나면, 수백 명에 달하는 지원자가 몰려오는 것은 예사다. 이들 중 상당수는 해당 분야에서 탁월한 업적을 낸 인재일 것이다. 당신의 꿈을 이루려면 이런 사람들과의 경쟁에서 이기고 의자를 차지해야 한다.

　그렇게 몰려든 지원자들의 서류를 각 기관의 기준에 따라 분류하고 1차로 선별한 후 선택된 후보자들에게 연락이 간다. 미국의 연구중심대학의 경우 학교에 따라 다르지만 약 3~5배수의 후보자를 초빙하여 다음과 같은 절차를 거치며, 한국도 일부 연구중심대학을 중심으로 비슷한 채용 절차를 도입했다. 이 '온 사이트

추천서(Reference Letter)의 중요성

추천서가 요식행위처럼 보이는 한국에서 직장을 구한다면 그다지 중요하게 생각하지 않을 수 있지만, 서구권 학계에서 연구 관련 직장을 구하는 데 있어 추천서의 중요성은 아무리 강조해도 지나치지 않다. 학계에서 잘 알려진 사람의 추천서 한 장으로 연구책임자 임용이 결정될 만큼, 객관적인 '스펙'을 뒤집을 수 있는 요소이다.

대부분의 구인 공고에서 최소 세 장의 추천서를 요구한다. 그중 한두 장은 함께 일했던 포스트닥 때의 멘토나 학위과정 지도교수에게 받으면 되고, 나머지는 자신과 협력연구를 수행했던 연구책임자 혹은 자신과 직접 관련이 없지만 해당 분야의 저명한 교수로서 자신의 연구를 객관적으로 평가해 줄 수 있는 사람이면 최선이다. 최근에는 '매우 강력한 추천서'를 필요로 하는데, 이는 미래에 추천서를 받아야 할 대상(포스트닥 때의 연구책임자나 공동연구를 한 사람)에게 좋은 추천서를 받기 위해 미리 좋은 관계를 유지해야 한다는 뜻이다. 고용 전까지 보통 수십 장의 지원서를 쓰기 마련인데, 그때마다 추천서를 부탁해야 하기 때문에 추천서를 써 주는 사람은 이러한 불편을 기꺼이 감수하면서도 당신의 장래에 도움을 주려는 사람이어야 한다.

한국처럼 추천서가 요식행위에 가까운 문화에서는 좋은 게 좋은 것이라는 식으로 덮어 놓고 좋은 말만 써 주는 경우도 있지만, 해외에서는 매우 솔직한(거의 '저격'에 가까운) 추천서가 나올 수도 있음을 염두에 두어야 한다. 이런 위험이 있는 사람에게는 아예 처음부터 추천서를 부탁하지 않는 것이 좋을지도 모른다.

인터뷰(on-site interview, 한국식으로는 구두 발표)'는 1~2회로 나누어 진행할 수도 있고 한 번에 이루어지는 경우도 있다.

1. 공개 세미나

자신의 연구 결과를 학과의 교수와 학생, 연구원을 대상으로 공개 발표하는 일이다. 교수 채용 세미나를 비공개로 하는 곳도 있지만, 요즘은 공개 세미나의 형태가 많고 때로는 교수 채용 후보자임을 명시하고 세미나를 진행하는 경우도 있다. 학회에서 발표하는 경우와 달리 자신의 세부 전공에 정통하지 않을 수도 있는 사람들, 즉 장차 동료가 될 수 있는 교수들을 상대로 자신의 연구 결과와 그 중요성을 정확히 설명해야 하며, 따라서 연구 배경을 충분히 소개해야 한다는 점을 주의하자. 해당 학교나 연구소에 당신이 연구하는 주제나 사용하는 테크닉이 완전히 일치하는 사람이 근무한다면 당신을 굳이 채용할 필요가 없을 것이다. 연구자의 연구 일생에서 가장 중요한 세미나인 채용 세미나는 당신이 연구한 것을 꿰뚫고 있는 전문가가 아닌 사람들을 대상으로 하는 시간이라는 역설을 기억할 필요가 있다.

2. 일대일 면담

세미나가 끝나면 학과 교수들과 일대일로 약 30분에서 1시간 정도 이야기를 나누게 될 것이다. 이 시간은 장차 동료가 될 연구자들에게 점수를 딸 수 있는 좋은 기회다. 공동연구의 가능성이나 당신이 임용되면 대학이 얻게 될 학문적 이익을 적극적으로 알리

자. 그러려면 기존 구성원의 연구 주제와 학문적 배경을 미리 조사해 두어야 할 것이다.

3. 초크 토크(Chalk-Talk)

'초크 토크'라는 시간에는 임용 후 어떤 연구를 할 것이고 어떤 주제로 연구비를 받을 수 있을지, 연구실의 단기적 목표와 장기적 비전은 무엇인지 등을 설명한다. 보통 프레젠테이션 없이 칠판을 이용해 설명한다고 해서 이런 이름이 붙었다. 경험자들에 따르면 가장 많이 나오는 질문은 "당신이 제출할 첫 번째 연구 제안서(Research Proposal) 제목은 무엇인가?"라고 한다.

4. 기타

앞에서 말한 온 사이트 인터뷰 과정은 하루에서 길게는 이틀까지 소요된다. 식사를 함께 하고 휴식 시간에도 이야기를 나누면서 자신이 어떤 사람인지 보여 주는 시간이다. 일반적인 한국 기업 채용 과정에 비유하자면 '인성 면접'이라고 볼 수 있다.

지금까지는 주로 외국의 채용 과정을 설명했다. 한국의 경우에는 기관마다 다양하다. 일차로 5~10배수 정도의 후보자들을 불러 세미나를 하고 이 중 2~3명의 최종 후보자를 선발하여 이 과정을 반복하는 곳도 있고, 1차 서류 심사에서 전공 일치 여부나 정량적 기준 등으로 3~5배수 정도의 후보자를 선정한 후 세미나 발표를 진행하기도 한다. 학부를 졸업하고 취업 면접을 하는 것처럼 여러 후보자를 동시에 불러 경쟁자들이 함께 대기하는 상당히 어색한 상황을 경험했다는 이야기도 들은 적이 있다.[76] 이렇게 세미나를 진행한 후 최종 후보자는 (요식 행위에 가까운) 총장 면접 등을 통해 채용을 확정 짓는다. 마음에 드는 후보자가 없는 경우 아무도 채용하지 않는 일도 있다.

이러한 과정을 한 번에 통과하여 연구책임자로 채용되는 사람은 거의 없다고 봐도 좋다. 서류 심사에서 탈락하는 것만 수십 번이고 온 사이트 인터뷰에 가더라도 여러 차례 고배를 마실 것이다. 만약 한두 번이라도 인터뷰를 경험하게 된다면 미래의 연구책임자를 뽑는 취업 시장에서 어느 정도의 경쟁력을 인정받았다는 뜻이므로, 탈락에 굴하지 말고 계속해서 지원하길 바란다. 반대로 수십 군데의 지원서를 내도 한 번의 인터뷰 기회조차 잡지 못하는 '광속 탈락'의 연속이라면, 현재 자신의 상황에서는 연구책임자 자리를 얻기는 현실적으로 어렵다는 것을 직시하고 더 나은 경력을 쌓을 방법을 찾거나 인생 목표를 재설정할 필요가 있다.

최근 연구중심대학이나 연구소에서 자리를 잡기 위해서는 복합적인 요소가 필요한데, 그 조건은 대략 다음과 같다.

---

76 혹시 한국 연구기관에서 채용 관련 업무를 하는 사람이라면 이런 것에 주의하자! 때로는 후보자들에게 이메일을 보낼 때 숨은참조(blind carbon copy, bcc) 대신 참조(cc)로 이메일을 보냄으로써 지원자들에게 경쟁자의 신상을 노출시키는 경우도 보았다.

1. 실력

전공 분야에서 세계적인 명성을 갖추거나, 적어도 일하고자 하는 국가에서 한 손에 꼽힌다는 객관적 증거(대개는 연구 업적)가 필요하다. 증거가 없다면 적어도 해당 분야 최고 권위자가 "이 사람은 내가 보장합니다"라고 써 준 강력한 추천서라도 갖고 있어야 한다. 특히 박사 취득자들의 진로가 극히 한정되어 있는 분야라면 더욱 그렇다. 흔히 출신 학교와 포스트닥을 거친 기관, 출신 연구실의 지명도에 과도하게 신경을 쓰는 경우가 있으나, 실력을 객관적으로 입증할 수 있는 자료(연구 논문 등)가 뒷받침되지 않는다면 소용이 없다. 이런 '스펙'은 결국 당신이라는 상품을 치장하는 장식 정도의 역할을 한다고 생각해도 된다.

2. 수요

만약 해당 분야 연구자에 대한 수요가 갑자기 폭증하는 매우 운이 좋은 경우, 특히 한국처럼 유행에 민감한 곳이라면, 박사와 박사후과정을 끝내고 적절한 연구 업적까지 갖춘 사람은 굳이 최고의 실력자로 인정받을 수준이 아니더라도 상대적으로 쉽게 자리를 얻을 수 있을 것이다. 물론 그렇다고 '연구책임자가 되려면 유행하는 분야를 전공해야겠구나!'라고 섣불리 생각하지는 말기 바란다. 박사학위와 포스트닥을 마치고 취업 시장에 나올때까지 계속 그 분야의 인기가 유지된다는 보장은 어디에도 없으니 말이다. 결국 취업 시장에 나올 때 인기 있는 분야를 전공했는지는 운에 달려 있다.

3. 인적 네트워크

교수나 연구원 채용 시장에서 인적 네트워크는 중요한 요소다. 한국에서 흔히 중시하는 학벌 같은 요소도 전혀 무시할 수는 없지만, 더 중요한 것은 같이 연구를 수행한 박사학위 지도교수, 혹은 포스트닥 멘토의 추천서다. 특히 해외의 학계에서 대가의 '강력한 추천서'는 어떤 대단한 출판 목록보다 강력한 힘을 발휘한다. 앞에서 내가 학계의 평판을 거듭 강조한 이유는 이 때문이다. 평판의 효과는 강력한 만큼 하루아침에 쌓이지 않는다. 학계의 독립연구자를 꿈꾼다면 미래의 동료 사이에서 평판 관리에 신경을 쓰자.

4. 운

결국 '운'이다. 아무리 노력하고 엄청난 연구 업적을 쌓더라도, 전공 분야의 인기가 사그라들거나 이미 많은 사람이 자리를 잡고 있거나, 전반적으로 연구비 투자가 줄어드는 등 불가항력적 상황이 생기면, 연구책임자로 자리를 잡기가 어렵다. 게다가 이쪽의 취업 시장은 앞서 말했듯이 공급과 수요의 심한 불균형이 내재된 곳이다. 설령 기대하던 위치를 확보하는 데 실패했더라도 이것이 당신이 열등한 연구자라는 의미는 아니므로 기죽을 필요 없다.

많은 후보자 중에서 동료를 뽑아 본 경험이 있는 현직 교수들은 이구동성으로 이렇게 이야기한다. "교수처럼 생각하고 행동하는 사람이 교수가 된다." 즉 연구책임자를 희망하는 포스트닥이나 박사과정생은 자신이 지금 연구책임자라면 어떻게 연구를 진행할지를 항상 염두에 두어야 한다. 무엇보다 자신이 연구책임자로서 어떤 연구를 수행하겠다는 확고한 비전이 있어야 한다. 지도교수나 연구책임자가 시키는 일만 성실히 수행하는 연구자라면 장차 연구책임자로서 미래가 밝다고 볼 수 없다. 아니, 그 이전에 연구책임자가 되는 것 자체가 무척 어려울 것이다. 따라서 자신이 능동적으로 연구책임자의 역할을 수행할 수 있는지 아니면 연구책임자의 지시를 따르며 정해진 일을 하는 것이 적합한 사람인지부터 미리부터 끊임없이 고민해야 한다.

때로는 적성이나 아이디어, 혹은 미래에 대한 비전은 없지만 그저 주어진 일을 잘 수행하여 훌륭한 연구 업적을 쌓고 연구책임자가 된 운 좋은 사람도 있다. 그러나 이런 사람들은 대부분 연구책임자로 성공적인 경력을 이어나가지 못하는 경우가 많다. '선수'로서는 최상의 활약을 했으나 '감독'으로는 적성이 맞지 않는 '명선수'는 스포츠계 밖에도 많이 존재한다. 연구책임자는 단순히 일선에서 연구를 잘하는 것 이외에도 더 많은 능력을 요구받는다는 것을 기억해야 한다.

드디어 연구책임자가 되었다

연구실 세팅

이제 당신은 그 엄청난 경쟁을 뚫고 유명 연구중심대학의 조교수로 임용되었다. "고생 끝 행복 시작"이라는 말과 함께 그동안의 박사과정과 포스트닥 시절이 주마등처럼 스쳐 지나갈지도 모른다. 그러나 이제부터는 새로운 현실에 적응해야 한다. 오랜 대학원 시절과 고용이 보장되지 않는 오랜 포스트닥 시절을 거쳐 대학이나 연구소에 임용된 사람들은 안정적인 직장에 취업했다고 생각할지도 모른다. 그러나 엄밀히 말하면 당신은 연구실을 창업한 창업가의 처지가 되었다고 할 수 있다.

연구소와 대학의 연구책임자로 임용된 연구원 상당수는 월급의 '상당 부분' 내지는 '전부'를 소속 기관에서 지원받는다.[77] 자신의 급여 상당 부분 혹은 전액을 기관에서 지급해 준다는 점에서는 일반적인 창업가보다는 나은 상황이다. 그러나 순수한 이론만을 다루는 분야를 제외한 대개의 과학 분야에서는 연구 장비, 시약, 소모품, 컴퓨터, 소프트웨어 사용료 등 연구를 계속하기 위한 돈이 필요하다. 또한 1인 연구를 할 것이 아니라면 대학원생과 포스

---

77 '상당 부분'이라고 말한 이유는 월급의 전액을 지원해 주지 않는 기관도 있기 때문이다. 미국 대학 교수 대부분은 학기 중에 해당하는 9개월 동안만 급여를 받고 방학에 해당하는 3개월분의 월급은 연구비를 수주해 채워야 한다. 일부 대학(특히 미국 의과대학)에 소속된 연구자는 계약 시 인건비의 상당 부분을 자신이 받아 온 연구비로 충당해야 하는 경우가 많다. 국내의 국책연구소에서도 인건비의 일정 비율을 프로젝트를 통해 획득하는 제도가 있다. 이것을 국내 정부출연연구소에서는 '프로젝트 베이스 시스템(project-based system, PBS)'이라고 부르기도 한다.

트닥, 테크니션 등을 고용하고 이들에게 인건비를 지급해야 한다. 이렇게 연구 활동을 하는 데 필요한 거의 대부분의 비용은 연구책임자가 연구비 수주를 통해 '벌어 와야' 한다. 요즘의 연구책임자를 '독립연구자'라고도 부르는데 이때 '독립'은 소속 기관의 금전적 지원 없이 정부나 자선재단, 기업체 등에서 연구비를 수주해서 연구를 수행한다는 것을 의미한다. 오늘날의 학계 독립연구자는 거의 대부분 고용한 기관에서 임금의 상당 부분과 연구 공간을 제공받지만, 이를 기반으로 나머지 연구에 필요한 경비를 벌어 와야 하는 '준자영업자'인 셈이다.

물론 아무 기반이 없는 신진 연구자가 개인 돈을 털어서 연구실을 세팅하기는 어려우므로, 몇몇 기관에서는 대개 '정착연구비'[78]라는 이름으로 일정 금액을 지급한다. 이는 연구실 세팅에 필요한 장비와 시약을 구입하고 처음 몇 년간 소수 연구원의 인건비를 댈 정도의 '초기 투자자본'이다. 스타트업을 설립하여 투자자들의 돈을 받아 최초의 시드 머니를 형성해 회사를 설립하는 것과 거의 비슷한 개념이다. 스타트업이 초기 투자비용 소진 전에 추가 투자를 유치하거나 매출을 창출하지 못하면 망하는 것처럼, 정착연구비가 소진되기 전에 외부 연구비를 획득하지 못한다면 갓 태어난 당신의 연구실은 더 이상 유지될 수 없을 것이고 연구실의 문을 닫을 수밖에 없을 것이다.

---

78 영어로는 '셋업 머니(setup money)'라고 부른다.

연구실을 세팅하고 초기 몇 년간 연구실을 유지할 정도의 정착연구비를 주는 것은 선진국의 일류 연구소나 대학의 경우이고, 모든 대학과 연구소에서 그리 넉넉한 정착연구비를 지급하지는 않는다. 한국에서도 연구실에 필요한 기자재를 갖출 수준의 정착연구비를 주는 곳은 손에 꼽힐 정도로 소수에 불과하며, 대부분의 학교나 연구소는 연구실을 세팅하기에는 턱없이 부족한 정착연구비를 제공하므로, 인프라가 많이 필요한 연구실을 세팅하는 작업은 스타트업 창업과 정말로 다르지 않다.

연구비 획득

물적자원 확보는 신진 연구자가 자신의 야심찬 연구 계획을 제대로 수행하기 위한 기본 요건이며 독립의 필수 요소다. 독립연구자로 진정한 독립 선언을 하기 위해서는, 이전부터 생각해 오던 아이디어를 정부나 외부 기관에 '연구비 지원 제안서(grant proposal)' 형태로 제출하여 허가를 받고 연구비를 지원받아야 한다. '마징가 Z'에 대항할 초괴수 로봇을 만드는 헬 박사도 애니메이션에서는 잘 묘사되지 않지만 연구비를 획득하든 사재를 털든 연구 수행 자금을 어디에선가 조달했을 것이다. 따라서 연구를 수행할 자금을 획득하는 노하우를 가지는 것은 독립적 연구를 수행하는 연구자가 된다는 것과 동일한 의미로 여겨질 만큼 중요한 일이다.

물론 연구 인력 양성이 체계적으로 이루어지는 대학교에서 학위과정이나 포스트닥을 거친 사람들은 알게 모르게 연구비 수주

연습을 하게 된다. 미국 생명의학 관련 연구중심대학에서 박사 논문을 쓸 자격을 얻기 위해 치르는 박사취득 자격시험은 생명의학 관련 연구비의 핵심이 되는 NIH의 개인 연구과제인 R01 형식으로 작성하는 것이 보통인데 이것은 나중에 독립연구자가 되기 위한 사전 훈련이다. 포스트닥 시절 인건비를 지원받을 때 작성하는 펠로우십도 비슷한 형식이다. 한국에서도 박사과정생 연구장려금 지원사업 같은 대학원생 지원 펠로우십을 쓸 때 비슷한 경험을 할 수 있다. 이 책의 성격상 구체적인 연구비 획득 과정을 자세히 다루기는 어려우니 독립연구자가 연구비를 받기 위해 알아야 하는 아주 기본적인 내용만을 다루겠다.

오늘날 과학 연구비를 지원하는 주체는 크게 국가와 민간으로 분류할 수 있는데, 사실상 대부분이라고 할 정도로 국가의 비중이 크다. 그러나 근대 과학의 역사에 비추어 보면 국가 주도의 연구 개발 비용 투자가 보편화된 것은 최근 몇십 년의 일이다. 연구비 획득을 위해서는 어떤 기관에서 연구비를 지원하는지 정확히 알아야 한다. 한국에서는 한국연구재단[79]이 가장 대표적인 연구비 지원기관으로서 과학기술정보통신부와 교육부에서 집행하는 정부 연구비를 관리한다. 그 외에 보건복지부, 산업자원부, 중소기업청 등 여러 정부 부서에서 연구비를 지급하고 있다.

국가에서 지원하는 연구비는 국가에서 지원 분야를 결정하여

79 www.nrf.re.kr

그림 6-2. 한국연구재단은 다양한 연구사업을 지원한다.

관련 연구자들에게 연구비를 주는 탑다운(top-down) 방식의 연구과제와, 연구자가 직접 제안한 주제에 대해 연구비를 주는 바텀업(bottom-up) 방식의 연구과제로 나뉘어 지급된다. 미국 등의 과학 선진국에서는 전체 연구비의 절반 이상이 연구자가 제안 주체가 되는 바텀업 방식으로 배분되는 반면, 한국에서는 국가가 지원 분야를 결정하여 배분하는 탑다운 방식의 연구과제가 많은 편이다.

표 6-1은 현재 한국연구재단에서 지원하는 바텀업 방식의 개인 연구과제 분류다. 한국에서는 개인 연구자가 이 테크트리를 타면서 연구자로 성장할 수 있는 프로그램이 운영되고 있다고 생각하면 된다.

표 6-1. 한국연구재단에서 지원되는 생애 주기별 개인 연구과제

구분	지원 자격	과제 종류	연간 지원 규모
박사과정	전일제 박사과정 혹은 석·박사통합과정	박사과정생 연구장려금	2,000~3,000만 원
포스트닥	박사학위 취득 후 5년 이내의 연구자	학문 후속 세대 세종과학펠로우십	4,000~12,000만 원
신진 연구자	박사학위 취득 후 7년 이내 혹은 39세 이하의 연구책임자	신진 연구자 과제 일반 연구자 과제	5,000~10,000만 원
중견 연구자		중견 연구자 과제 일반 연구자 과제	5,000~30,000만 원
리더 연구자		리더 연구자 과제	30,000만 원 이상

개인에게 수여되는 과제 외에도 선도연구센터[80], 기초 연구실, 글로벌 연구실 등 여러 연구자들이 팀을 만들어 집단으로 받는 과제도 있다.

국가에 따라 연구비 지원 방식이 다르고 정부 기관과 민간 단체에 따라 다양한 연구비 지원 형식이 있으므로 관련 내용을 모두 소개하기는 어렵다. 참고로 교수나 연구원이 되는 데 경쟁률이 높은 것과 마찬가지로 연구비를 받는 데도 높은 경쟁이 수반된다(NIH의 개인 연구비인 R01 연구비는 평균 선정률이 10퍼센트 미만이고, 한국의 중견 연구자나 리더 연구자 과제 경쟁률은 그 이상이다).

만약 연구비를 받지 못한다면? 많은 경우 당신은 연구를 진행하지 못할 것이며, 이에 따라 연구실 유지가 불가능해진다. 외국이든 한국이든 연구를 지속할 수 있어야 임용된 기관에서 계속

---

80 Science, Engineering, Medical Research Center. 줄여서 각각 SRC, ERC, MRC로 표기한다.

현행 연구비 분배 체계는 어떻게 만들어졌을까?

제2차 세계대전 이전까지 미국 대학은 과학 연구를 위한 예산을 연방 정부가 아닌 록펠러와 카네기 같은 민간 독지가나 자선사업가의 기부금으로 충당했다. 그러나 제2차 세계대전이 벌어지면서 전쟁 수행을 위해 국가 주도의 연구 개발이 다각도로 이루어졌다(대표적으로 원자폭탄을 개발한 맨해튼 프로젝트가 있다). 종전 이후, 전쟁 수행을 위해 배양된 연구 개발 인프라를 계속 유지하는 방안이 논의되었고, 프랭클린 루즈벨트의 과학 보좌관이었던 버니바 부시(Vannevar Bush)가 1945년 대통령에게 "과학, 끝없는 프런티어(Science, The Endless Frontier)"라는 보고서를 제출하는 데 이른다. 이 보고서는 정부가 주도하는 기초과학 연구가 결과적으로 산업 발전으로 이어지고 이것이 국가 발전으로 이어진다는 기술 혁신의 선형 모델을 제창했다. 그 이후 미국국립과학재단을 창구로 정부 연구비가 미국 전역의 대학과 연구소의 연구자들에게 배분되는 체계가 갖추어졌다. 이러한 체계를 각국이 벤치마킹한 것이 오늘날 과학 연구의 지원 체계다.

그러나 민간 분야에서 과학 연구를 지원하는 관행은 역사가 매우 깊다. 미국과 유럽 등 과학 선진국에서는 정부 외에도 각종 재단에서 펠로우십이나 그랜트 형식의 연구비를 지원하고 있다. 가장 대표적인 곳으로 하워드 휴즈 의학연구소(Howard Hughes Medical Institute)가 있는데, 영화 〈에비에이터〉의 실제 주인공인 괴짜 재벌 하워드 휴즈의 유산으로 만들어진 과학 연구소 겸 연구비 지원기관으로, 미국 및 해외에서 탁월하게 활동하는 의생명과학 연구자들을 선정하여 연간 100만 달러에 달하는 파격적인 연구비를 지원한다. 이외에도 빌 게이츠, 폴 앨런 등과 같은 테크 기업 수장들도 과학자 지원을 목표로 하는 재단을 운영하고 있다.

일할 수 있으므로, 연구비 확보야말로 연구실을 운영하는 연구책임자로서 '생존을 위한 필수조건'인 것이다. 이러한 현실이 과학 발전에 과연 바람직한 것인지에 대해서는 여러 이견이 있겠지만 말이다.

올챙이 시절을 기억하는 개구리가 되자

오랜 시간 대학원 과정을 거치고 그와 거의 비슷한 시간 동안 포스트닥을 하면서, 누구나 한 번쯤은 지도교수 혹은 포스트닥 시절의 연구책임자와 갈등을 겪었을 것이다. 그리고 그때는 '내가 나중에 저 자리에 가면 그러지 말아야지' 생각한다. 이제 교수/연구책임자가 된 당신은 새롭게 대학원생과 포스트닥 혹은 테크니션을 고용하여 이들과 함께 연구실을 꾸려 나가야 한다. 과연 과거의 다짐처럼 당신은 훌륭한 지도교수이자 멘토가 될 수 있을까?

멘토나 매니저의 경험 없이 포스트닥 이후 바로 교수가 되어 매니저 역할을 처음 하게 되는 사람들은 대부분 시행착오를 경험한다. 당신은 이제 박사과정과 포스트닥을 거쳐 노련한 연구자가 되었고, 이전에는 어려웠던 많은 연구 테크닉에 능숙한 상태다. 그런 상태에서 이제 막 연구의 발을 떼기 시작한 초보 연구자들과 함께 일을 하기란 생각보다 쉽지 않다. 자신보다 경험이 적은 연구자들과 같이 연구하다 보면 "답답하니 내가 한다!"라는 말이 하루에 서너 번은 튀어나올 것이다. 그러나 당신은 이제 연구 일선에서의 일 외에도 연구책임자로서 연구 제안서를 작성하고 강의와 회의 참석, 여러 행정 업무 등을 병행해야 할 처지이므로 포스트닥 시절처럼 직접 연구에 모든 시간을 투자하기 어렵다. 결국 당신은 미숙한 대학원생과 포스트닥, 테크니션을 가르쳐서 당신이 생각한 연구를 진행해야 하는데, 이것이 갓 연구책임자가 된 사람들이 직면하는 가장 큰 문제다.

연구책임자 역할을 수행하기 전의 연구자는 현역 운동선수와 비슷하다. 복잡한 작전이나 팀 운영은 감독과 프런트가 고민할 문제고, 당신은 선수로서 주어진 역할만 잘 수행하면 되었다. 동료가 실수를 하더라도 당신 탓은 아니므로 큰 문제가 되지 않았다. 그러나 당신은 이제 운동에서 어느 정도 손을 뗀 감독, 아니 감독 겸 선수가 된 셈이다. 급할 때는 '답답하니 내가 한다'는 생각으로 연구에 직접 뛰어들어 문제를 해결할 수도 있겠지만, **감독의 임무는 '선수'가 문제를 찾고 해결할 수 있도록 만드는 것이다.**

명선수가 반드시 명감독이 되지 말라는 법은 없지만, 그렇다고 **모든 명선수가 명감독이 되지 않는다는 것은 우리 모두 알고 있다.** 같은 의미에서 현업에서 직접 활약하여 데이터를 뽑는 연구자로서는 최상이었는데, 미숙한 연구자들을 가르치고 지도하여 연구 그룹을 이끄는 관리자로서는 미흡한 사람도 있다. 물론 누구나 처음부터 잘할 수는 없고, 훌륭한 관리자가 되기 위해서는 끈질긴 노력이 중요하다. 나는 주변 연구자들의 성공과 실패를 지켜보며 몇 가지 교훈을 얻었다. 신진 연구자로서 성공적인 연구책임자 겸 멘토가 되고 싶다면 다음을 염두에 두기 바란다.

1. 당신은 아직 당신의 멘토만큼 유명한 연구자가 아니다.

세계적인 연구 그룹에서 일하다가 신진 연구자로 처음 자신의 연구 그룹을 이끌게 된 사람은 이런 착각을 한다. '내가 드디어 연구책임자가 됐다! 내 밑에 세계 각국의 능력 있는 사람들이 바글바글 모일 것이며, 내 아이디어를 불철주야 실험하며 구현해 줄 것이다….' 그러나 사실 당신은 아직 연구책임자로는 검증받지 못한 초보이며 함께 일하게 될 사람들도 초보 연구책임자인 당신의 말에 의구심을 가질 수도 있다. 그리고 세계 각국에서 능력자들이 모여들었던 당신의 포스트닥 연구실과는 달리 지금 막 연구책임자가 된 당신의 연구실에는 아마도 기초부터 훈련시켜야 할 초보자만 모여들 가능성이 더 많다.

이전에 포스트닥으로 있던 연구실의 유명한 연구책임자가 장군이라면, 당신은 방금 임관하여 전선에 뛰어든 소대장이라는 것을 항상 기억해야 한다. 이런 상황에서 제일 먼저 앞장서야 하는 것은 당신이다! 당신이야 빨리 연구 성과를 내서 연구실을 안정시켜야 한다는 초조함을 느끼겠지만 당신의 첫 대학원생 제자나 포스트닥 혹은 테크니션은 그 절박함에 쉽게 공감하기 힘들 것이다. 이럴 때 당신은 '나를 따르라' 식으로 직접 연구하는 모습을 보여주면서 최초의 연구실 구성원들과 함께 연구를 세팅해야 한다.

2. 올챙이 시절을 잊지 말자.

새로 연구책임자가 된 연구자들을 만나 보면 불만이 많다. 이러한 불만 중 상당수는 같이 일하는 대학원생(테크니션, 포스트닥)

이 열심히 하지 않는다거나, 자신의 학생(혹은 포스트닥) 시절에 비해 연구에 열정이 없다는 불평이다. 그러나 잊지 말아야 할 것은, 그동안 성공적인 박사과정(포스트닥)을 거쳐 엄청난 경쟁을 뚫고 독립연구자 자리에 앉은 당신은 같은 분야의 경쟁자 무리에서 손꼽힐 만한 능력과 노력을 보였기에 이 과정을 잘 통과했지만, 당신과 함께 일할 대학원생(테크니션, 포스트닥)의 능력은 상위 0~100퍼센트 사이에 고루 분포되어 있을 것이라는 사실이다. 따라서 당연히 당신보다 능력이 부족하고 열정이 없어 보일 수도 있다. 그렇지 않다면 절대 당신의 연구실에서 일할 이유가 없다.

특히, 학교에서 당신을 고용한 이유는 경험과 실력이 부족한 학생과 연구자들을 훈련시켜 더 나은 미래로 나아가도록 돕기 위해서다. 연구를 잘 못하니까 학생인 것이지, 처음부터 모든 것을 다 잘한다면 학위과정을 밟을 이유가 없지 않겠는가? 무엇보다 학교의 존재 의의는 아무것도 모르는 학생을 어엿한 연구자로 키우는 데 있다. 그러나 학생을 연구를 수행하는 테크니션처럼 취급하여 '데이터 생산 기계' 정도로 활용하고 대학원생의 성장에는 전혀 관심이 없는 교수도 분명히 존재하며, 특히 경쟁이 치열한 사회일수록 이 경향은 심화된다. 그러나 대학 교수의 역량은 결국 배출한 제자의 장래에 의해 평가되며, 논문과 연구비는 단지 이에 따르는 부산물임을 잊지 말아야 한다. 만약 훌륭한 연구 업적을 쌓고 넉넉한 연구비를 확보했다고 해도 제자들이 연구 분야와 관계없는 엉뚱한 곳에서 생계를 유지하고 있다면, 자신이 교육자로서 적합한 사람인지 스스로 생각해 봐야 한다.

3. 언젠가는 리더가 되어야 한다.

신임 연구책임자로서 미숙한 학생 및 연구원들을 이끌기 위해서는 연구에 앞장설 필요도 있지만, '감독 겸 선수'가 항상 4번을 치는 야구팀이 오래 가기는 쉽지 않을 것이다. 특별한 상황이 아니라면 당신은 일선에서 뛰기보다 전체적 작전을 구상하고 '선수'인 연구원들이 문제에 봉착할 때 이를 해결하는 역할을 해야 한다. 프로젝트 리더로서 팀 구성원들의 성장 기회를 빼앗아서는 안 되는 것이다. 학교가 아니라 언제까지든 직접 연구 일선에 나설 환경이 보장되는 연구소 같은 곳이라면 그렇게 할 수도 있다. 그러나 연구책임자는 연구비 획득이나 강의, 각종 행정 업무, 학회 활동 등 연구에 직접 참여하는 것 이외에도 할 일이 태산이므로, 언젠가는 연구의 '주연'이 대학원생과 포스트닥이 될 수밖에 없다. 당신의 가장 큰 의무는 후진 양성이다. 당신을 연구책임자로 성장시켜 준 당신의 멘토가 그랬듯이 말이다.

훌륭한 연구자가 되는 것과 훌륭한 리더 또는 관리자가 되는 것은 같지 않다. 연구책임자가 되기 위해서는 훌륭한 연구자가 되는 것으로 충분할지 모르지만, 일단 연구책임자가 된 이후에는 훌륭한 리더가 되는 데 힘을 쏟아야 한다.

고유 연구 영역 찾기

독립연구자가 된다는 것은 세상에서 나만이 연구하는 독자적인 연구 주제를 갖는다는 뜻이다. 물론 연구는 기존 연구에 기반해 새로운 지식을 창출하는 것이며, 연구실을 개설한 후 최초로 수행할 연구의 아이디어는 박사과정이나 포스트닥 시절에 수행하던 연구와 어느 정도 관련이 있을 가능성이 높다. 적어도 독립연구자로서 처음 시도하는 연구는 포스트닥 시절 연구의 연장선상에 있는 것이 보통이다. 현실적으로 전혀 해 본 적 없는 연구를 위해 연구비를 신청한다면, 요즘같이 연구비 획득이 어려운 시기에는 십중팔구 '광속 탈락'의 아픔을 겪을 가능성이 높다.

그러나 어느 정도 학계에서 자리를 잡은 이후에도 당신의 연구가 출신 연구실의 연구와 별반 다르지 않다면 그 역시 바람직하지 않다. 학계에서 독립연구자로 바로 서기 위해서는 당신만의 고유 분야(niche)를 찾을 필요가 있다. 자신의 멘토들이 진행한 것과 동일한 연구를 자신의 연구실을 연 뒤에도 반복한다면 굳이 독립연구자가 될 필요가 있을까? 인지도도 낮고 경험도 적은 당신의 연구실에서 제시한 같은 연구 주제에 중복으로 연구 지원을 해 줄 리도 없다.

그러므로 연구책임자가 된 다음에는 당신의 멘토들과 구별되는 고유의 연구 영역을 찾아야 한다. 당신은 높은 확률로 포스트닥 시절과 다른 환경, 장비, 시설에서 동일한 방식의 연구를 하기 어려울 것이다. 먼저 현재 상황에서 가능한 연구를 찾고, 연구를 진행하다 보면 새로운 방향으로 연구의 돌파구를 찾게 될 것이며, 이를 자연스럽게 좇아가다 보면 마침내 이전 멘토들의 연구실과 구별되는 자신만의 연구를 정립할 수 있을 것이다. 재정적으로뿐 아니라 과학적으로도 독립된 연구자가 되어야 진정한 연구책임자로서 역할을 할 수 있다.

협업의 중요성

자신과 비슷한 연구 분야에 종사하는 사람이 한 명도 없는 희귀한 상황이라면 모르겠지만, 어딘가에는 당신이 지금 하는 연구에 관심 있는 사람이 있기 마련이다. 이 중에서는 당신과 동일한 과학적 의문을 공유하는 사람이나, 과학적 의문은 다르지만 당신이 사용하는 도구나 시스템을 공유하는 사람도 있을 수 있다. 따라서 동료 연구자와의 협업은 신진 연구자로서 연구 지평을 넓히기 위한 매우 좋은 방법이다.

요즘은 서로 다른 분야의 연구자들이 융합하여 하나의 일관된 줄거리를 만들어 내는 학제 간 연구가 많은데, 이때 협력 연구는 필수이다. 당신이 무한대의 연구 재원과 명성을 가진 '신적 존재' 수준의 연구자라면, 구태여 공동연구를 할 것 없이 자기 연구실에 해당 분야 전문가를 초청해 다학제적 연구 그룹을 구성할 수 있을 것이다. 그러나 독립적인 연구 그룹을 막 구축하기 시작한 신진 연구자에게는 무리다.

공동연구는 때로 연구비 획득이라는 현실적인 측면에서 유리하다. 2인 이상의 연구책임자가 참여하는 공동 과제에서 각자 자신의 특기를 살려 연구 팀을 구성함으로써 연구비를 획득하는 것이다. 물론 공동연구를 수행하다 보면 자신의 관심사와 일치하지 않는 주제를 연구해야 하는 상황이 생길 수도 있다. 그러나 지금과 같이 연구비 획득이 전반적으로 어려운 상황에서 진정으로 하고 싶은 연구를 하기 위해서는 '지금 자신이 할 수 있는 연구'부터 시작하는 것도 하나의 방편이 될 수 있다.

공동연구에서 가장 중요한 것은 무엇일까? 일단 공동연구가 원활하게 이루어지기 위해서는 협력하는 상대의 연구 분야와 주제에 대해 어느 정도의 지식을 갖출 필요가 있다. 공동연구자가 어떻게 연구를 수행하는지 자세하게는 모르더라도 그 공동연구자를 이해시키려면 어떻게 해야 하며, 또 공동연구자로부터 나온 연구 결과물을 어떻게 해석해야 하는지를 알아야 한다. 한 발 더 나아가, 최적의 결과물을 내기 위해 (프로그래밍에 비유하자면, 일종의 외부 라이브러리에서 제공되는 '함수'처럼) 공동연구자에게 어떤 '입력'을 주면 어떤 '출력'이 나올지를 파악해야 한다.

그리고 좋은 공동연구 상대가 되기 위해서는 적어도 자신이 제공해 줄 '무엇인가'가 있어야 한다. 단순히 논문 저자 권리 같은 것을 떠나서, 실질적으로 연구에 보탬을 줄 수 있는 무엇인가를 당신도 공동연구자에게 제공할 수 있어야 제대로 된 공동연구가 된다. '어떤 일을 해 주면 논문에 이름을 넣어 줄게' 하는 식으로 마치 외부 업체에 아웃소싱을 주듯 공동연구자를 대하는 사람들을 종종 보는데, 이러한 관계는 오래 가기 힘들다. 공동연구 관계가 오래 지속되기 위해서는 서로가 서로를 필요로 해야 함을 잊지 말자.

오늘날 과학계에서 좋은 공동연구자와의 만남은 연구책임자로 잘 정착하는 데 필수적이다. 독립적인 연구자가 되기 위해 좋은 공동연구자가 필요하다는 이야기는 어찌 보면 역설적으로 느껴질 수 있지만 현실이다. 자신과 같은 기관에 소속된 사람이라면 가장 좋겠지만, 타 기관 혹은 타 국가의 연구자라도 뜻이 맞는 좋은 파트너를 만난다면 당신은 운이 좋은 것이다.

대학에 자리를 잡으려면

대학교에서 자리를 찾으려면 추가적으로 고려할 부분이 있다. 대학교에서 교수 자리를 찾으려고 하는 연구자들 중 상당수는 소위 국내외 연구중심대학에서 학위를 마쳤고, 그 중 상당수는 포스트닥 과정을 통하여 오랜 기간 연구를 수행하였다. 이들이 대학에서 자리를 찾으려고 하는 주된 이유는 독립된 연구책임자로서 연구를 할 수 있는 자리를 원하기 때문일 것이다. 그러나 반드시 기억해야 할 점은, 국내의 대부분의 대학에 교수로 임용된 이후 대학 당국에서 기대하는 주된 일은 바로 대학 교수로서의 학생 교육이다.

극소수의 대학을 제외하고 많은 국내 대학은 임용 후 상당한 강의 부담을 지게 된다. 강의 준비와 학사 업무에 거의 모든 시간을 들인 나머지, 연구에 시간을 쓰기도 힘든 상황에 놓이기도 한다. 여기에 연구실을 운영할 경우 대학원생 등의 학생을 훈련시키고, 이를 지도하는 하는 시간과 노력도 필요하다.

문제는 국내외의 이공계 대학에 자리를 잡는 과정에서 얼마나 교육 경험이 풍부한지는 주된 고려사항이 아니며 거의 대부분 연구 실적에 의해 임용이 결정된다는 것이다. 때로는 전혀 강의 경험이 없거나 대학원 시절의 조교 정도의 경험만을 가진 상황에서 대학에서 갑자기 여러 과목을 강의해야 하는 상황에 놓이기도 한다. 물론 강의 경험을 쌓으며 우수한 교육자가 되겠지만, 아무런 교육 경험이 없는 연구자가 대학에 와서 교육자로서의 역할을 갑자기 수행해야 하는 것은 쉬운 일은 아니다. 그러나 세계적으로도 극히 일부의 연구중심대학을 제외하고는 대부분의 대학에서 교수로 임용된 사람들의 일차적인 업무는 학생 교육이라는 것을 간과해서는 안 된다. 따라서 대학에 자리를 잡을 생각이라면 훨씬 이전부터 교육자로서 자신이 어떤 역할을 수행할 수 있을지 진지하게 고민할 필요가 있다. 연구자로서의 의욕만이 넘친 상태에서 얼떨결에 '교육자가 되어야 하는' 상황에 처해 제대로 된 교육자도, 연구자도 되지 못한 상태로 자기 자신뿐만 아니라 주변에 피해를 끼치는 경우가 적지 않다.

국내의 대학에서 자리를 잡는 것을 목표로 하는 사람들이 고려할 사항이 하나 더 있다. 한국은 현재 심각한 출산율 저하에 들어섰고, 이에 따른 학령 인구 저하 문제가 심각하다. 가령 2024년의 대학 입학 대상자인 2005년 출생자는 43.8만 명이다. 대학 입학 대상자는 2033년까지 약 43만 명 정도로 유지되지만, 2035년 이후에는 35.7만 명, 2040년에는 25만 명으로 급락할 것으로 추정된다. 이미 몇 년 전부터 인구 절벽 문제로 많은 대학들이 학생 모집에 어려움을 겪고 있고, 통폐합을 모색하는 대학들이 많은 상황이다. 이러한 추세는 2030년 이후에는 더욱 심해질 것은 분명하다. 지금 대학원에서 학위 과정에 있으며 자신의 미래를 국내 대학의 교수로 생각하고 있는 사람이라면 반드시 이러한 현실을 알고 있어야 한다. 어쩌면 국내 대학보다는 해외 대학에서 자리를 잡는 것이 보다 현실적일지도 모른다.

또 하나 중요한 요소는 인구 감소가 필연적으로 연구실 환경의 큰 변화를 가져올 것이라는 것이다. 지금 현재 대학원에 다니고 있는 사람, 혹은 박사후과정을 하면서 연구책임자를 목표로 하는 사람은 대개 한 사람의 지도교수가 연구책임자를 하는 연구실에서 다수의 대학원생 혹은 박사후과정을 하는 것을 당연하게 생각할 것이고, 연구책임자가 되면 자신이 훈련 과정에서 경험한 것처럼 자신을 중심으로 다수의 연구자로 구성된 연구 그룹을 형성할 것을 전제로 하고 있을 것이다. 그러나 급격한 학령 인구의 감소는 이러한 환경이 미래의 연구실에서도 유지될 것이라고 생각하기 어렵게 만들고 있다. 물론 처음부터 한국이 아닌 타국에서 연구책임자를 하거나, 한국에 외국 유학생 유입이 증가할 수는 있다. 그렇지만 미래의 연구책임자의 모습은 연구책임자를 꿈꾸는 젊은 과학자가 훈련 과정에서 본 연구책임자의 모습과는 상당히 다른 것이 될 것임은 분명하다. 게다가 인공지능의 급속한 발전이 대학원생의 '연구 보조원' 역할을 상당히 줄이고 있는 모습은 이미 연구 현장에서 나타나고 있다. 미래의 연구책임자는 연구실의 리더라기보다는 1인 연구자에 가까울지도 모른다는 것을 생각해 둘 필요가 있다.

꼭 연구책임자가 되어야 하는가?

나는 '연구책임자' 되기가 얼마나 어려운지를 설명하면서 이 장을 시작했다. 모든 연구자가 연구책임자가 될 수 없음은 분명한데, 연구책임자가 되지 못한, 아니, 되기 싫은 사람은 어떻게 해야 할까?

'비정규직 연구자'인 포스트닥으로 일하는 많은 연구자들이 안정적인 정규직 일자리가 필요하다는 이유로 학계의 연구책임자를 지망하지만, 연구책임자의 자리를 안정적인 정규직 일자리로 보기는 어렵다. 연구비 지원 제안서를 쓰고, 연구비를 받아 오고, 연구실 인원을 관리하는 등의 일에 부담을 느끼는 사람들은 실제로 많이 있다. **모든 직장인이 창업하여 CEO가 될 필요가 없듯 모든 연구자가 자신의 이름을 건 연구책임자가 될 필요는 없으며, 현실적으로 박사학위 소지자가 모두 연구책임자가 될 수도 없다.** 연구자 중에서는 다른 사람이 제시한 아이디어를 실제로 구현하는 일에 더 적성이 맞는 사람도 있기 마련이다. 자신이 과연 어떤 스타일의 연구자인지를 생각하고 연구책임자로서 적성이 맞는 사람인지를 생각해 볼 필요가 있다.

연구책임자가 되기는 싫은데 계속 학계에서 연구를 하고 싶다면 어떻게 해야 할까? 선진국 연구기관에서는 연구실에서 포스트닥을 마친 이후에도 스태프 사이언티스트 혹은 랩 매니저(lab manager) 형식으로 일하는 사람들이 종종 있다. 일부는 이 일을 포스트닥의 연장으로 생각하기도 하지만, 상당수의 연구자들은 직업 과학자로서 계속 연구 현장에서 일할 수 있는 수단으로 스태프 사이언티스트 등으로 일하고 있다. 또한 코어 퍼실리티(core facillity)[81] 같은 기관에서 특정한 연구 서비스를 제공하는 곳에 소속되어 일하는 과학자들도 존재한다. 연구 자체를 좋아하지만 연구책임자가 해야 하는 관리자의 역할은 싫은 사람들에게는 이러한 역할이 오히려 더 좋은 일자리일 것이다.

일부 국가에서 이러한 일자리들은 그리 전망이 밝지 않은 비정규직으로 취급된다. 실제로 국내에는 학계에서 연구책임자가 아니면서 계속 연구를 할 수 있는 일자리는 그리 많지 않다. 그러나 박사학위를 받은 모든 사람이 학계와 산업계에서 연구책임자 또는 그와 비슷한 수준의 일자리를 갖는 것은 불가능하다. 따라서 연구책임자는 아니지만 한 연구실에서 안정적으로 연구를 수

---

81 기술 기반 연구 시설에서 시설 연구원들과 외부 연구원들이 사용하는 정교한 장비를 유지하고 지원하는 곳이다. 몇몇 코어 퍼실리티에서는 기술 교육, 전산, 통계 서비스를 제공하고 있다. 테뉴어 트랙을 따르지 않고 오랫동안 연구 현장에 남고 싶은 과학자들에게 코어 퍼실리티(코어 랩)는 안정적인 대안이다.

행할 수 있는 정규직 일자리가 많이 만들어질 필요가 있다. 학계에 이런 일자리가 만들어져야 하는 이유는 단지 인적 자원 낭비를 막기 위해서가 아니다. **과학의 발전에 기여할 만한 연구는 긴 시간의 지속적인 연구가 필요하다. 구성원이 계속 바뀔 수밖에 없는 대학원에 연구책임자와 대학원생 사이에서 연구와 실무를 담당하는 스태프 사이언티스트는 높은 수준의 연구를 가능하게 해 주는 필수적인 요소다.** 따라서 국내에서도 이런 연구자들이 한 연구실에서 오래 지속적으로 연구할 수 있도록 제도적 지원이 필요하다고 생각한다.

Chapter 07

기업 연구원의 길

산업계의 수요가 많은 분야(컴퓨터 사이언스를 비롯한 대부분의 공학 분야)에서는 애초부터 산업계 취업을 우선적인 진로로 생각하는 경우가 많다. 이 장에서는 이렇게 박사학위를 취득하고 기업에서 연구하는 연구자의 진로에 관한 이야기를 하고자 한다.

기업 연구원을 선택하는 이유

앞서 말한 것처럼 일반적인 연구중심대학의 자연과학 계열 박사 과정 교육은 대개 '학계 연구책임자 육성'을 목표로 한다. 연구중심대학에 근무하는 교수들도 대부분 자신이 걸어온 학계 연구책임자가 되는 경로에 대해서는 잘 알아도, 그 외의 진로에 대해서는 잘 모르는 경우가 많다. 따라서 산업계 진출이 활발하지 않은 일부 자연과학 전공의 학계에서는 기업에서 연구하는 연구자를 일종의 '대안 경로'처럼 경시하는 경향도 없지 않다.

그러나 기업 연구원은 전공과 상관없이 자연계 및 공학계 연구자들이 가장 많이 선택하는 진로이며 특히 공학계 연구자들은 거의 대부분 학위를 마치고 기업 연구원이 된다. 심지어 박사과정 중의 교육과 연구는 거의 전적으로 산업과 응용과는 크게 상관없이 진행되는 분야—생명과학, 이론물리학, 수학 등—의 경우에도 결국 박사학위 취득 후 산업계에서 일하는 사람이 상당수를 차지한다.[82] 그도 그럴 것이, 전체 학계의 일자리 수는 정해져 있는데 배출되는 학생들은 계속 늘어나고 있으므로 대다수 박사학위 소지자들은 학계 밖에서 일자리를 찾을 수밖에 없는 것이다.

산업계 일자리가 가지는 몇 가지 장점 중 하나는 바로 학계에 비해 상대적으로 높은 수준의 금전적 보상이다. 학계의 주된 목적이 후학 양성과 학문 연구에 있는 반면, 산업계는 직접적 부가가치를 창출하는, 한마디로 돈을 버는 것이 목적이므로 일반적으로 학계보다 산업계가 경제적 보상에서 더 나을 것임은 쉽게 짐작할 수 있다. 물론 각 계통에서 어떤 수준의 일자리를 얻느냐에 따라 달라질 수 있지만, 박사학위를 갓 취득한 사람이 바로 얻을 수 있는 일자리를 기준으로 생각한다면, 학계보다는 산업계에 진출했

---

82 미국세포생물학회(American Society of Cell Biology)의 2014년 조사에 의하면, 미국 내 의생명과학 계열 정년 트랙 교수는 29,000명으로 추산된다. 반면, 동일 분야 학위를 받고 기업체에서 연구직으로 일하는 과학자는 22,500명, 연구직이 아닌 과학 관련 일자리에서 일하는 박사학위 소지자는 24,000명으로 추산된다. 실제로 박사학위를 받고 학계의 교수와 유사한 자리에서 일하는 것보다 산업계에서 일할 확률이 훨씬 높다. (www.ascb.org/compass/compass-points/where-will-a-biology-phd-take-you)

을 때 보상 수준이 높은 편이다. 특히 인공지능 분야와 같이 요즘 산업계에서 많은 투자가 이루어지는 분야라면 그 보상 수준이 학계의 몇 배에 달하기도 한다.

사회·경제적으로 직접적인 파급 효과를 일으킬 만한 일을 할 수 있다는 이유로 산업계에 진출하는 사람도 많다. 가령 현재로서는 치료법이 없는 불치병을 퇴치하는 약물을 만드는 것이 인생의 목표인 사람이 있다고 하자. 물론 학계에서도 불치병의 발병 기전이나 이를 퇴치할 수 있는 실마리를 찾는 기초 연구를 할 수는 있겠지만, 실질적으로 이러한 문제를 해결하는 일은 대개 기업의 몫이다. 그러니까 박사학위를 받은 모든 사람이 반드시 학계의 연구자가 될 필요는 없다. 학계 이외에도 당신이 박사과정을 밟으며 길러 온 문제 해결 능력을 필요로 하는 곳은 많이 있다.

학계보다 기업에서 더 활발히, 수준 높은 연구 활동이 진행되는 연구 분야도 아주 많다. 반도체나 신약 개발 등 지금 당장 연구를 통해 많은 부가가치가 창출되는 대부분의 분야가 그렇다. 2024년 현재 인공지능 등의 최고 학회 등에서 가장 화제가 되는 연구들은 대개 기업에서 벌어지고 있다. 경쟁에서 앞서기 위하여 산업체에서 어마어마한 자금을 투자하는 분야에서의 연구는 학계보다 기업에서 선도하고 있으며, 실제로 연구 수준 역시 훨씬 높다. 이전에는 학계에서 주로 행해지던 연구를 기업에서 주도하면서 새로운 돌파구를 여는 경우도 있다. 가령 단백질 구조 예측 문제는 학계에서 주로 연구되던 문제였으나, 2018년 경부터 인공지능 기술을 기반으로 단백질 구조 예측에 뛰어든 딥마인드

(Deepmind)가 2020년 알파폴드(Alphafold)라는 단백질 예측 시스템을 만들었고, 이 시스템은 그동안 세기의 난제로 불리던 단백질 구조 예측 분야에서 획기적인 진보를 이루어 냈다. 이처럼 산업계가 작정하고 특정한 문제를 풀기 위해 시도하면 학계에서는 상상하기 힘든 수준의 자원을 투자하며, 따라서 연구 수준도 훨씬 높을 수밖에 없다. 산업계에서 지금 활발하게 응용되는 분야에서 최고의 연구를 하고 싶다면 가능한 한 빨리 산업계에 진출하는 것이 정답이다.

이에 비해 학계에서 활발하게 연구되는 분야는 보다 근원적인 연구, 혹은 실용화와는 관계가 적거나 없는 기초과학 연구인 경우가 많다.[83] 즉, 지금 당장 연구를 해서 상업적인 부가효과가 나타나는 연구는 산업계를 중심으로 이루어지고, 보통 학계에서는 이보다 좀 더 이전 단계의 연구가 진행된다.

그러나 기업 연구원으로 일하기 위해서 기업에서 활발히 연구되는 연구를 학계에서 직접 경험해 봐야 하는 것은 아니다. 그 이유에 대해서는 이제부터 설명하겠다.

---

83 이러한 분야도 갑자기 산업계에서 각광받는 연구가 될 수 있다. 그 대표적인 예가 인공지능 관련 연구인데, 1990년대에서 2000년대 중반까지 인공지능 연구는 지금과는 달리 별로 각광받지 못했다.

전공 선택의 중요성과 이전 가능한 기술

기업에서 연구원으로 일하기로 마음먹었다면, 먼저 자신의 전공이 기업에서 얼마나 유용한 분야인지를 생각해 볼 필요가 있다. 박사학위 취득 후 기업에서 연구원으로 일하는 사람들 중 전공과 상관없는 곳에서 일하는 사람이 많기는 하지만, 산업계에 진출하기 용이한 전공이 있는 것도 사실이다.

그렇다면 기업 연구원으로 진출하기에 유리한 전공은 무엇일가? 3장 초반부에서 말했듯 기업 진출이 유리한 전공은 관련 산업이 발달한 분야이며, 이는 취업하는 국가에 따라 다르다. 한국에서 박사 후 취업이 용이한 분야는 전자, 화학공학, 기계 등의 산업과 관련된 분야인 경우가 많다. 유럽처럼 제약 산업이 발달한 국가에서는 생명과학, 화학, 약학 등을 전공하면 유리할 것이다. 미국처럼 IT와 소프트웨어 산업이 발전한 곳에 취업한다면 당연히 컴퓨터 사이언스 관련 전공이 유리할 것이다. 즉, 자신이 산업계 진출을 주된 목표로 생각한다면 아예 처음부터 박사 진학 전에 이러한 것을 고려하여 진학하는 것이 좋다. 당연한 말이겠지만, 자신이 연구하는 주제가 곧바로 산업체의 연구 개발 영역과 직접적인 관련성이 큰 분야일수록 기업체에 취업하기 수월하다.

자신의 전공이 산업과 직접적인 연관성이 떨어지는 듯 보여도 기업 연구원이나 산업계로의 진출은 충분히 가능하다. 자신의 연구 주제 자체는 기업에서 별로 흥미가 없을지도 모르지만 박사나 포스트닥 과정의 연구를 통해 획득한 연구 기술과 경험은 기업에서 충분히 활용할 수 있기 때문이다.

사실 학계의 연구 주제가 산업계에서 지금 필요한 연구 주제와 완전히 일치하는 경우는 생각보다 적다. 그렇기 때문에 학위 시절의 연구 주제보다는 학위나 포스트닥 과정 중에 익힌 연구 기술, 그리고 새로운 분야에 종사하게 될때 새로운 것을 배우는 학습 능력 쪽이 취업에 오히려 더 중요할 수가 있다. 가령 계량적 계산에 능한 이론물리학자들이 금융권에 취업하는 경우, 그리고 생물정보학 등 많은 양의 데이터를 분석한 경험을 가진 사람들이 데이터 사이언스 관련 직종에 진출하는 경우 등이다. 또 다른 예라면 구조생물학 연구를 하는 사람에게 단백질 생산 및 정제는 거의 일상적으로 하는 일이다. 이러한 경험을 토대로 항체 신약 등을 연구하는 제약 분야로 진출할 수 있다.

때로는 전혀 관계없어 보이는 분야를 전공하고도 성공적으로 기업 환경에서 연구를 수행하는 경우도 꽤 많다. 직접 본 예로는 천문학 전공자가 포스트닥에서 의료영상 관련 연구로 연구 분야를 전환한 다음, 이러한 경험을 살려 인공지능 기반의 영상 진단 관련 창업을 한 경우도 있다. 천문학과 의료영상 분석은 전혀 관계가 없어 보이지만, 오늘날의 천문학은 디지털화된 천체 관측 결과를 영상분석을 통하여 결과를 얻는다는 것을 생각하면, 현미경이나 CT 같은 의료장비로 얻은 이미지를 분석하여 의미를 해석하는 것이나 방법론적으로 크게 다르지 않은 셈이다.

자신이 연구한 주제와 상관없이 다른 분야에 취업할 때 가장 중요한 것은 자신의 연구 관련 기술을 다른 분야에서도 사용할 수 있는지의 여부이다. 이런 기술들을 통상적으로 '이전 가능한 기술(transferable skills)'이라고 한다. 기업 환경에서 사용할 수 있는 '이전 가능한 기술'을 취업 희망자가 가지고 있느냐에 따라 취업 여부가 결정된다고 봐도 과언이 아니다.

이전 가능한 기술에는 박사나 포스트닥 과정 때 연구를 수행하면서 익힌 구체적인 연구 기술 이외에도 논문 작성이나 프레젠테이션에 요구되는 의사소통 능력 또는 프로젝트 관리 능력이 포함된다. 박사나 포스트닥을 하며 테크니션이나 석사과정 대학원생 등 경험이 부족한 연구원을 훈련하고 이끌어 프로젝트를 수행해 보았다면, 이는 매우 좋은 관리 경험이고 박사급 연구원으로 기업체에 취업할 때 매우 중요한 이력이 될 수 있으므로 면접 등에서 강조할 필요가 있다. 또한 박사과정에서 연구를 수행하면서 틀림없이 많은 문제에 부딪혔을 것이고, 이러한 문제들을 성공적으로 해결한 경험을 가지게 된다. 비록 전공이 직접적으로 일치하지 않아도 이러한 '문제 해결 능력'은 산업체에서의 연구원으로서도 필수불가결한 능력이 된다.

박사학위를 보유한 과학자가 산업계에서 직장을 얻는 데 중요한 사항을 요약하면 다음과 같다.

1. 기업 연구원으로 일하기를 바란다면 박사학위 전공을 선택하기 전에(늦어도 포스트닥을 시작하기 전에) 기업의 수요가 많은 전공 분야를 선택하는 것이 유리하다.
2. 전공과 연구 주제가 기업에서 하는 연구와 직접적인 연관성이 떨어

진다면 연구 생활 중에 익힌 기술 중에 기업에서 활용할 만한 이전 가능한 기술이 무엇인지 살펴보자.

3. 기업 환경에서 관리와 협업은 매우 중요하므로 이같은 경험을 미리 쌓고, 취업 면접에서 그 경험을 적극적으로 어필하자.

기업과 학계의 차이

기업에서 일하는 연구자가 된 이후에는 기업과 학계에서 수행하는 연구의 근본적인 차이를 이해할 필요가 있다. 학계와 기업이 추구하는 근본 목적의 차이부터 생각해 보자.

1. 학계에서 과학 연구를 하는 근본적인 이유는 새로운 지식을 창출하기 위해서다.

2. 기업에서 연구하는 근본적인 이유는 이익을 얻기 위한 새로운 부가가치(유형의 산물 또는 무형의 서비스) 창출이다.

학계에서나 기업에서나 연구자의 주업은 연구 활동을 통해 새로운 지식을 만들어 내는 것이다. 그러나 이렇게 생산하는 지식의 맥락은 약간 다르다. 학계의 경우 새로운 지식을 창출하는 것 자체가 그 목적이기 때문에 연구를 통하여 얻은 지식을 논문과 학술 대회를 통하여 구체화하는 것이 가장 중요한 임무다.

기업에서 얻어진 지식은 학계에서처럼 외부로 빠르게 전파되지 않는 경우가 많다. 기업은 어디까지나 이익 창출을 위해서 새로운 제품 혹은 서비스를 개발하는 것이 목적이며 때로는 연구를 통하여 얻어진 지식은 제품이나 서비스가 완성되기 전에는 공개되지 않는 경우도 많다. 논문이나 학술 대회를 통하여 지식을 전파하는 것보다 오히려 기업에서 우선시하는 것은 지식에 대한 권리를 얻기 위한 특허 취득일 경우도 많다. 물론 기업에서도 논문이나 학술 대회를 통하여 연구 결과를 발표하는 경우가 있긴 하지만, 이러한 지식의 공표는 제품이나 서비스 개발에 비해서는 우선 순위가 낮으며, 대부분 특허 출원 등 기업의 지적재산권 확보 절차가 끝난 이후에나 이루어진다.

그리고 연구의 학문적인 가치가 높더라도 기업의 본래 목적인 부가가치 창출에 그리 중요한 역할을 하지 못한다면 기업에서 계속 연구를 진행하지 못하는 경우도 있다. 따라서 기업에서는 이미 발견된 지식을 이용한 '개발'에 비중을 두고, 해당 기초 연구가 전혀 되어 있지 않거나 학계에서 여건상 연구를 수행하기 힘든 경우 등 꼭 필요한 경우에만 새로운 지식을 창출하여 발표하는 선도 연구를 수행한다.

학계에서는 중요하게 여기지 않으나 기업의 연구 개발 과정에서는 매우 중요한 요소도 존재한다. 학계에서 처음 발견된 지식을 연구 개발 과정을 통하여 제품화하기까지의 간극을 메우는 일이다. '실용화' '공정최적화' 혹은 '스케일 업' 등 다양한 용어로 불리는 분야의 연구는 실험실 수준에서 가능하다고 알려진 연구를 실제로 제품으로 실용화하는 데 필수적인 연구이며, 거의 전적으로 산업계에서 이루어진다.

가령 우리가 특정한 조건에서 일어나는 화학반응을 발견했다고 하자. 그런데 이 조건이 매우 까다로워서 100번 시도했을 때 3~4번 정도만 재현되는 민감한 상태라고 하자. 그럼에도 실험자 이외의 다른 사람이 재현할 수 있다면 논문으로 낼 만한 과학적 가치는 충분하다. 그러나 이 발견을 기반으로 상용화 단계에 이르려면 100번 시도해 3~4번 성공하는 수준으로는 어림도 없다. 주방장이 100번 시도했을 때 3~4번 성공하는 요리가 있다면, 과연 식당에서 그 음식을 돈 받고 팔 수 있을까? **상용화를 위해서는 100번 시도해서 90~99번 성공하는 수준으로 성공률을 올려야 할 것이다.**

또 다른 문제는 경제성이다. 가령 학계에서 어떤 기술의 가능성을 최초로 제시하는 것과, 이것이 제품화되어 시장에서 납득할 만한 가격으로 판매할 수 있느냐는 다른 문제이다. 학계에서 가능하다고 말한 수많은 혁신적인 기술이 상용화되지 못하고 조용히 묻히는 이유 중의 상당수는 이러한 기술을 경제적으로, 그리고 안정적으로 제품화하지 못했기 때문이다. 기업 연구의 상당 부분은 신기술을 경제적으로, 안정적으로 제품화하기 위한 노력이며, 이를 위해서 많은 비용과 인력이 투자된다.

산업 현장에서 연구 개발을 할 때 고려해야 할 다른 점으로 '규모'도 들 수 있다. 실험실에서 부피 10밀리리터의 시험관 수준에서 만들어낼 수 있는 물질이 있다고 하자. 산업 현장에서의 연구 개발은 이 물질을 단순히 생성하는 것이 아니라, 10만 리터의 거대한 반응조에서 채산성이 나올 만큼 생산하는 것을 목표로 한다. 이처럼 규모를 확대하는 일도 산업계에서의 중요한 연구 개발 소재이다. 평범한 학계의 연구실에서는 이런 연구는 대개 수행하지 않을 뿐더러 수행하기도 힘들다.

학계에서 새로운 발견을 우선시하도록 교육받아 온 이들이 기업 환경에서 이런 연구 개발을 접할 때 처음에는 무척 생소할 수 있다. 그러나 이는 부가가치 창출을 목적으로 하는 기업의 연구에서는 필수불가결하다. 박사학위 취득자들이 학계 연구실을 선호하는 이유 중에는 다른 환경에 적응해야 한다는 부담감도 있을 것이다.

기업과 학계에서 수행되는 연구의 우선순위가 다르기 때문에 연구의 최종 산물도 다르게 나타난다. 학계에서는 최신의 연구 결과를 논문 등의 결과로 발표하는 것이 가장 우선적인 일이지만 기업에서 수행된 많은 연구 결과는 기업 비밀로 외부에 발표하지 않는 경우가 많다. 물론 기업의 입장에서도 연구 결과를 논문으로 발표해야 할 때가 있긴 하지만, 이는 특허 등 지적소유권 보호에 필요한 조치가 끝난 다음에야 발표되는 경우가 많다. 따라서 기업에서 일하기를 원하는 연구자라면 학계와 기업의 연구에 이러한 근본적인 차이가 있음을 이해하고, 자신의 성향에 맞는 직장을 찾는 것이 중요하다. 그러나 기업에 취업을 하기로 마음먹었다면, 자신이 일하는 기업에서 꼭 필요한 존재가 될 수 있도록 변화된 상황에 적응하도록 노력하자.

학계와 비슷한 문화를 가진 기업도 간혹 존재한다. 특히 대학교수 출신이 만든 기업 중에는, 창업 초기에는 이곳이 회사인지 대학 연구실인지 구분이 잘 안 되는 곳도 있다. 학계의 연구만 경험한 사람이라면 이러한 기업이 적응하기 쉽다고 생각할 수도 있겠으나 장기적으로 볼 때 연구자 개인에게 현명한 선택인지는 모르겠다. 기업과 학교는 분명히 환경이 다르고, 학계의 인력에 의해 학계에서 이루어진 연구를 기반으로 창업된 기업이라고 할지라도 기업이 성장할수록 같은 식의 운영이 지속되기는 어렵기 때문이다. 학계 출신 창업자가 만든 기업에 취업한다면 이런 사실을 주의해야 한다. 특히 학계 출신의 창업자가 기업과 학교의 일을 병행하는 사례가 많은 한국에서는 더욱 신중해야 한다.

팀 플레이어

불과 몇 명으로 이루어진 스타트업이 있는가 하면, 한 곳의 사업장에서 수천 명이 근무하는 거대 기업도 있다. 그러나 규모에 관계없이 산업계에서는 많은 사람과의 협업이 필수이며, 따라서 훌륭한 팀 플레이어가 되는 것은 기업에서 연구자로 성공하기 위한 필수 조건이다.

학계에도 많은 사람의 노력을 집약해서 하나의 연구를 수행하는 소위 거대 연구는 있지만, 대부분의 연구는 불과 몇 명으로 이루어진 팀에 의해 수행된다. 어떤 경우에는 혼자 주도적으로 연구를 수행하고 다른 사람으로부터 약간의 도움을 얻어 완성하는 정도이다. 학계의 연구의 성과물은 대개 제1저자 논문의 형식으로 업적화된다. 그러나 기업에 처음 발을 들여놓은 연구자의 경우 대개 연구팀의 일원으로 시작하며, 처음부터 연구를 주도하는 역할을 수행하지는 않을 것이다.

특히 박사과정 혹은 포스트닥 과정에서 적극적인 협력 연구를 많이 경험해 보지 않았다면 산업계 적응 과정 초반에 어려움을 겪을 수도 있다. 특히 복잡한 조직을 갖춘 거대 기업일수록 그럴 가능성이 높다. 대부분의 기업 연구는 프로젝트는 대부분 여러 사람이 프로젝트의 세부 요소를 분담하고 그 결과를 모아 완성하는 협력연구 구조이기 때문이다. 기업 연구자로 성공적인 커리어를 쌓기 위해서 가장 중요한 것 중의 하나라면 이러한 협력 연구 시스템에서 잘 적응하는 것이다.

기업 연구자는 매우 다양한 관계를 넘나들며 팀워크를 발휘해야 한다. 때로는 자신과 전혀 다른 배경을 가진 과학자, 엔지니어, 과학자가 아닌 사람들과 같이 일하게 될 것이다. 이를 위해서는 무엇보다 **원활한 의사소통 기술**이 필요하다. 즉, 학계를 떠난 당신은 이제 자신의 세부 전공 분야의 사람들과만 소통하는 것이 아니라, 당신이 하는 일의 기술적 디테일을 잘 알지 못하는 동료들에게 자신이 어떤 일을 하고 현재 어떤 문제점에 봉착해 있는지, 그리고 이를 해결하기 위해서는 무엇이 필요한지를 설득해야 할 상황에 직면할 것이다. 직위가 올라갈수록 더욱 그렇다. 산업계에서 일하는 박사급 연구원이라면 적어도 학계에 있을 때보다 훨씬 다양한 사람들과 다양한 화제에 대해 논의하면서 이들을 이해시켜야 한다. 기업 환경에서 커뮤니케이션 능력은 성공적인 연구자가 되는 데에 무엇보다 중요한 역량이다.

기업 연구원이 되는 데 포스트닥 경험은 필요한가?

기업 연구원이 목표라면 박사학위 취득 후 곧바로 취업하는 것이 최선이다(석사학위까지만 요구하는 기업도 많다). 포스트닥은 원칙적으로 학계의 독립연구자가 되기 원하는 사람이 밟는 과정이며, 포스트닥으로 아무리 오래 일한다 하더라도 산업계에서 연구 경력으로 크게 인정되지 않는 경우가 많기 때문이다.

그러나 독립연구자가 되기로 하고 포스트닥 과정을 하다가 산업계로 진로를 옮기는 사람도 많이 있다. 박사를 마친 후 바로 산업계에 진출하고 싶었으나 여의치 않아 포스트닥을 하는 경우도 없지 않다. 장기간의 포스트닥 경력이 기업 연구원이 되는 데 꼭 유리한 요인으로 작용하는 것은 아니다. 다만 박사과정에서 연구한 내용이 산업계에서 현재 큰 수요가 있는 분야가 아닌 경우, 포스트닥 기간 동안 기업의 수요가 있는 유용한 연구 기술이나 주제를 익힌다면 유리하게 작용할 수도 있다.

장차 기업 연구원이 되고 싶은데 준비를 더 해야 한다면 산업체와 밀접한 협력을 수행하는 학계의 연구실에서 포스트닥을 하는 것도 방법이다. (국내에서는 그리 흔한 일은 아니지만) 기업에서 직접 포스트닥을 채용하는 경우도 있다. 기업에서 포스트닥을 하게 되면 학계와는 다른 기업의 연구 환경을 체험함으로써 학계에서 기업 연구로 좀 더 쉽게 전환할 수 있다.

학계에서 산업계로의 커리어 전환은 생각만큼 쉽지 않지만, 자신이 연구하는 분야에서 산업계로 진출한 사람과의 인적 네트워크가 있다면 큰 도움이 된다. 인적 네트워크는 추천 등을 통해 취업에 직접적인 도움을 줄 수도 있고, 산업계에 근무하는 사람과의 친분을 통해 실제로 산업계에서 하는 일이 학계와 어떤 점에서 유사하고 어떤 점에서 다른지 이해하는 데 큰 보탬이 된다. 따라서 산업계로의 취업을 염두에 두고 있다면 가급적 박사과정이나 포스트닥 중에 자신이 취업을 희망하는 업계에 미리 진출한 선배들과 인적 네트워크를 형성하는 것이 유리하다.

레주메와 CV의 차이

학계 연구자들은 연구비를 신청하거나 새로운 연구실에 지원할 때 대체로 CV의 형식으로 자신의 연구 이력을 정리한다. 여러 양식이 있지만 CV에 공통으로 들어가는 것은 자신의 학력과 경력 사항, 연구 업적, 받은 연구비, 장학금, 수상 내역 등일 것이다. 이런 것들을 나열하다 보면 내용이 매우 길어지기도 한다.

그러나 산업계에서 사용하는 레주메(resume)는 CV와는 조금 다르다. 레주메는 자신이 특정한 일자리에 필요한 기술을 가지고 있음을 보여 주는 매우 간결한 문서로 한두 장을 넘지 않는다. 학계의 CV에 익숙한 사람들은 산업계 일자리에 지원할 때 학력 사항과 논문 목록을 구구절절 쓰곤 하는데, 그런 것은 사실 산업계에서 사람을 뽑을 때 중요하게 고려하는 요소가 아니다. 오히려 당신이 어디서 어떤 프로젝트를 수행한 경험이 있으며, 어떤 연구 기술들을 가지고 있는지를 더 궁금해 한다. 논문이나 연구 성과물은 당신이 (그 일에 필요한) 어떤 연구 기술을 가지고 있음을 증빙하는 자료 정도의 의미가 있다고 생각하면 된다. 물론 학계에서 처음 산업계로 넘어오는 '신입'이라면 학계 형식의 CV도 크게 문제없는 경우가 있다.

표 7-1. CV와 레주메 비교

구분	CV	레주메
사용처	학계에서 펠로우십이나 연구비를 신청할 때	산업계, 정부, 비영리 기관에서 일자리를 구할 때
주된 내용	학문적인 성취 내역	연구 관련 기술
분량	제한 없음	최대 2페이지 (논문 목록은 꼭 필요할 경우 첨부)
구성	학력, 연구이력, 장학금/연구비 수혜상황, 논문 목록	경력, 기술, 이력

물론 CV와 레주메를 엄격히 구분하는 것은 서구권의 경우이고, 한국의 산업계에서는 직장마다 고유의 이력서 형식이 있으므로 여기에 따르면 된다. 중요한 것은 정확한 포맷의 문제가 아니라, 학계에서 일자리나 펠로우십을 획득하는 것과 산업계에서 일자리를 얻는 데 필요한 요건은 크게 다름을 이해하는 것이다. 학

계는 기본적으로 '자기가 하고 싶은 연구를 하는 곳'이기에 자신이 얼마나 주도적으로 연구를 잘하는 사람인지를 강조해야 한다. 반면 산업계는 대표나 프로젝트 리더급이 아닌 연구자라면 정해진 과업을 얼마나 잘 수행할 수 있는 사람인지를 알리는 것이 핵심이 될 것이다.

대기업과 스타트업

산업계에는 수만 명의 직원이 있는 초거대 기업도 있지만 몇 명 정도의 직원이 근무하는 '스타트업' 기업도 존재한다. 어떤 기업에 가야 할까? 요즘의 한국처럼 안정성을 가장 중요한 가치로 두고 직업을 선택하는 사회에서는 자연스럽게 규모가 큰 기업을 선호하는 경향이 높다. 그러나 여기서 두 가지 의문을 가져 볼 필요가 있다. 과연 규모가 큰 기업은 작은 기업보다 고용 안정성이 높을까? 그리고 과연 고용 안정성이 직업 선택에 가장 중요한 문제일까?

우선, 박사급 연구자의 경우에는 규모가 큰 기업이 작은 기업보다 반드시 고용 안정성이 높다고 이야기할 수 없다. 큰 기업 자체는 작은 기업보다 오래 살아남을 가능성이 크지만, 대신 성과가 없는 사업 분야를 정리하는 일이 자주 일어난다. 큰 기대를 가지고 시작한 '신수종 사업', 즉 당장의 핵심 사업 부문이 아니지만 미래를 위해 시도하는 신사업(예를 들어, 전자업체에서 바이오 관련 산업에 진출하는 경우)에서 성과가 빨리 나지 않거나 경기가 나빠질 때, 당장 기업에 필수적이지 않다고 여겨지는 연구 개발 분야를 정리하는 일은 비일비재하다. 사무직 직원이라면 자신이 속한 분야가 없어지더라도 회사의 타 부서로 옮겨 갈 방법이 있겠지만 해당 연구 분야에서 전문성이 높은 일을 수행하던 과학자는 딱히 할 일이 없어지기 때문에 회사를 그만두어야 하는 상황에 처할 가능성이 높다. 더구나 미국처럼 정리해고가 빈번한 곳에서는 기업 규모와 고용 안정성은 전혀 관계가 없다.

또한 개인의 가치관에 따라 다르겠지만 일단 해당 분야의 전문가인 박사급 연구자로서 과연 고용 안정성을 직업 선택에서 최우선적 가치로 생각하는 것이 바람직한지도 생각해 볼 문제다. 바이오텍을 비롯한 테크 기업이 몰려 있는 미국 샌프란시스코는 수많은 기업이 명멸하는 곳으로, 일자리 변동이 매우 자주 일어난다. 그러나 이런 곳에서 특정한 기술에 정통한 사람이라면 현재 회사에서 일자리를 잃어도 다음 일자리를 크게 걱정하지 않는다. 부담스러운 주거비에도 불구하고 테크 기업이 몰려 있는(일자리가 많은) 곳에 굳이 거주하는 이유는 새로운 일자리를 쉽게 구할 수 있기 때문이기도 하다.

또한 체계가 확실하게 다져진 대기업에서는 정해진 일만 하면 되는 경우가 많은데, 이는 장점이자 단점으로 작용할 수 있다. 학계에서 여러 분야를 넘나들며 연구해 온 사람이라면 아무래도 조직체계가 존재하고, 한정된 일로 업무가 국한된 대기업의 일이 답답하게 느껴질 수도 있다. 반면 스타트업 수준의 중소기업이라면 하계처럼 여러 일을 한 사람이 동시에 떠맡을 상황이 많고, 힘든 면도 있겠지만 이런 환경을 즐기는 사람도 분명히 있을 것이다. 한참 성장가도를 달리는 스타트업이라면 초창기에 합류해 성장하는 회사에서 쌓을 수 있는 경험을 축적함과 동시에 (스톡옵션 형태로) 좋은 금전적 보상의 기회를 얻을 수 있다.[84] 또한 향후 창업을 생각한다면 스타트업 경험도 해 볼 만한 가치가 있다. 결론적으로, 기업을 선택할 때는 단순히 규모만을 선택 기준으로 두지 말고 여러 관점에서 살펴보는 것이 좋다.

학위과정과 현장 경험의 차이

어려운 박사학위를 취득하고 기업에 입사한 신입이라면 나름대로 자신의 경력에 자부심을 느끼고 자신이 경험한 '최첨단 학문'을 산업 현장에 적용하고 싶은 의욕이 넘칠 것이다. 그러나 현실은 그리 만만하지 않다. 일단 자신이 전공한 분야가 산업계에서 현재 활발하게 실용화되어 있는 분야라면, 학계에 비해 훨씬 높은 수준으로 연구가 진행되고 있을 것이다. 반대로 산업계에서 그리 활발하지 않은 분야를 전공하고 산업계에 투신한 경우에는, 자신이 박사과정 때 연구한 내용이 산업계에서 별 관심이 없기 때문

---

84   스타트업을 택하는 주된 메리트일 것이다. 어쩌면 창업이나 성장 가능성 있는 스타트업에 합류하는 것이 과학자가 되어 유일하게 큰돈을 벌 수 있는 기회일지도 모른다.

에 큰 괴리감을 느낄지도 모른다. '나는 인류 최초로 이 지식의 봉우리를 등정한 사람이다'라는 자부심은 어느덧 '세상에는 내가 모르는 수많은 봉우리가 있었구나' 하는 자괴감으로 변해 있을지도 모른다.

게다가 기업에는 입사한 지 얼마 안 된 '신참'인 당신에 비해 훨씬 많은 현장 경험과 노하우를 가진 선배 직원들이 있다. 그리고 많은 경우 이들의 경험과 노하우를 존중해야 한다. 간혹 '내가 힘들여 받은 박사학위는 산업 현장에서 별 쓸모가 없는 것인가' 하며 자괴감에 빠지는 박사급 연구원이 있기도 한데, 이는 박사학위의 연구 목적을 정확히 이해하지 못한 데서 비롯된 오해다.

박사과정 때의 연구 분야를 유지하며 평생 그 연구를 하는 사람도 있겠지만 대부분의 박사학위 취득자는 학위 취득 시에 했던 연구와는 다른 일을 하게 된다. **학위과정에서 얻는 진정한 수확은 연구 그 자체보다는 '세상에서 아무도 모르는 문제를 한 번쯤 발견 혹은 해결해 본 경험'에서 오는 자신감이다.** 학계에서는 이 세상의 누군가가 어떤 문제를 먼저 해결하여 이를 논문 형식으로 발표하면 더 이상 동일 문제에 대한 답을 찾을 필요가 없다. 그러나 산업계에서는 비록 다른 사람(주로 경쟁자)이 이미 해결한 문제이지만 구체적 방법이나 노하우가 공개되어 있지 않아서 이것을 해결해야 하는 상황이 수없이 발생한다. 회사의 연구 개발 환경에서 생기는 수많은 문제를 푸는 데 당신이 박사학위 과정을 하면서 닦은 '문제 해결 능력'이 어떤 식으로든 보탬이 된다면, 당신의 학위는 헛되지 않을 것이다.

시야 확장과 의사소통 능력

기업이 학계와 가장 크게 다른 점은 매우 다양한 사람들과 함께 일한다는 것이다. 물론 요즘은 학계에서도 학제 간 연구라는 명목으로 다양한 전공의 사람들이 모여 하나의 연구 프로젝트를 추진하는 경우가 있다. 그러나 이것은 일반 기업에서 연구나 업무를 수행하면서 다양한 부류의 사람들을 만나는 것과는 비교가 되지 않는다. 무엇보다 과학자나 엔지니어가 아닌 다양한 직종의 사람들과 일할 기회가 생기는 것이 기업 환경에서 연구자로서 일할 때의 차이라고 할 수 있겠다.

이렇게 다른 배경을 가진 사람들과 일할 때 가장 중요한 것은 역시 소통의 기술이다. 사실 과학 혹은 공학 분야에서 박사학위를 취득할 정도의 훈련을 받은 사람은 자기 세부 전공의 청중과 의사소통하는 데는 어려움이 없다. 논문 투고나 학회 발표 등을 통해 가급적 자세하게 자신의 연구 내용을 전달하는 데 익숙해졌기 때문이다. 그러나 세부 전공이 다른 과학자 혹은 과학자가 아닌 동료와 소통할 때도 자칫 동료 전공자를 대하듯 하여 의사소통의 문제를 일으킬 수 있다. 비전공자와 이야기할 때 자기 전공 내에서 통용되는 전문용어나 약어를 남발한다거나, 자기 전공의 기초적인 내용을 보편적 상식으로 간주해 버리는 것은 처음 직장생활을 하는 학계 출신의 박사들이 저지르는 실수다.

기업 연구원은 이야기하는 대상에 따라 그 사람이 이해할 수 있는 수준에서 반드시 이해해야 할 핵심 포인트만 잘 정리하여 의사소통하는 것이 중요하다. 전공자가 아닌 사람이 도저히 이해하기 힘든 세부 내용까지 전달하려고 애쓸 필요는 없다. 물론 이것을 '전공자가 아닌 사람에게는 그냥 적절히 (자신에게 유리하도록) 사실을 왜곡해서 말해도 상관없다'는 말로 이해하면 매우 곤란하다. 산업계에서 오랜 경험을 쌓은 사람은 비록 당신과 동일한 전공을 공부하지 않았더라도 자신의 분야에서는 전문가다. 또한 연구원 스스로도 상대방의 일에 대해 어느 정도 이해하려는 노력이 반드시 필요하다.

기업은 연구 개발을 비즈니스적 관점으로 본다. 지식의 창출을 주목적으로 하는 학계에서는 본래 목적에 걸맞지 않더라도 새로운 지식이 창출되는 발견이 이루어진다면 얼마든지 연구의 방향을 바꿀 수 있겠지만, 기업의 연구 개발은 해당 연구를 계속하거나 중단하여 얻는 경제적 이익의 유무에 따라 프로젝트의 향방이 결정되는 경우가 매우 많다. 과학적으로는 매우 유의미한 결과지만 비즈니스적 판단에 의해 프로젝트가 중단되거나 방향이 바뀔 수도 있는 것이다. 따라서 기업의 연구자라면 결국 회사의 비즈니스에 대해서도 개략적으로 알아두어야 한다. 특히 회사에서 의사결정을 하는 더 높은 직급으로 올라가거나 창업을 하려고 할 때 비즈니스적인 지식은 필수적 요소가 될 것이다.

창업

과학자의 일차적 사명은 지식 창출이지만, 때로는 이렇게 창출된 지식에서 부가가치를 창출할 가능성이 발견되는 경우도 있다. 그런 경우 기존의 기업과 협력하여 상업화를 추진할 수도 있겠지만 스스로 창업을 하고 싶은 사람도 있을 것이다. 그런 경우는 어떻게 해야 할까?

학계에 몸을 담아 왔고 기업 경험이 전혀 없는 사람이 창업을 하는 것은 생각만큼 쉽지 않다. 최근 테크 기업들의 사례를 보면 과학 연구로 얻은 지적소유권을 이용한 창업의 경우 그 지적소유권을 창출한 연구책임자(대학 교수 등)는 창업자로서 어느 정도의 지분을 가지되 직접 경영에는 관여하지 않고, 창업 자체는 별도의 창업가가 수행하는 경우가 많다. 즉 사업 경험이 있는 사람과 지적소유권을 창출한 과학자의 협업으로 테크 기업을 만드는 것이다. 최초의 유전공학 벤처 기업인 제넨테크는 원천 기술 발명자인 캘리포니아 대학교 샌프란시스코(UCSF) 교수 허버트 보이어와 벤처 투자가 로버트 스완슨(Robert Swanson)의 협업으로 세워졌다.

만약 당신이 지적소유권을 창출한 과학자로서 별도의 창업가와 함께 창업을 하고 싶은 사람이 아니라 '타인이 창출한 과학적 성과를 사업화하고 싶은' 사람이라면 어떻게 해야 할까? 이를 위해서는 동종 혹은 유사 업계에서 실제로 사업화를 해 본 경험이 필요할 것이다. 즉, 과학적 발견을 사업화하는 사업개발(business development) 분야에서 일하려면 두 가지 역량이 필요하다. **특정한 과학적 발견의 가치를 알아볼 수 있는 과학적 역량**과 **이것이 사업적으로 가치가 있는지를 구분할 수 있는 비즈니스적 마인드**다. 과학적 역량의 기초는 학위과정에서 배울 수 있지만, 기초과학의 성과가 제품화되는 과정은 아무래도 사업화가 이루어지는 현장인 기업에서 더 잘 배울 수 있으므로, 기업 연구원으로서의 기업 경험은 나중에 과학적 발견을 사업화하는 사업가로의 전환에 크게 보탬이 될 것이다. 기업 연구원으로서 경험을 거친 사람들의 일부는 사업 개발 쪽으로 전환하여 새로운 과학기술을 제품화하는 데 필요한 사업 개발 업무를 수행하게 된다. 따라서 자신이 언젠가 과학 기반의 사업을 하고 싶다면 기업 연구원 경험은 창업할 때 큰 보탬이 될 것이다.

CRO, 리서치 컨설팅

일반적으로 학계에서 연구를 수행할 때는 연구에 관련된 대부분의 일을 (논문의 제1저자가 되는) 자신이 주도하여 수행한다. 자신 혹은 자신의 연구실에서 직접 수행하지 못하는 일은 '공동 연구'라는 형식으로 타 연구실과 협력하여 수행하기도 하고, 정형화된 일부 분석 등은 외부의 업체에 의뢰하기도 하는 경우가 없지는 않지만 대부분의 학계 연구는 연구자 1인이 중심이 되어 이루어진다.

그러나 거의 대부분 팀에 의한 연구가 이루어지는 기업 연구에서는 내부에서의 협력에 의한 연구는 기본이고, 외부의 연구 수탁 기관(Contract Research Organization, CRO) 등에 의뢰하여 어떤 경우에는 연구의 상당 부분을 수행하기도 한다. 기업에서는 비용 역시 중요하지만 얼마나 신속하고 정확하게 수행하는 것이 중요한 까닭에, 특정한 분야에 오랜 경험이 있는 전문 업체에 연구의 일부를 의뢰하는 경우가 많다. 신약을 개발하는 업체라면 화합물 합성, 항체 등의 단백질 의약품 생산, 약물의 활성 측정, 동물 독성/안전성 시험 등 신약 개발 과정의 거의 모든 과정을 외부 CRO에 의뢰하여 수행하는 것이 가능하다. 회사 내에서 직접 수행할 역량이 없거나, 있다고 하더라도 외부에 의뢰하는 것이 비용과 시간 면에서 유리하다면 외부에 의뢰하여 진행하고, 지속적으로 수행하는 일이라서 별도의 인력을 고용하여 직접 수행하는 것이 유리한 경우라면 직접 수행하면 된다.

연구의 결과물이 일정 기간 내에 완료되고 정형화된 일이라면 이렇게 CRO 등을 이용할 수 있다. 그러나 만약 특정 분야의 연구 역량이 필요하고, 정형화된 결과물을 외부에 의뢰하여 얻을 수 있는 경우가 아니라면 어떨까? 특정한 연구 분석의 역량을 가진 연구자가 필요하고 하나의 정형화된 결과물이 아닌 다양한 상황에서의 도움 및 자문이 필요한데, 이러한 역량을 가진 사람을 정규직으로 고용할 정도의 일이 없다면 어떻게 해야 할까? 이러한 경우에는 '연구 컨설턴트(Research Consultant)'를 고용할 수 있다.

내가 지금 하고 있는 일 중의 하나가 신약을 개발하는 바이오텍 기업의 연구 컨설턴트이다. 나의 전공인 구조생물학 (Structural Biology)은 신약의 표적이 되는 단백질이 어떻게 생겼으며, 약물이 어떻게 표적이 되는 단백질과 결합하여 작용하는지를 알아내는 데 쓰이고 있는데, 나는 주 3회 근무하면서 구조생물학 실험을 통해 단백질과 약물의 복합체 구조를 알아보는 일을 한다. 이와 함께 모델링 방법을 이용하여 컴퓨터로 단백질과 약물의 결합 방식을 예측하며, 어떤 약물이 보다 더 효과적인지 연구하고 있다. 나의 경우에는 주 3일 회사의 신약 개발 활동에 참여하면서 출근하지 않는 날에는 집필이나 강연, 학교 강의 등의 다른 활동을 병행할 수 있는 장점이 있고, 회사는 신약 개발을 수행하는 데 전일제로 연구원을 고용하지 않고도 연구자의 도움을 얻을 수 있다는 장점이 있다. 이 기업에서는 구조생물학자 외에도 계산화학 등 다양한 분야의 전문성을 가진 과학 컨설턴트의 도움을 얻어서 신약 연구 개발 과정에서 만나는 다양한 문제를 해결하고 있다.

즉, 기업 연구 활동의 연구는 다양한 형태로 수행된다. CRO 등의 기업에 소속되어 다른 연구자들의 연구를 돕는 경우도 있고 프리랜서 형식의 연구 컨설턴트로 일하는 경우도 있다. 즉 과학자가 자신의 과학 지식을 활용하여 생활하는 방법은 점점 다변화되고 있는 셈이다.

언제나 배움이 필요한 연구자의 길

박사과정을 통하여 과학적 지식을 쌓은 사람은 비록 기업 환경에서 일하더라도 항상 새로운 것을 배워 나가야 한다. 기업 쪽 연구가 활성화된 분야에서는 학계에서 수행되는 연구 수준보다 기업의 연구 수준이 현저하게 높은 경우가 많다. 그리고 대개의 분야에서 기업에서의 연구 방향 및 방법론과 학계에서의 연구는 세부적으로 많은 부분 상이하므로, 박사를 취득한 연구자가 기업 환경으로의 전환은 '새로운 환경에 적응하고 새로운 분야에서 배움을 시작하는 것'이라고 봐도 무방할 것이다. 어떤 면에서는 기업 환경에서의 연구자는 한정된 세부 전공에 안주하는 경향이 있는 학계의 연구자들에 비해서 더 다양한 분야의 과학 분야의 발전 동향을 예의주시해야 한다. 실제 기업 환경의 연구 개발에서는 한정된 전공 분야에 집중하면 되는 학계에 비해서 더 폭넓은 분야의 지식이 필요하기 때문이다.

어떤 환경에서 일하든, 그동안 당신이 과학자가 되기 위해 흘린 땀은 언젠가는 결실을 맺을 것이다. 과학자가 되는 훈련 과정에서 진정으로 얻은 것은 특정한 연구 업적이라기보다는 이를 통해 얻은 경험이고, 과학자가 되기 위해 닦은 분석적 사고력과 과학적 문제 해결 능력이다. 이 능력은 당신이 대학원 과정에서 직접 연구한 분야와 다소 거리가 있거나 전혀 관계없어 보이는 일에서도 언젠가는 쓸모 있게 활용될 것이다.

Chapter
08

다른 길

지금까지는 과학자로서 가장 많이 선택하는 학계 연구자의 길과 기업 연구원의 길을 중심으로 과학자의 길을 알아보았다. 이제부터는 그와는 다른 길을 살펴보자. 흔히 석·박사학위를 취득하면 평생 해당 전공과 관련된 연구 관련 직종에 종사하는 연구원이 된다고 생각하기 마련이다. 그런데 과학 분야의 박사학위를 취득한 이후, 혹은 중도에 포기한 후 직접적으로 연구 활동을 하지 않는 사람은 의외로 많다. 그렇다면 과학자로서의 경험은 과학 연구 활동이 아닌 직업을 선택할 경우 어떻게 활용될 수 있을까? 이 장에서는 학위를 취득한 후 더 이상 과학자로서 직접적인 연구 활동을 하지는 않지만 여전히 과학자의 정체성을 유지한 채 '연구 밖'에서 과학과 관련된 일을 하는 진로에 대해 알아보겠다.

대안 경로의 중요성

계속 말해 왔지만, 현실적으로 박사학위를 받은 모든 사람이 평생 연구자가 될 수 없고 또 그럴 필요도 없다. 학위를 취득한 사람이 모두 성공적이고 생산성 좋은 연구자가 되는 것도 아니고, 그렇다 하더라도 언젠가는 연구 외의 다른 일을 하고 싶을지도 모른다. 어쩌면 수년 동안 석·박사과정을 거치며 열심히 과학을 연구했으니 그것으로 충분하다고 느끼는 사람도 분명히 있을 것이다. 의료 기술의 발달로 인간의 평균 수명은 점점 길어지는데 인생에서 단한 가지 일만 하는 것은 너무 단조롭지 않을까? 자의든 타의든 연구 외의 다른 일을 하게 되는 과학자는 필연적으로 존재한다. 과연 수년 동안 과학자로 훈련받은 이들은 전공 관련 연구 외에 어떤 일을 할 수 있을까? 사실 과학자로 훈련받은 후 다른 일을 하는 경우는 매우 다양하므로 모두 소개할 수는 없을 것이고, 그중에서도 종종 사람들이 선택하는 몇 가지 삶의 경로를 소개하고자 한다.

공무원, 과학행정·과학정책 전문가

정부가 국가를 유지하기 위해서는 여러 분야에서 전문적으로 훈련된 과학기술인이 필요하다. 예를 들어, 식품의약품안전처, 농촌진흥청, 문화재청 등 다양한 정부 부처에서는 전문적인 과학 지식을 가진 연구원을 '연구직 공무원'으로 채용하고 있다. 연구직 공무원은 일반행정직과 달리 연구사(일반행정직 6급 혹은 7급에 상응한다)와 연구관(5급 이상) 두 개 직급으로만 구분되며, 근무 기간과 보직 등에 따라 대우에 차이가 있다. 또한 직렬에 따라 보건연구사, 농업연구사, 학예연구사, 시설연구사 등으로 구분된다. 기관에 따라 경력채용을 하기도 하지만, 보통은 경력경쟁채용 혹은 일반경쟁채용 시험을 실시하여 연구사를 채용한다.[85]

여러 정부산하기관[86]에서도 연구자 출신 인력들이 다양한 연구 행정 업무를 수행하고 있다. 과학 관련 예산이나 정책을 입안하고 편성하는 데 관여하는 공무원 중 상당수는 이전에 연구를 한 경험이 있는 연구사 혹은 연구관들이다. 연구사들 중에는 전적으로 연구를 수행하는 사람들도 있지만, 상당한 경우 '연구원'보다는 '공무원'의 역할, 즉 행정 업무에 방점이 찍혀 있는 경우가 많다. 직급이 올라갈수록 행정 업무 비중이 높아진다고 한다.[87]

학계에서 연구자로 성공한 다음 연구 관련 행정가로 변신하는

---

85 농촌진흥청 같은 기관에서는 학력 및 경력에 제한이 없는 공개경쟁채용 시험으로 연구사를 채용하기도 한다. 이 경우는 순전히 필기시험으로 이루어진 1~2차 시험과 3차인 면접시험으로 진행되므로, 연구 경력이 있는 사람보다는 오랫동안 공무원시험을 준비한 학부 졸업생 출신이 주류를 이룬다. 연구 경력이 일천한 사람이 '연구직 공무원'이 되는 것이 부자연스럽다고 생각할 수 있겠지만, 이는 '연구원'보다는 '공무원'에 방점이 찍히는 연구직 공무원의 성격을 보여 준다. 반면 경력경쟁채용 시험은 최소 석사학위 이상의 연구 경력을 가진 사람을 대상으로 하며, 실제로는 박사학위 취득자가 많다.

86 정부 부서 출연 연구비를 관리하는 연구 관리 전문기관으로, 한국연구재단을 비롯해 약 18개의 기관이 있다.

87 연구 행정과는 다소 거리가 있지만 정부 부처 중 이공계열 박사의 비율이 가장 높은 곳은 바로 특허청이다. 이곳에는 약 700여 명의 박사, 기술사, 변호사, 변리사 등의 자격을 갖춘 특허 심사관이 있다. 특허 심사관은 과거에 5급 사무관으로 채용되었으나, 최근에는 6급 경력경쟁채용으로 채용된다.

일도 있다. 미국에서 예를 찾는다면 대표적으로 현대 미국의 과학 정책의 기틀을 닦은 버니바 부시를 들 수 있다(240쪽 참조). MIT에서 공학박사학위를 받은 그는 아날로그 컴퓨터 개발에 큰 공헌을 하고 맨해튼 프로젝트에 참여한 업적으로 명성을 떨쳤고 과학행정 역사에 길이 남을 보고서인 "과학, 끝없는 프런티어"를 작성하여 미국국립과학재단을 세우는 데 결정적인 역할을 수행했다.『세포의 분자생물학(Molecular Biology of the Cell)』이라는 교과서 저자로 유명한 브루스 앨버트(Bruce Albert), 휴먼 게놈 프로젝트 리더를 마치고 NIH 수장이 된 프랜시스 콜린스(Francis Collins)도 마찬가지로 과학자에서 과학행정가로 변신한 경우다.[88]

실제로 많은 연구자들이 연구 현장에서 일하는 동안 현실과 동떨어진 듯한 과학행정에 불만을 느낀 적이 있을 것이다. 왜 이토록 많은 행정 절차와 규정들이 연구 현장의 현실과 잘 부합하지 않는 것일까? 가장 큰 원인은 과학행정 실무자가 연구 현장의 현실을 잘 이해하지 못하기 때문일 것이다. 이를 근본적으로 해결하려면 '연구 경험이 있는' 사람들이 과학행정에 어떤 형식으로든 적극적으로 참여할 필요가 있다. 물론 행정직을 맡은 후에 연구자 시절에는 불필요하다고 생각했던 각종 규제가 어떤 맥락에서 만들어진 것인지를 이해하게 될 수도 있겠지만 말이다.

연구 경험이 있는 사람들이 과학의 주변부에서 연구자들의 연

---

88 물론 이들은 연구책임자로서 큰 성취를 이룬 후에 과학행정가가 되었으니 여기서 말하는 '과학자 이외의 다른 길'로 가는 경우와는 조금 다르다고 볼 수도 있겠다.

구 역량 향상에 도움을 주는 일은 매우 중요하다. 즉, 당신은 더이상 필드에서 골을 넣는 스트라이커가 아니다. 하지만 다른 연구자가 제대로 활약하도록 지원하는 스태프의 역할은 직접 선수로 뛰는 것만큼이나 중요한 일이다. 아마도 '선수'로서 연구에 참여해 본 경험이 있는 사람이라면 그 역할을 더욱 효율적으로 수행할 수 있을 것이다.

과학 커뮤니케이터, 과학 저술가

과학 연구는 자신의 연구 결과를 타인에게 알림으로써 완성되는데, 보통 학술 대회 발표나 논문 출판이라는 수단을 이용한다. 그러므로 완성된 과학 연구를 제일 처음 접하는 사람은 해당 연구를 직접적으로 이해할 수 있는 동료 과학자일 수밖에 없다. **그러나 과학 연구가 사회에 미치는 영향이 점점 커지고 있는 현대에는 그 결과가 인접 분야 연구자 및 시민에게까지 널리 전달될 필요가 있다.** 사실 현대의 과학 연구는 대개 국가의 재정적 지원으로 이루어지며, 이는 결국 과학 연구를 후원하는 재원이 시민들의 세금에서 나온다는 뜻이 된다. 따라서 과학 연구를 수행할 때 그 내용과 의미를 연구의 '후원자'라 할 수 있는 일반 시민들에게 설명하는 것은 매우 중요한 일이다. 시민들이 그 의의를 전혀 공감하지 못하는 연구라면 여기에 공적자금의 지원이 계속되기를 기대하기는 어려울 것이다.

과학자가 전문적인 훈련을 받지 않은 시민을 대상으로 최신 과학 연구 결과를 설명하기란 그리 쉽지 않다. 동료 과학자나 인접 분야 과학자에게 자신의 연구 결과를 설명하는 것과 시민을 대상으로 설명하는 것은 전혀 다른 차원의 일이기 때문이다. 프로 운동선수가 경기를 하는 도중에 관중을 위한 해설까지 하는 것은 어렵다. 이럴 때 전문 해설위원이 필요한 것이다.

직접 연구를 수행한 사람이 아닌 제3자가 필요한 또다른 이유는 연구 결과에 대한 객관적 파악과 설명이 필요하기 때문이다. 연구자에게는 (과장을 보태면) 자신의 연구가 세상에서 가장 중요한 연구일 것이고, **그러다 보면 부지불식간에 연구의 의의를 과장하거나 미래의 응용 가능성을 지나치게 낙관적으로 예측하는 편향적 태도를 가지기가 쉽다.**[89] 따라서 연구에 직접 참여하지 않은 제3자의 입장에서 해당 연구의 과학적 의의와 그 한계를 정확히 이해하고 대중이 알아들을 수 있는 언어로 '통역'해 주는 사람이 필요하다. 기존의 과학 저널리스트가 이런 역할을 수행할 역량이 있다면 가장 바람직하겠지만, 국내의 과학 보도는 많은 경우 연구자가 연구기관을 통해 배포하는 보도자료에 의존해 연구 결과를 홍보하는 수준을 벗어나지 못한다는 한계가 있다. 만약 일정 수준의 연구 경력이 있는 전직 연구자가 과학 저널리스트로 일한다면 현행 과학 보도의 수준을 한 단계 올릴 수 있을 것이다.

---

89 실제로 대중을 향한 언론 플레이를 통해 자신의 연구 성과를 과장하고 이를 통해 자신의 입지를 강화하려는 사람들이 종종 있다.

최신 과학 뉴스 전달 외에도 그동안 축적된 과학 연구 결과를 현대 사회에 필요한 교양 수준으로 정리해서 전달하는 것 역시 연구자로 훈련된 사람들이 주목해야 할 일이다. 과학의 발전 속도가 매우 빠른 현대에는 학생 시절에 아무리 과학을 열심히 공부했다 하더라도 학교를 졸업하면 금방 해묵은 이야기가 되는 경우가 많다. 더욱이 입시 교육이 우선시 되는 현실에서 정확한 원리의 이해 없이 머릿속에 집어넣은 과학 지식은 필요가 사라짐(입시가 끝남)과 동시에 증발해 버리기 쉽다. 따라서 현대 사회를 살아가는 성인들이 필수 교양으로 충분한 과학 지식을 가지고 있는지는 의문이다. 이러한 상황에서 대중에게 지금 필요한 과학 지식의 결핍을 충족시킬 수 있는 사람이 과학자 혹은 과학자 출신의 과학 저술가, 과학 커뮤니케이터[90]인 것이다.

현업 과학자로서 과학 커뮤니케이터를 꿈꾸는 사람은 어떤 준비를 해야 할까? 논문이나 학회 발표에 익숙해지는 데 시간이 걸리는 것처럼, 폭넓은 대중을 대상으로 자신 혹은 다른 사람이 수행한 연구 결과를 전달하는 데도 많은 연습이 필요하다. 결국 자신이 전달할 수 있는 과학 지식에 대한 글을 많이 써 보는 것부터 시작해야 한다.

단순히 글을 쓰는 것보다 더 중요한 것은 많은 사람에게 자기 글을 읽게 하고 피드백을 받는 것이다. 인터넷이 없던 시절에는

---

90 어려운 과학 지식을 대중에게 쉽게 풀어서 전달하는 사람.

과학 저술가의 꿈이 있어도 이를 실현하기가 쉽지 않았다. 그러나 블로그나 SNS 같은 1인 미디어가 고도로 발전한 요즘에는 글을 쓰고 이를 공개하는 것이 매우 쉬워졌다. 처음에는 글을 열심히 쓰고 공개해도 아무런 반응이 없는 경우가 많을 것이다. 어떻게 하면 좀 더 많은 사람들로부터 관심을 받을 수 있을까? 여기에는 정답이 없지만 다음과 같이 조언하고 싶다.

1. 잘 아는 것부터 써라.

많은 사람이 블로그나 SNS에서 인기를 끌기 위해서는 시류를 따라 당장 화제가 되는 과학 이슈에 대해 한마디 해야 한다고 생각하는 경향이 있다. 그러나 과학의 분야는 매우 넓고, 당신이 일반인 이상의 지식을 가진 분야가 그리 많지 않다는 점을 명심해야 한다. 지금 이슈가 되는 과학 뉴스에 대해 전문성 있는 글을 쓸 수 있다면 모르겠지만, 그 문제에 대해 정확히 알지 못하거나 피상적인 지식밖에 없는 상태에서 쓴 글은 장삼이사의 글과 다르지 않음을 알아야 한다. 일단은 **당신이 가장 잘 아는 전공 분야에 관련된 이야기부터 써 보라.** '내 전공 분야 이야기가 과연 대중의 관심을 끌 수 있을까?' 같은 걱정은 일단 미루어 두자. 따로 공부하거나 자료 조사를 하지 않아도 되는 전공 분야와 주특기라면 가장 쉽게 쓸 수 있고, 그것이 과학 저술가의 첫걸음이 될 수 있다. 자신이 잘 아는 주제에 대해서도 제대로 쓰기 힘들다면 전공하지 않은 분야의 내용을 파악하여 글을 쓰는 것은 불가능하다고 보아야 한다.

2. 처음부터 많은 독자의 관심을 기대하지 말라.

과학에 대한 글은 시사, 정치, 문화에 비해 일반인의 관심을 쉽게 끌지 못할 가능성이 높다. 어쩌면 당신의 글을 이해하고 공감하는 사람은 비슷한 분야에 종사하는 일부 사람에 국한될지도 모른다. 모든 사람이 이해할 수 있는 쉬운 글을 쓰면 많은 사람이 좋아할 것이라는 착각을 하는 이들이 많은데, 과연 그럴까? 생각해보면 **특정 과학 이슈에 관한 일반론적인 이야기는 대중매체에서 먼저 다루기 마련이다.** 따라서 독자들이 당신의 글을 읽는 이유는 대중매체에서 흔히 보는 것보다는 좀 더 심화된 전문가의 의견을 위해서일지도 모른다. 따라서 적어도 하나의 분야(자신의 전공과 관련 있거나 인접한)에 대해 전문적으로 글을 쓰는 사람이라는 평판을 받을 수 있도록 노력하자.

3. 계속해서, 자주 써라.

많은 사람이 과학에 대한 글을 쓰다가 독자의 호응이 없어서, 다른 일이 바빠서, 처음부터 너무 완벽한 글을 쓰려다 지쳐서 등 여러 가지 이유로 포기한다. 그러나 글쓰기를 업으로 삼고 싶다면 지속적으로 글 쓰는 습관을 들여야 한다. 하다못해 연구 과정에서 읽는 논문을 '세 줄 요약'하는 습관을 들이면 1~2년이 지나면 엄청난 양의 컨텐츠가 축적될 뿐 아니라 글 쓰는 훈련을 저절로 하는 셈이다. 학술지나 학회에 발표하는 글이라면 '게재 거절'의 압박이 있겠지만 본인의 SNS나 블로그라면 자기 자신이 편집장이다. 무엇이 두려운가? 무엇이든 계속, 주기적으로 써라. 이렇게 매일매일의 '수련'을 통해 향상된 글쓰기 실력은 연구자로서의 본업인 논문 작성에도 큰 보탬이 된다. 인터넷에서 당신의 글을 좋아하는 사람이 많아지면 자연스럽게 각종 매체의 기고나 단행본 형식으로 자신의 생각을 발표할 기회를 가지게 될 수도 있다. 중요한 것은 자기 정체성과 브랜드를 구축하는 것이다. 즉, 한국에서 '어떤 분야에 대해 가장 잘 설명해 줄 수 있는 사람'(해당 분야 연구를 제일 잘하는 사람일 필요는 없다)으로 알려진다면, 더 많은 사람이 당신의 글을 읽게 될 것이다.

전업은 신중하게

전업 과학 커뮤니케이터나 과학 저술가를 경력의 목표로 삼는 현업 과학자가 있다면 이것이 한국의 현실상 그리 녹록한 일이 아니라는 점도 알아 두어야 한다. 한국에서 과학책 저술이나 강연, 혹은 과학 유튜브 등으로만 생계를 유지할 수 있는 사람은 극히 소수이며, 대개는 별도의 직업을 가진 상태에서 겸업으로 과학 저술 혹은 과학 커뮤니케이터를 하는 경우가 많다. 그럴 수 밖에 없는 이유는 한국의 현실에서 저술이나 강연, 혹은 유튜브로 생계를 유지할 만한 소득을 올릴 수 있는 사람은 극히 소수에 불과하기 때문이다.

좀 더 현실적으로 이야기해 보자. 과연 과학책을 출판하여 기대할 수 있는 수입은 어느 정도일까? 한국의 출판계에서 저자의 경력 등에 따라서 다소 차이가 있지만 책을 한 권 저술하여 받을 수 있는 인세는 보통 책 정가의 10%이다. 그런데 한국에서 과학책은 극히 일부의 베스트셀러를 제외하면 초판으로 2,000~3,000부 내외를 찍는 것이 보통이며 시장성이 높지 않은 책이라면 발행 부수가 이보다 적을 수도 있다. 증쇄를 하지 못하는 책도 매우 많다. 정가 18,000원의 책을 인세율 10%로 2,000부 발행했다면 책 한 권을 출판하여 저자가 기대할 수 있는 수입은 18,000원×2,000부×0.1 = 3,600,000원 정도이다. 제 아무리 생산성이 뛰어난 필자라 해도 1년에 10권 이상 저술하기는 쉽지 않을 것이므로 저술한 책이 수십만 권이 팔리는 매우 희귀한 일이 없는 한 한국에서 인세만으로 생계를 이어가기란 쉽지 않을 것이다. 물론 책을 출간한 후 이를 계기로 강연 등을 한다면 다소의 추가 수입을 얻을 수 있을지도 모른다. 그러나 강연 기회도 아주 명망이 높은 '인플루언서' 급의 커뮤니케이터가 아닌 한 그리 많지는 않으며, 각종 기관에서의 강연료 역시 그리 높은 수준은 아니다.

유튜브 등을 통해 과학 관련 콘텐츠를 배포하는 콘텐츠 크리에이터를 꿈꾸는 사람도 있을 것이다. 취미 차원에서 이러한 활동을 병행한다면 모르겠지만 직업으로 삼기는 어려울 것이다. 콘텐츠 기획과 영상 제작에 들이는 노력과 비용은 매우 큰 편인데, 상대적으로 마이너한 과학 콘텐츠로 영상을 재미있게 잘 만들고 많은 구독자를 모아서 생계를 유지할 만큼의 수익을 얻을 수 있는 인기 채널을 만들기란 무척 어렵다. 실제로 그렇게 하고 있는 사람들도 있지만 손에 꼽힐 만큼 적다.

과학 커뮤니케이션의 역할은 점점 커지고 있으나, 현재까지는 과학 커뮤니케이터가 독립된 직업으로 한국 사회에 얼마나 정착할 수 있을지는 아직 확실하지 않다. 물론 앞으로 어떤 방향으로 발전하게 될지는 두고 봐야 할 일인 것은 분명하다. 만약 과학 기고가나 커뮤니케이터를 직업으로 생각하는 독자가 있다면 현재의 직업을 병행하면서 과학 기고 혹은 커뮤니케이션과 연결된 결과물을 쌓아가면서 생각해 봐도 늦지 않다.

비즈니스 분야

유명 컨설팅 회사인 보스턴 컨설팅 그룹(Boston Consulting Group)에서 신규 채용하는 컨설턴트의 20퍼센트 이상은 과학 분야의 석사·박사학위자라고 한다.[91] 왜 컨설팅 회사는 과학 분야에서 학위를 취득한 사람들을 고용할까? 이들의 연구가 컨설팅 회사의 업무와 직접 관련이 없는 경우가 더 많을 텐데 말이다. 관련자들의 말에 따르면 과학자로서 훈련 과정을 거치며 체득한 **분석 능력과 문제 해결 능력**이 컨설팅 업계에도 매우 요긴하게 사용되기 때문이라고 한다.

　수리·계산 분야를 연구한 박사급 연구자들이 금융 관련 업계에 진출한다는 이야기는 잘 알려져 있다. 특히 계량적 분석을 이

91　www.sciencemag.org/careers/2014/09/science-careers-guide-consulting-careers-phd-scientists

용한 투자 전략을 만들어 금융 거래에 적용하는 퀀트(quant)가 되기 위해서는 수학적 지식 및 이를 구현하기 위한 소프트웨어 지식이 필수적인데, 비슷한 도구로 과학적 연구를 해 본 수리·계산 분야 박사야말로 퀀트가 될 수 있는 최적의 사람이다. 또한 직업적인 수학자 혹은 전산학자 출신으로 금융계에 투신하여 헤지펀드를 설립하고 억만장자가 된 후 자신의 재산으로 과학 연구에 후원하는 제임스 사이먼스나 데이비드 쇼(David E. Shaw) 같은 사람들도 있다.

법률회사에 취업하는 과학 분야 박사도 적지 않다. 법률회사가 다루는 일은 매우 다양하며, 여기에는 과학자의 전문지식이 필요한 부분이 분명히 있다. 특히 특허 관련 분쟁의 경우라면 이를 다루기 위해서 적어도 해당 분야에 전문적 지식을 갖춘 사람, 적어도 자문을 할 전문가가 누구인지 정도는 찾아낼 수 있는 전문가가 필요하다. 또한 기업인수합병(M&A)은 법률회사와 연관되어 진행되는 것이 보통인데, 여기서 과학 분야에 전문적 지식을 가지고 자문할 사람이 필요한 경우가 많다.

벤처캐피탈에서 심사역을 수행하는 사람들 중에도 과학 연구자 훈련을 받은 사람들이 많다. 스타트업과 벤처 기업 중에는 고도의 기술에 기반하여 창업된 '딥 테크놀로지(deep technology)' 기반의 회사들이 상당수 존재하는데, 이런 회사의 가치는 결국 회사가 가진 기술에 달려 있다. 그리고 그 기술의 가치를 정확히 산정하기 위해서는 해당 분야의 과학 지식과 분석적 사고력을 가진 과학자가 필요한 것이다. 이러한 예측을 위해서는 해당 기업의 과학적·기술적 이점 외에도 시장 상황 같은 여러 요소를 종합적으로 평가할 능력이 필요하겠지만, 과학자로서 쌓아 온 분석 훈련은 이러한 비즈니스적 판단을 하는 데 필수적으로 사용된다.

그렇다면 과학자로서 비즈니스 영역에 진출하려면 어떻게 해야 할까? 워낙 다양한 사례가 있으므로 일반화하여 말하기는 힘들지만, 비즈니스 영역에서 일하는 과학자 출신들의 전력을 유심히 살펴보고, 가능하면 직접 접촉하여 조언을 얻는 것도 좋은 방법이다. 비즈니스 분야로 많이 진출한 연구실 동문으로부터 인적 네트워크를 구축하는 것도 한 가지 방법이다. 과학 연구기관, 벤처캐피탈, 법률회사들이 클러스터를 형성하는 보스턴이나 샌프란시스코에 있는 연구실이라면 정보를 얻을 기회와 정보의 총량이 다른 곳보다 더 많을 것이다. 또한 일단 바이오텍 등 기술 관련 기업에 연구직으로 취업한 이후 사업개발 등 다른 직군으로 이직하는 경우도 꽤 많이 있다.

과학과 무관한 길

과학 분야에서 고등 학위를 취득한 이후에 과학과 전혀 관계없는 일을 하는 사람들도 생각보다 많다. 물론 과학계에서 자신이 원하는 직업을 찾지 못했기 때문에 어쩔 수 없는 경우도 있지만, '과학을 하면서 필연적으로 느끼는 절망감' 때문에 과학을 포기하는 사람도 있을 것이다.

그런데 '과학을 하면서 필연적으로 느끼는 절망감'이란 무엇일까? 과학의 본질은 미지의 세계를 탐험하여 세계에 대한 새로운 지식을 채굴하는 일인데, 이 일이 시종일관 흥미롭고 그다지 어렵지 않게 이루어지기도 하지만, 대개의 경우는 극도로 어렵고, 게다가 어렵게 찾아낸 지식의 가치가 그다지 높게 평가받지 못하는 때가 더 많다. 그리고 이 세상에서 아무도 가지 않은 길을 간다는 것은 그 자체로 큰 스트레스의 원인이다. 이렇게 과학 연구를 하면서 필연적으로 따르는 스트레스를 경험하다 보면 '과연 이를 감수할 만큼의 보상이 있는가' 하는 생각이 들게 마련이고, 특히 투자한 노력에 비해 금전적 보상이 크다고 할 수 없는 과학계에서는 이러한 갈등이 점점 심화되는 일이 많다. 이 과정에서 결국 과학 자체에 대한 환멸을 느끼는 경우도 적지 않고, 중도에 포기하거나 학위 취득 후에 진로를 바꾸는 사람도 많다. 늦은 나이에 의과대학이나 법학전문대학원 등에 진학하여 의사나 변호사 등의 전문직을 찾는 사람도 있으며, 아니면 과학과는 관련없는 일반 직장에 취업하는 사람도 적지 않다.

그러나 우리는 과학을 하다가 그만두는 것 역시 결국 과학자가 선택하는 하나의 경로로 받아들일 필요가 있다. **나는 과학을 시작하는 것도 자신의 선택이었지만, 과학을 그만두는 것도 하나의 선택지로 존중받아야 한다고 생각한다.** 나는 과학 역시 인간이 행복하게 살기 위한 수단 중 하나라고 생각한다. 여기에 참여하는 사람이 더 이상 과학 연구를 하는 삶이 행복하지 않다면 어떻게 하는 것이 최선일까? 결국 연구를 떠나서 다른 일을 하는 것이 좋지 않을까? 과학 연구계에 발을 들여놓은 모든 사람이 '미지의 탐구'를 추구하는 과학 연구와 반드시 적성이 맞지는 않을 수도 있다. 세상에는 과학보다 조금 더 확실한 답이 있고 금전적 보상이 충분하고 노동 시간이 자유로우며 성취감을 주는 직업들이 있을 수 있고 자신에게 맞는 직업을 찾아 나서는 것은 개인의 선택이다.

자신이 수행하는 연구에 큰 흥미를 느끼지 않고, 자기 자신도 만족감을 느끼지 못하지만, 그저 현재 생계를 유지하기 위한 수단으로 과학자라는 위치를 유지하는 사람들도 꽤 많이 보아 왔다. 문제는 과학에 대한 흥미를 잃은 많은 과학자들의 상당수는 자신의 위치를 유지하기 위해 주변의 과학자(상당수의 경우에는 아직 훈련 과정에 있는 젊은 과학자가 되는 경우가 많다)를 착취하거나 자신의 허울뿐인 과학자라는 위치를 유지하기 위하여 국민의 세금인 연구비를 허비한다. 이렇게 주변에 폐를 끼치느니 차라리 연구에 관심이 없다면 빨리 연구를 그만하는 편이 낫지 않을까? 어떤 일로 생계를 유지할지는 연구에 관심을 잃은 당사자가 고민할 문제겠지만 말이다.

과학자로서 성공적으로 훈련받고 과학 관련 직장에서 일자리를 가지게 되었다고 하더라도 언젠가는 과학과 무관한 일을 해야할 가능성은 상당히 많다. 즉, 아무리 재능 있는 과학자로 큰 과학적 성취를 한 사람이라도 언젠가는 과학 연구를 접을 날이 오게된다. 인간의 수명은 이제 '백세 시대'라고 할 정도로 길어졌고, 은퇴 후의 여생은 길다. 그때 우리는 무엇을 할 것인가?

젊은 시절에 자신의 인생을 걸고 전념하던 직업에 평생 종사할 수 없게 되는 경우는 이제 매우 일반적이다. 과학자보다도 평균적으로 더 짧은 기간 종사할 수 있는 직업 또한 상당히 많다. 가령 프로 선수는 과학자 이상으로 성공을 위해서는 심한 경쟁을 거쳐야 하는 직업이지만, 거의 대부분의 프로 스포츠 선수는 신체 능력이 떨어지는 40대가 되기 전에 은퇴에 직면한다. 젊은이들에게 많은 인기를 모으는 e스포츠에서는 30대 이후까지 선수 생활을 계속하는 사람은 거의 없다시피 하다. 화려한 무대 위에 서는 케이팝 스타의 경우에도 직업인으로의 수명은 극히 짧은 편이다. 수명이 짧은 직업에 자신의 젊음을 불사른 사람들도 그 이후에는 다른 직업으로 삶을 이어나간다. 상당수의 '전직' 과학자들 역시 과학 연구를 떠나서 삶을 이어나가는 경우가 많다. 과학자로 훈련받은 사람이 연구자가 아닌 삶을 사는 것을 특별한 시선으로 볼 필요도 없다. 위에서 예로 든 직업에 비해서는 그나마 과학자는 젊은 시절에 훈련받은 직업을 비교적 오랫동안 유지할 수 있는 편인지도 모른다.

물론 죽기 바로 며칠 전까지 연구에서 손을 놓지 않았다는 전설적인 과학자들의 이야기들도 가끔 들리지만, 죽기 직전까지 현업 과학자로서의 삶을 계속할 수 있는 것은 극히 일부에게만 허용되는 사치일지도 모른다. 그러니 연구자의 꿈을 꾸는 사람과 현역 연구자들이여, '과학자 이후의 삶'에 대해서도 미리 한 번쯤 생각해 보길 바란다. 언젠가는 연구에서 손을 뗄 날은 반드시 다가오며, 인생은 연구가 끝나고 난 뒤에도 계속되기 마련이므로.

Chapter 09

매드 사이언티스트의 길

오늘날 과학자가 된다는 것

지금까지 현대 사회에서 과학자가 되기 위해 거치는 여러 가지 현실적인 경로들을 개괄적으로 알아보았다. 한 사람이 이 경로들을 모두 거칠 수는 없으며, 각자 다른 인생의 분기점을 만나며 살아갈 것이다. 지금까지 알아본 과학자의 모습은 당신의 기대에 부합하는가? 책에서 보는 유명한 과학자들의 성취만을 보고 과학자에 대한 환상을 품었다면 꽤 실망했을지도 모르겠다.

현대 사회에도 유명한 과학자가 없는 것은 아니지만 한 사람의 과학자가 살아가는 모습은 주변에서 흔히 보이는 생활인의 모습에 더 가깝다. 다른 분야도 마찬가지이다. 손흥민이나 홀란드의 경기를 보고 축구선수가 되려는 대부분의 청소년들은 이런 대스타가 되기는커녕 조기축구회에서 주전으로 뛰기도 버거운 현실을 마주하게 된다. 페이스북이나 구글 같은 거대 IT 기업을 바라보며 시작한 스타트업은 많지만, 국내 창업 기업의 5년 생존율은 2023년 기준 33.8%이다.

과학자를 지망하는 당신이 교과서에 이름이 나오는 스타 과학자가 될 가능성은 동네 축구소년이 제2의 손흥민이 될 확률만큼이나 낮다. 하지만 적어도 **과학으로 밥벌이를 하는 직업 과학자가 되면 누구도 알지 못하는 '세상의 비밀'을 가장 먼저 밝힐 기회**를 얻는다는 것은 과학자라는 직업의 중요한(어쩌면 거의 유일한) 장점이다. 모든 발견이 교과서나 뉴스에 소개될 만큼 놀랍지는 않더라도, 과학자로서 당신이 한 발견은 적어도 인류의 지식에 한 자를 추가한다는 자부심을 가지게 할 것이다. 세상의 수많은 직업 중에서 '내가 살아온 흔적'을 인류의 지식이라는 형태로 후대에 남길 기회를 얻는 직업은 생각만큼 많지 않다. 과학자라는 직업을 선택해서 궁극적으로 만족할 수 있는 사람은 과학자 본연의 일인 **세계의 비밀을 탐구하는 활동 자체에서 만족을 느낄 수 있는 사람**이다. 이 말을 과학자가 금전적 보상과 관계없이 연구만 할 수 있다면 행복을 느끼는 사람이라는 뜻으로 오해해서는 안 된다. 과학자도 엄연한 생활인이고, 생활을 유지할 수 있는 충분한 경제적 보상을 받는 것은 행복의 기본 조건이기 때문이다.

과학자와 가장 비슷한 집단

우리는 과학자들의 집단과 매우 유사한 성격을 지닌 집단을 현대 사회 속에서 발견할 수 있는데, 그것은 바로 '덕후 집단'이다. '덕후'는 애니메이션이나 게임, 코스프레, 철도 등 자신이 좋아하는 하위문화에 깊이 탐닉하는 사람들인 오타쿠(オタク)를 한국식으로 표현한 '오덕후'를 줄인 말로, 서구권에서는 긱(geek) 혹은 너드(nerd)로 불리는 사람들을 말한다.

다음 세 장의 사진을 보자. 앞의 두 장은 소위 '덕후'들의 모임을, 세 번째 사진은 학술 대회를 찍은 사진이다. 미묘하게 비슷해 보이지 않는가? 거대한 컨벤션 센터에 비슷한 취미를 가진 사람들이 모여 있고 그 와중에도 각기 자신이 좋아하는 특정 분야에

그림 9-1. 코믹마켓 (pupuru.com)

그림 9-2. 코믹콘 (comic-con.xyz)

그림 9-3. 과학 학술 대회 (American Geophysical Union, 2012)

만 집중한다. 이들은 주변 사람들이 잘 이해하지 못하는 관심사를 가졌다는 공감대 때문에 비싼 참가비와 여비를 지불하고라도 이 모임에 참여하고, 이곳에서 공동체 의식을 함양한다. 이런 '덕후' 와 '과학자' 사이에는 놀랄 만한 공통점이 있다.

1. 이 활동으로 큰 돈을 버는 사람은 극히 드물다.

'덕업일치'에 성공하여 자신이 즐기는 활동을 하면서 경제적 성취를 이루거나 생계를 유지하는 사람도 있지만, 그것은 매우 일부이다. 과학자의 경우는 서브컬처 덕후들에 비해 과학으로 생계를 잇는 사람들이 많지만, 비슷한 노력이 들어가는 전문직에 비해 좋은 보상을 받지는 못하는 편이다.

2. 해당 분야에서 명성을 얻는 사람의 비율은 그렇게 높지 않다.

취미활동에서 고수로 명성을 날리는 사람도 물론 있지만 대개 한 분야의 애호가로 그치고, 사회적인 유명인이 되기는 어렵다. 마찬가지로 대부분의 연구자는 특정 연구 분야에서 조금 이름이 알려질 수는 있겠지만 그 분야를 벗어나면 아무도 모르는 사람이 되기 십상이다.

3. 한때는 이것이 인생의 전부인 양 몰입한다.

'덕후'는 당연히 그렇지만, 과학자로 훈련된 상당수의 사람들도 언젠가는 과학 연구 활동을 떠나 과학과 관계없는 직업에 종사하게 된다. 그럼에도 연구를 하는 동안에는 깊이 몰입한다.

4. 몰입을 통한 자기만족을 체험한다.

과학 연구든 취미생활이든 몰입의 근원은 해당 분야를 깊이 알게 됨으로써 얻는 자기만족이다. 자신의 연구 활동에 재미를 찾지 못하는 연구자가 과학적으로 의미 있는 연구를 해 나가기는 쉽지 않다.

그런데 한국 사회에서 '과학자는 일종의 덕후다'라는 이야기에 동의하는 사람이 과연 얼마나 될까? 한국 사회, 혹은 전통적으로 과학이 발전하지 않은 사회에서 만연해 있는 과학에 대한 통념은 대략 다음과 같이 정리된다.

1. 과학은 국가의 경제 발전을 위한 수단이며, 과학을 하는 사람은 국가 발전을 위한 중요한 인적 자원이다.
2. 따라서 국가는 과학자들에게 합당한 보상을 해야 한다.

물론 오늘날 과학의 발전이 국가의 경제 발전에 영향을 미친다는 것을 부정하기는 어렵다. 그리고 국가 차원에서 공익적 목적을 위해 과학자를 육성하고, 연구 활동을 육성해야 한다는 것 역시 부인할 수는 없다. 그러나 한국은 근대 과학혁명부터 현대에 이르기까지 과학의 발전에는 그다지 큰 기여를 하지 않았음에도 불구하고 산업 발전을 이룩했다는 특수성을 가지고 있다. 과학의 발전에 능동적으로 참여해 본 경험이 없으므로 과학의 본질이 우주의 삼라만상에 대한 탐구심이라는 사실은 등한시하고, 어쩌면 과학 연구의 부수적인 요소라고 할 수 있는 과학의 경제적 파급효과를 과학을 하는 유일한 목적으로 착각하고 있다. 나는 과학을 국가와 경제 발전의 수단으로만 보는 한국 사회의 고정관념이 이제 한국 과학을 어느 정도 수준 이상으로 발전하는 것을 막는 장애물로 작용하고 있다고 생각한다. 그동안 과학을 경제 발전의 수단으로만 생각했으니 국가의 연구 지원 역시 경제적인 파급효과가 있을 듯 보이는 분야(이미 상당부분 발전되어 지금 국가에서 투자해봐야 큰 효과를 보기 힘들 수 있는 분야)에만 집중되고, 지금은 상상할 수 없는 미래 기술의 토대가 될 수 있는 기초 연구 분야는 등한시해 왔다. 그 덕분에 한국에서는 이미 발전하여 유행하는 분야에 뒤늦게 연구비를 투자해서 선두주자를 추격하는 일은 곧잘 잘 해

왔지만, 반대로 남들이 하지 않던 분야를 처음으로 개척하여 이루어내는 혁신은 극히 드물었다. 즉 경제적 성과를 과학 연구 지원의 최우선 사항으로 하다 보니 큰 경제적 성과를 낳는 혁신적인 연구는 좀처럼 나오지 않는 역설적인 현상이 나타난 것이다.

이러한 풍조는 정부의 정책 뿐만 아니라 개인의 진로 선택 여부에도 큰 영향을 미치고 있다. 그동안의 국가의 과학 진흥 정책 덕분에 과학 관련 진로를 택하면 경제적으로 보장된 생활을 할 수 있을 것이라고 생각하던 젊은이들이 이제 과학자의 진로가 다른 진로에 비해서 생각만큼 경제적 전망이 좋지 않다는 것을 깨닫고 나서는 다른 진로를 택하고 있다. 일부에서는 이러한 상황을 '한국 과학의 위기'라고 보기도 한다. 과연 그럴까? 그동안은 실제로 과학에 별 재미를 느끼지 못하면서도 과학을 포함한 모든 과목의 성적이 좋은 학생들이 과학 진흥 정책으로 조성된 분위기 때문에 과학 관련 진로를 택하고 과학자가 되어 버린 것은 아니었을까? 그렇게 과학을 좋아하지도 않으면서 '어쩌다 과학자'가 되어 버린 사람들이 오히려 과학을 잘할 '진정한 과학 덕후'들의 자리를 빼앗은 것은 아닐까?

왜 과학은 과학 덕후가 해야 하는가

한국 사람들은 흔히 한국에서 가장 머리 좋은 사람들이 의사나 판사가 되거나 금융권에서 퀀트로 일하는 것을 국가적 낭비라고 말한다. 특히 최근 의대 정원 증가로 원래는 이공계로 진학할 성적이 좋은 학생이 의대로 진학하는 것을 우려하는 사람들이 많다. 과연 성적이 좋은 학생이 의대로 더 많이 진학하면 한국의 과학·공학계에는 문제가 생길까?

이러한 통념에는 머리가 좋은 사람(보다 정확하게는 성적이 좋은 사람)이 보다 훌륭한 과학자나 공학자가 될 수 있으며, 이러한 사람들이 과학과 공학을 발전시켜 궁극적으로 국가 발전에 기여해야 한다는 생각이 깔려 있다. 즉, 사람들이 생각하는 국가적 인재는 **답이 있는 문제를 제한시간 내에 정확하게 푸는 것을 잘하는 사람**이다. 분명히 입시에는 순간적 판단력과 사고력, 그리고 오랫동안 끈질기게 시험 문제풀이 준비를 하여 신속하게 문제를 정확히 푸는 재능이 요구된다(오늘날의 치열한 국내의 입시 경쟁에서 의대에 갈 수준의 경쟁력을 얻기 위해서는 오랜 기간의 사교육에 충실하게 따르는 끈기와 이를 뒷받침할 수 있는 가정의 경제적인 배경이 필수적이다). 그러나 이러한 능력이 과연 훌륭한 과학자·공학자로 성공하는 데 필요한 능력과 정확히 비례할까? 이러한 능력은 순간적인 판단력과 사고력, 그리고 많은 학습량이 필요한 의사나 법률가에게 더욱 필요한 능력일 수도 있다. 이런 사람들이 이공계 연구자가 아니라 의사나 판사가 되는 것은 오히려 제 갈 길을 찾아간 것이라고 생각한다.

과학자에게 필요한 능력은 반드시 학교 시험에서 모든 과목에서 최상위권 성적을 가지는 것과는 많이 다를 수 있다. 물론 과학자로서의 역량과 지적 능력은 분명한 연관성을 갖고 있다. 그러나 과학자로서 진정으로 필요한 재능은 **답이 있는지 없는지도 확실하지 않은 문제에 오랜 시간 몰두해 그 답을 찾아내는 것**이며, 이를 위해서는 자신의 일을 진정으로 좋아할 필요가 있다. 즉, 과학 연구는 이를 지속적으로 즐길 수 있는 사람이 하는 것이 바람직하며, 이것이 어렵다면 과학계보다는 다른 전망 좋은 직장을 찾는 것이 개인과 사회 모두에게 유리하다. 간단하게 말해서, 과학자나 공학자로 재능이 있으며, 또한 과학자로 생활하며 행복할 수 있는 사람은 기본적으로 '과학 덕후'인 사람이다. 덕후가 될 생각이 전혀 없다면 과학 연구를 업으로 삼는 것보다는 다른 길을 모색하는 것이 훨씬 현실적으로는 유리한 셈이다.

그러한 관점에서 나는 현재 많은 사람들이 우려하는 '이공계 인재'의 의대 집중에 대해서 그다지 크게 걱정하지 않는다. 오히려 과학에 진정으로 흥미를 가지지만 모든 학과 성적이 다 우수하지는 않은 '진정한 과학 덕후'에게는 현재의 상황이 더 유리할 수도 있다.

"과학을 하는 사람은 국가 발전을 위한 중요한 인적 자원이므로 국가는 과학자들에게 합당한 경제적 보상을 해야 한다"는 고정관념 역시 우리는 다시 생각해 볼 필요가 있다. '합당한'이란 과연 어느 정도의 경제적 보상일까? 국가의 입장에서 과학자 및 공학자를 양성하는 것이 중요하기 때문에 오늘날 한국을 포함한 많은 국가에서 대학원 과정의 과학자·공학자는 학위 과정에서 어느 정도의 재정적 지원을 받는다. 대학원에 다니는 입장에서는 충분하다고 생각하지 않을지 모르지만, 장학금 이외에 거의 재정적 지원이 없는 경우가 많은 인문사회계 대학원생과는 비교하기 힘든 수준이다. 학위를 마친 이후, 이러한 학위에 걸맞는 일자리를 충분히 찾을 수 있느냐는 여전히 문제이다. 한국의 진정한 문제는 박사급 이상의 인력이 충분한 대우를 받고 일할 수 있는 (특히 산업계의) 일자리가 부족한 것일지도 모른다.

한국 뿐만 아니라 세계의 모든 국가에서 경제적인 보상이 좋은 분야로 많은 학생들이 진로를 찾는 현상은 공통적으로 나타난다. 의과대학, 치과대학 등이 학부 졸업 후에 진학할 수 있는 의학전문대학원 과정에 있는 미국에서도 의학 계통에 가장 성적이 우수한 학생들이 몰리고, 최근에는 구글, 마이크로소프트 등 거대 IT 기업이나 실리콘밸리의 IT 스타트업으로 진출하여 금전적으로 좋은 보상을 받을 수 있는 컴퓨터 사이언스, 인공지능 등의 분야가 의전원만큼 인기가 많다. 수학이나 물리학 등의 기초과학 분야에서 학위를 취득하더라도 이러한 분야의 고급 연구자 수요가 어느 정도는 있기 때문에 학계에 진출하는 일부를 제외하고는 이러한 기업에서 자신의 기대 수준에 맞는 직장을 찾아간다. 이러한 과정을 거쳐서 학계에 남는 일부는 금전적인 보상보다는 어떠한 이유에서건 자신의 연구적인 갈망을 충족시키는 것을 우선적으로 하는 사람들이다. 한마디로 진정한 '과학 연구 덕후'들이나 학계에 자연스럽게 남게 되는 셈이다. 결국 과학계의 경제적 보상은 주로 해당하는 경제적 가치를 창출하는 기업에 의해서 이루어진다.

그러나 이러한 경제적 가치를 창출할 수 있는 기반이 되는 과학의 발전을 이끌어 가는 것은 누구인가? 결국 기초과학에서의 혁신의 단초는 다른 사람들은 별로 관심을 두지 않는 분야를 시도하는 '과학 덕후'들에 의해서 만들어진다. 이러한 기반이 어느 정도 축적되고 실용화를 가로막던 여러 가지 기술적인 문제가 해결된 이후에 여기서 산업이 태동되고 구성원들에게 경제적인 보상도 뒤따르는 셈이다.

매년 가을이 되어 노벨상 시즌이 되면 왜 한국에서는 노벨상 수상자가 나오지 않느냐는 공허한 탄식이 들려오지만 한국의 과학 현장에서 연구를 해 본 사람이라면 이유를 알 것이다. 노벨상은 어떤 연구를 제일 처음 한 사람에게 주어지고, 이러한 사람들이 연구를 시작할 때는 당연히 해당 토픽은 아무도 관심이 없는 분야였을 것이다. 즉, 해당 분야의 '덕후'가 아니면 시작하기조차 힘든 연구를 맨 처음 시작한 사람들에게 주어진다. 그러나 한국처럼 과학의 존재 의의를 국가 경세 발전에 두는 국가에서 이런 연구를 시작하는 것이 가능할까? 그동안 한국 사회에서 환영받고 지원받은 연구는 이미 누군가가 한참 전에 선행 연구를 진행해 두었고 조만간 경제적 가치가 창출될 것이라고 믿어지는 연구였다(즉 노벨상을 받을 연구는 절대 아니다). 물론 경제적 가치를 창출하는 연구는 중요하다. 그러나 모든 과학 연구, 특히 학계에서 이루어지는 과학 연구가 빠르게 경제적 가치를 창출하는 연구가 되는 것은 어렵고, 사실 그래서도 안 된다. 그러나 한국은 정부나 사회 구성원이나 경제적 가치만 최우선하는 상황이다. 당장의 경제적 가치를 우선하다 보니, 미래에 지금은 상상할 수 없는 엄청난 가치를 가질 수 있는 연구를 수행할 기회마저 스스로 걷어차 버리는 경우가 많다.

결국 진정한 혁신의 씨앗은 주변의 사람들이 쉽게 이해하기 힘든 '과학 연구 덕후'들이나 만들 수 있지만, 한국에서는 은연 중에 이러한 풍토가 싹트는 것을 철저하게 제거하고 있고, 이것이 한국의 과학 연구 수준, 그리고 과학에 기반한 산업의 수준을 어느 선 이상으로 발전하는 것을 막는 주된 원인이라고 생각한다.

결론적으로 한국에서 과학이, 그리고 과학자가 지금보다 좀 더 선호되고, 과학이 좀 더 사회에 영향력을 주기 위해서는 과학자는 우선적으로 과학을 정말 사랑하는 사람들을 위한 진로가 되어야 한다고 생각한다.

과학자의 커뮤니케이션

나는 그동안 SNS[92]와 블로그,[93, 94] 다양한 바이오 관련 전문 사이트[95, 96]을 통하여 많은 과학 관련 글을 써 왔다. 왜 적지 않은 시간을 들여 이런 활동을 하고 있을까? 이것을 내가 일반인을 위한 과학 대중화 활동에 관심이 많기 때문이라고 생각하는 분도 가끔

---

92 facebook.com/madscietistwordpress
93 madscientist.wordpress.com
94 https://alook.so/users/6mt7Yrv
95 https://www.hankyung.com/bioinsight
96 http://www.biospectator.com

만난다. 그러나 현업 과학자인 내가 무엇보다 귀중한 자원인 '시간'을 들여서 글을 쓰는 이유는 사실 과학 대중화와는 큰 관련이 없다. 블로그와 페이스북 페이지를 운영하는 이유는 사실 다른 취미나 하위문화의 덕후들이 블로그나 SNS 활동을 하는 것과 크게 다르지 않다. 즉, 자신의 취미인 과학을 즐기기 위한 활동일 뿐 다른 목적이 있는 것이 아니다!

이와 함께, 비슷한 공감대를 형성하는 다른 과학자들과 교류를 나누는 것도 중요한 목적이다. 나는 블로그를 통해 비슷한 취미를 가진 덕후들이 서로 알게 되는 것과 동일한 메커니즘으로 수많은 과학자들과 본격적으로 소통할 수 있게 됐고, 실제로 공동 연구를 진행하는 기회도 있었다. 과학자가 자신의 연구를 발전시키기 위해 우선적으로 소통해야 할 대상은 바로 '동료 연구자'다. 물론 같은 분야 과학자들과는 논문이나 학회 등의 형태로 소통하겠지만, 자신과 인접한 분야, 혹은 직접적 관련이 없다고 여겨지는 분야의 연구자들과는 어떻게 소통할 수 있을까? 직접적인 지리적·공간적 연관성이 없는 경우 타 분야 연구자들과 직접 만나는 일은 생각보다 드물다. 이러한 상황에서 블로그와 SNS는 그들과 네트워크를 형성할 수 있는 매우 효과적인 수단이 된다. 특히 지금은 엑스(x)로 바뀐 트위터(Twitter)는 많은 과학자들이 사용하고 이를 통하여 여러 가지 연구 관련 정보를 공유하고 한다. 실제로 SNS에서 만난 인연으로 매우 중요한 협력 연구가 시작된 경우도 허다하며 이렇게 쌓인 인적 네트워크를 통해 새로운 직장을 구하는 일도 많다.

과학을 즐기는 장

10여 년의 해외 연구 생활을 마무리하고 귀국하여 몇 종류의 학회에 참석했을 때의 느낌은, 해외 학회에서 느껴지는 '열기'를 찾기가 힘들다는 것이었다. 해외 학회에 참석할 때는 나와 비슷한 관심사를 가진 사람들을 오랜만에 만나는 반가움과 흥분 혹은 같은 분야에 관심 있는 덕후를 만나는 느낌을 받았다면, 국내에서는 마치 가기 싫은 출장이나 비즈니스 미팅에 나온 듯한 느낌을 자주 받곤 했다. 오랜 친분이 있는 몇몇 시니어 교수급 연구책임자들의 친목회 같기는 했지만 신진 연구자나 대학원생이 부담 없이 참여할 수 있는 장은 아닌 것 같았다. 한마디로 오타쿠는 전혀 없는 서브컬처 모임을 간 듯한 느낌?

해외의 대학이나 연구 기관들을 보면 한인 과학자 모임이 조직되어 정기적인 세미나와 모임이 개최되기도 하는데, 한국의 학계에서는 이러한 '수평적인 네트워크' 구축을 위한 모임의 사례를 찾기가 힘들 정도로 적다. 또한 많은 학회들이 조직되어 있음에도 지나치게 세분화되어 해당 전공이 아닌 사람들에게는 진입장벽이 높다는 단점이 있다. 학술 대회 발표가 해당 분야의 전공자들만을 대상으로 하기 때문에 초보 연구자나 타 분야 연구자는 무슨 이야기인지 알아듣기가 힘들고, 얼굴을 아는 사람도 없기 때문에 상당히 어색한 상황에 빠지기가 쉽다.

현재 국내에는 많은 분야의 학회가 조직되어 있다. 이러한 학회에 참여하는 과학자들은 과연 자신이 참여하는 학회가 해당 분야의 구성원들 간의 소통이 얼마나 자유롭게 이루어지고 있는지를 생각해 볼 필요가 있을 것이다. 학회를 이루는 구성원, 특히 포스트닥, 박사과정 등의 젊은 과학자들에게 물어보자. 학회에 참석하는 것을 얼마나 재미있다고 생각할까?

물론 국내에 좀 더 개방적인 컨퍼런스 문화를 만들고자 하는 노력이 전혀 없는 것은 아니다. 예를 들어 IT 분야에서는 '언컨퍼런스(unconference)'라는 형식으로 기존 틀을 깨는 개방적 컨퍼런스가 진행되고 있으며, 좋은 예로 파이썬(Python) 프로그래밍 언어를 다루는 파이컨(PyCon) 같은 컨퍼런스를 들 수 있다. 또한 신약 연구자들을 중심으로 한 모임인 혁신신약살롱[97]은 수평적 네트워크 형성을 위해 활발하게 노력하고 있다.

학회가 과학을 업으로 하는 사람들을 위한 '덕업일치'의 장이 되는 방법이 없을까? 기존 학회의 격식과 딱딱함을 벗어 던지고, 조금 다른 분야의 사람들도 와서 대화할 수 있는 그런 모임이 될 수는 없을까? 이런 고민을 하던 중에 온라인으로 만난 몇몇 과학자들과 함께 뜻을 모아 제1회 매드 사이언스 페스티벌(Mad Science Festival)을 개최하는 데 이르렀다. 2017년 1월 21일 100여 명의 과학 덕후들과 함께 개최한 이 행사는 전업 과학자 및 인접 분야에 있는 사람들이 함께 '과학을 즐기는' 모임으로, 자신과 비슷한 '취미'를 가진 사람을 만나고자 하는 취지로 이루

---

97 https://www.imsalon.org/

- 주관 : 매시제 준비위원회, 서울시립과학관
- 일시 : 2018년 1월 27일 (토) 오후 1:00~6:00
- 장소 : 서울 노원구 하계동 서울시립과학관 메이커스튜디오
- 참가비용 : 2만원 ※ 참가비 입금 확인 후 참가 신청 확정임.
- 참가 예정 인원 : 120명 (라이트닝 톡 60명, 일반 참여 60명)
- 참가신청기간 : 2017년 12월 30일 ~ 마감시까지
- 문의사항 : mad.scientist.wordpress.com@gmail.com

- 행사 진행
- Keynote : 인사의 말 및 서울과학관에서의 DIY Bio 활동 소개
- 라이트닝 톡 1부 (20명x2분)
- 네트워킹 세션
- 라이트닝 톡 2부 (20명x2분)
- 네트워킹 세션
- 라이트닝 톡 3부 (20명x2분)
- 네트워킹 with 수제맥주 + 피자 + 치킨

 라이트닝 톡 (Lightning Talk) 이란?
자신의 관심분야, 자신이 하는 연구, 자신 혹은 소속기관의 소개, 구직, 구인 등등 형식자들에게 전달하고 싶은 메시지를 약 2분이내로 발표하는 시간 (슬라이드 8장 '2초씩) 안에 참석자들에게 전달하는 거였입니다. 자신이 어떤 것에 관심있고, 무슨 공부사를 가진 사람인지는 것을 알려주면 다른 과학자가 될수 좀 더 유익한 소통의 기능자효요!
참석자 120명 중 일반과 슬라이드 특별 제도록 계획되어 있으므로 참석자 모든 분들 발표를 하시고 합니다.
그리고 경청이 기반한 라이트닝 톡 발표자득에겐 주의됩니다!

어졌다. 다음해 제2회 매사페도 성황리에 개최되었다. 매드 사이언스 페스티벌에서는 기존 컨퍼런스처럼 연사에 의한 세미나도 있었지만 가장 호응을 모았던 세션은 2분이라는 짧은 시간에 자신의 연구 분야 및 관심사를 소개한 '라이트닝 토크(lightning talk)'[98]였다.

이 행사는 기존의 학술 대회에 비해 폭넓은 분야의 과학자들이 상호 교류하고 장벽을 뛰어넘어 소통하는 하나의 모델을 보여주었다는 데 큰 의의가 있었다. 과학을 전혀 모르는 사람에게 자신이 가진 전문지식과 그 중요성을 설명하기 위해 자신과 조금 다른 연구를 하는 사람에게 먼저 이를 설명하는 경험으로, 과학 커뮤니케이터 등을 꿈꾸는 과학자 및 과학도에게 좋은 훈련의 장이 되었을 것이다.

아쉽게도 여러 사정상 '매사페'는 2회로 그쳤고 언제 다시 열릴지는 미지수이지만, 이와 유사한 진행되는 자생적이고 수평적인 과학자들의 모임은 이외에도 지속되고 있다. 주로 생명과학 분야의 과학자를 중심으로 온라인과 오프라인에서 과학자들의 교류가 이어지는 K-BioX[99]라는 모임이 있고, 앞서 언급한 혁신신약살롱도 한국의 각 지역에서 정기적으로 만나 교류하고 있다. 이러한 모임은 자생적으로 발생했으며 수직적이기보다는 수평적

---

[98] 라이트닝 토크의 예는 다음 동영상을 보기 바란다. https://youtu.be/
    bh6QqE3iqkY

[99] http://www.kbiox.org

인 네트워크라는 것이 특징이다. 이러한 모임이 기존의 학계 중심의 학회를 대체할 수 있을지는 아직 미지수이다. 그러나 인터넷과 SNS의 보편화 이후 보다 다양한 방식으로 과학자들의 소통과 네트워킹의 장이 형성되고 있다는 것은 한국뿐 아니라 세계적으로 공통적인 상황이다.

결국 세계를 변화시키는 주역은 과학자

결론 내리자면, 과학자의 길은 하나가 아니다. 흔히 학계 연구자를 과학자의 전형적인 모습이라고 생각하는 경우가 많지만 과학자들은 지금도 학계 안팎의 다양한 장소에서 활동한다. 학교나 연구소, 기업 연구실에서뿐 아니라, 각처에서 직접 데이터를 생산하지는 않더라도 과학자로 훈련받은 수많은 사람들이 '세상을 바꾸기 위해 불철주야 노력하고 있다. 현대 문명은 과학기술에 의존하고 있으며, 세상의 가시적 변화를 가져오는 것은 과학자와 공학자다. 과학이 세상을 변화시킬 수 있는 잠재력'을 이해하고 자신이 해당 분야에 의미 있는 변화를 가져올 수 있다고 믿는다면, 그것이 바로 '지구 정복을 노리는 한 사람의 매드 사이언티스트'가 되는 길 아닐까? **지구 정복을 위해 반드시 거대 로봇이나 괴수를 만들 필요는 없지만, 자신의 연구가 언젠가는 의미 있는 '세계의 변화'를 이끌어 낼 원동력이 된다고 믿어야 하는 것이다.**

그리고 과학을 즐기는 '과학 덕후'들이 과학을 주도하는 것이 개인과 과학계, 그리고 사회 전체를 위한 최선의 길이다. 그리고 국가 차원의 과학진흥정책도 '과학을 진정으로 좋아하는 과학 덕후'가 최대한 덕업일치를 이룰 수 있도록 지원하는 것을 최종 목표로 삼아야 할 것이다. 이 책을 한 줄로 요약하자면, **과학자는 '과학을 진정으로 좋아하는 사람'들의 진로가 되어야 한다는 것이다.**